Numerical Simulation and Optimal Design of Self-excited Oscillation Pulsating Enhanced Heat Transfer

自激振荡脉动强化传热
数值模拟及其优化设计

汪朝晖　高全杰　著

华中科技大学出版社
http://press.hust.edu.cn
中国·武汉

内 容 简 介

自激振荡脉动强化传热技术能够显著增强传热效果,其利用周期性脉动,可有效提高流体与传热表面之间的传热效率,且适于优化传热系统的设计。本书主要介绍了自激振荡脉动强化传热的机理、数值模拟及多目标优化等内容。

本书可作为机械工程、动力工程及工程热物理等专业研究生的参考书,亦可供强化传热领域工程技术人员参考。

图书在版编目(CIP)数据

自激振荡脉动强化传热数值模拟及其优化设计 / 汪朝晖,高全杰著. -- 武汉 : 华中科技大学出版社 , 2024. 7. -- ISBN 978-7-5772-0925-8

Ⅰ. TK172

中国国家版本馆 CIP 数据核字第 2024FD6302 号

自激振荡脉动强化传热数值模拟及其优化设计

汪朝晖　高全杰　著

Ziji Zhendang Maidong Qianghua Chuanre Shuzhi Moni ji Qi Youhua Sheji

策划编辑:万亚军

责任编辑:李梦阳

封面设计:原色设计

责任校对:张会军

责任监印:朱　玢

出版发行:华中科技大学出版社(中国·武汉)　　电话:(027)81321913

　　　　　武汉市东湖新技术开发区华工科技园　　邮编:430223

录　　排:武汉正风天下文化发展有限公司

印　　刷:武汉科源印刷设计有限公司

开　　本:710mm×1000mm　1/16

印　　张:15　　插页:2

字　　数:308 千字

版　　次:2024 年 7 月第 1 版第 1 次印刷

定　　价:98.00 元

前　　言

脉动强化传热技术作为改善传热性能的重要研究手段,在能源的开发、高效利用及节约方面扮演着关键角色。脉动流,特指流动状态及其特征参数随时间发生周期性变化的流体,主要包括两种类型:一种是"脉动流"(pulsating flow 或 pulsatile flow),其特征是流体的平均速度在一个周期内不为零,呈现出持续的流动方向;另一种是"振荡流"(oscillating flow 或 oscillatory flow),其特征是流体的平均速度在一个周期内为零,即流体在相反方向上流动的时间相等,导致平均速度为零。尽管这两种流动类型在表现形式上有所不同,但通常被统一归为脉动流的范畴。脉动流因其独特的流动特性,在强化传热传质等方面表现出显著的优势,具有重要的工程应用价值。

如何将脉动强化传热技术应用于换热装置已经成为研究焦点。脉动强化传热相较于传统的强化传热具有明显的技术优势:一方面,脉动流可以产生纵向涡流而破坏壁面的热边界层,加快冷、热流体的热量交换过程,提高传热效率;另一方面,脉动流可有效避免流道中产生的结垢现象。实现强化传热的关键是保证流体的持续性脉动。脉动强化传热技术主要存在以下两个问题:①脉动流激励源主要是机械力或者电磁力,这种方式产生的持续脉动流需要消耗额外能量;②在换热装置内部增加扰流装置或插件可使流体自身产生脉动,但这种方式产生的脉动流性能较差,扰流装置或者插件会导致流体阻力变大,且换热装置内部易结垢。因此,为了获得更好的低流阻脉动性能,需要结合新机理、新工艺研究,开发新的流体脉动强化传热技术。

自激振荡腔室具有特殊结构,无须外界激励条件即可产生持续的脉冲射流,且具有结构简单、工作可靠、体积小以及安装方便等优点,在强化传热领域具有较好的应用前景。自激振荡脉动强化传热技术能够显著增强传热效果,其利用周期性脉动,可有效提高流体与传热表面之间的传热效率,且适于优化传热系统的设计。此外,自激振荡脉冲射流能够改善流体动力学特性,减少湍流和涡流的产生,提高系统的稳定性和可靠性,有助于降低传热设备的流体动力学损失,提高设备的运行效率和延长使用寿命。

本书作者所在研究团队对自激振荡脉动强化传热的机理、数值模拟及多目标优化等方面进行了深入研究,并基于此撰写了本书。本书第 1 章主要介绍了脉动强化传热的机理、研究方法和影响因素,并详细讨论了湍流的数值模拟方法、强化传热的设计方法以及自激振荡脉冲射流技术的相关内容;第 2、3 章聚焦于自激振荡涡识别方法理论研究,包括自激振荡脉冲效应产生机理、涡识别方法计算原理、自激振荡热流道模型构建以及自激振荡涡结构特性分析,并对涡结构演化规律、涡结构强度和自激振荡周期性脉动流场进行深入研究;第4、5章主要涉及自激振荡腔室剪切层涡量扰动及脉动换热性能、热流道涡结构及换热管强化换热性能的讨论;第6～8章主要围绕自激振荡腔室换热特性及无量纲结构参数对传热和流阻性能的影响进行多目标优化设计,提出了基于交叉参考线方法的多目标进化算法;第9章对自激振荡腔室壁面进行改进设计;第10章研究了Al_2O_3纳米流体对自激振荡热流道传热性能的影响,并进行结构参数优选。

　　本书内容在自激振荡脉动强化传热理论及热流道结构设计等方面具有重要的指导意义和实际应用价值。

　　本书主要由汪朝晖、高全杰撰写,参与撰写的还有饶长健、程自强、王永龙、胡高全、冯亚楠、袁红梅、孙笑、甘霖、鲍荣清、赵耀辉、刘祥龙、蒋山杰、潘宗平。

　　自激振荡脉动强化传热技术及应用仍处于不断发展之中,新的问题不断出现,即使是成熟的理论也需要新实践的检验。因此,本书难免有不足之处,恳请读者提出宝贵建议,以便能在今后得到纠正。

作　者
2024 年 2 月

目　　录

第1章 绪 论

1.1 引 言

随着我国由工业大国向工业强国的不断迈进,传热传质新技术广泛应用于石油化工、钢铁冶金、航空航天等装备制造业。现有换热设备换热率通常难以满足较高的换热需求,因此探索高效换热技术及装备对于促进产业转型具有重要意义。

强化传热技术可分为主动传热技术和被动传热技术。主动传热技术主要通过外部能量输入来增强换热性能,如机械搅动、表面振动、流体振动及喷射等,可显著提高传热效率。因为需要消耗外部能量,在实际应用中需根据具体情况选择合适的主动传热技术,以获得最佳的传热效果。被动传热技术通常依靠肋条或翼展结构增强流体的掺混强化传热性能,无须消耗外部能量,结构较小的换热元件难以加工出合适的肋条,导致小结构的换热设备容易出现扰动效果衰减问题。近年来,生物、信息和纳米科技等领域也开展了强化传热的相关研究,利用脉动强化传热技术探索血液流动、呼吸流等生物脉动流的奥秘,从宏观角度进入微观领域探索微尺度脉动传热。

传统脉动强化传热技术通过外加能源将平稳流体转变为脉动流,可以满足常规换热需求,但是当换热效率要求较高时,脉动过程难以保证持续性和稳定性需求。本章主要分析了脉动强化传热的机理、研究方法、性能影响因素,以及湍流数值模拟方法,并介绍了强化传热设计方法和自激振荡脉冲射流技术,为强化传热的结构设计和优化提供了理论基础。

1.1.1 脉动强化传热机理

脉动强化传热研究仍处于不断探索阶段,前人研究总结了5种脉动传热方式:充分湍流条件过渡区,减薄边界层,半稳态流动,增加湍流强度,回流伴随附加对流。

1. 充分湍流条件过渡区

充分湍流条件下,脉动强化传热主要通过湍流涡流和热扩散实现。在过渡区,流体中的湍流涡流将热量从高温区传递至低温区,同时湍流的热扩散也会提高热量的传递速度,使流体中的热量以更快的速度传递到整个流场,实现高效传热。

2. 减薄边界层

减薄边界层是指通过使用特殊的表面纹理或流体控制技术减小边界层的厚度,减少热量传递的阻力,提高传热效率。热边界层的厚度和特性在一定程度上决定换热效率,当流体处于层流状态时,流体的各层难以离散性混合,径向的转变只能通过异步传递到流体中,且传热效果差。将脉动流添加到层流中时,管中流体的动量在轴向和径向增加,导致流体簇在径向重叠混合,并在相反方向与主流重叠,破坏边界层,增强管中的流动和传热。

3. 半稳态流动

半稳态流动是指流体在传热过程中既有稳态流动特征,又有瞬态流动特征,这种流动介于稳态流动和完全瞬态流动之间。半稳态流动在脉动强化传热中起着重要作用,其特点及影响如下。①周期性变化:在半稳态流动中,流体的速度、压力和温度等物理量随时间发生周期性变化,这种变化可能是由外部激励引起的,如脉动流动的激励,也可能是由系统自身的非线性特性引起的。②传热特性的变化:半稳态流动会导致传热特性发生周期性变化,包括传热系数、传热速率等会随着时间发生周期性变化,影响传热效率。③对湍流特性的影响:半稳态流动会影响流体中的湍流特性,导致湍流结构发生周期性变化,影响传热效率。④对传热设备的影响:半稳态流动对传热设备的设计和运行具有一定影响,因为其存在周期性变化,需考虑流体对设备的振动和冲击及疲劳损伤等问题。

半稳态流动在脉动强化传热中是一个复杂而重要的机理,在实际工程中,需要充分理解和考虑半稳态流动对传热过程的影响,以实现对传热效率的有效控制和优化。

4. 增加湍流强度

湍流是一种混乱而不规则的流动状态,相比于层流,湍流中的流体混合更充分,从而增加了传热效率。增加湍流强度一般可通过以下三种方式实现。①提高雷诺数 Re:Re 是描述流体湍流状态的一个重要参数,当 Re 足够大时,流体状态会由层流转变为湍流。通过提高流体的速度或者减小流道的尺寸,可以增加雷诺数,促进湍流的形成。②使用湍流增强器件:采用湍流增强片、螺旋筒等器件,可以有效地扰动流体,促进湍流的形成,从而提高传热效率。③改变流体流动的方式:引入旋转流动、交替流动等方式,增加流体的湍流强度,提高传热效率。增加湍流强度可增加涡流的数量,提高流体的混合程度,湍流还可破坏热边界层,减小传热表面上的热阻,从而提高传热速率。

因此,在设计传热设备和优化传热过程时,增加湍流强度是一种重要的手段,可以有效提高传热效率,降低传热设备的尺寸和能耗。

5. 回流伴随附加对流

回流是指流体在流动过程中发生的逆向流动,而附加对流是指除主要对流之外,由流动的不稳定性或者非均匀性引起的额外对流。

在脉动强化传热过程中,回流会导致流体中的温度梯度增大,促进对流传热。此外,回流还会扰动流体的温度场,导致附加对流产生,回流伴随附加对流会对传热过程产生以下影响。①增加有效传热面积:由于回流伴随附加对流会扰动流体的温度场,导致传热表面上的温度分布不均匀,增加传热表面的有效传热面积,提高传热效率。②增强对流传热:回流伴随附加对流会增加流体中的湍流程度,扰动流体温度场,导致流体中的温度梯度增大,促进对流传热。③提高传热速率:回流伴随附加对流可增加传热表面的传热系数,提高传热速率。

在设计传热设备和优化传热过程时,需要充分考虑回流伴随附加对流对传热过程的影响,以实现更高效的传热。

脉动强化传热通过周期性地改变流体速度或压力来提高传热效率,其原理是利用流体脉动产生的涡流和湍流增加流体与传热表面之间的接触面积和混合程度,增大传热系数。脉动可破坏边界层并减少热阻,进一步增强传热效果。此外,还可通过控制脉动频率和振幅调节传热效果,实现对传热过程的优化控制,这也是一种有效的脉动强化传热方法。

1.1.2　脉动强化传热研究方法

脉动强化传热的研究方法主要包括理论分析、数值模拟和试验研究。

1. 理论分析

理论分析是对脉动强化传热机理进行深入研究的重要手段。通过数学模型和理论推导,可以定量分析脉动流对传热过程的影响,揭示脉动强化传热的机理和规律。Yu 等人[1]采用复变函数和分离变量法得到层流脉动流温度和速度分布的解析解,并结合场协同理论分析脉动流的传热性能,表明压力脉动不能强化或弱化管内的传热性能。Cho 等人[2]采用层流边界层方程研究了脉动流对传热过程的影响,研究表明:在流动充分发展的下游区域,努塞尔数的增大和减小主要取决于脉动流频率,且随振幅的增长越来越显著。Hemida 等人[3]分析了两种非线性边界条件(有限热阻、有限热容)下脉动流的传热特性,并根据能量方程和牛顿方程重新定义了脉动流下对流传热特性的无量纲参数。对于不可压缩层流流动,在线性边界条件下,脉动流可降低时均努塞尔数,传热系数较低;在自然对流、辐射及湍流等非线性边界条件下,脉动流具有显著的强化传热效果。

2. 数值模拟

数值模拟能够准确地捕获流场中的三维结构和非定常特性,能够预测流场中的瞬态运动、流场中瞬时涡和传热之间的规律特性。Yin 等人[4]研究了圆管中流体振荡运动,流体的振荡运动可产生非线性热边界层,振荡流的传热系数取决于流体性质和振荡波形,振荡运动的三角波形可提高流体传热系数。Guzmán 等人[5]通过使用谱元方法对质量、动量和能量方程进行直接数值模拟,发现非对称波壁通道能够产生自振流,当非对称波壁通道处于合适的雷诺数范围内时,传热性能显著增强。

汪健生等人[6]通过大涡模拟方法计算涡流发生器的换热效率与阻力,发现涡流发生器的高度与换热效率呈正相关。Choi 等人[7]通过大涡模拟方法对波形壁面的流动与换热特性进行分析,研究结果表明:随着波形壁面尺寸幅度的增加,传热效率显著提高。Hidalgo 等人[8]发现悬臂式平面薄膜簧片形成的周期性运动小尺度涡旋能够增加翅片表面的换热系数,达到强化换热目的。汲水等人[9]证明了大涡模拟能较好地模拟水工质上下边界努塞尔数,脉动流能够引起壁面周期性振荡涡旋,进而提高传热效果。

3. 试验研究

试验研究是研究脉动强化传热最直接的方法之一,通过设计实验装置来观察脉动流对传热特性的影响。可采用热像仪、热电偶等设备来测量传热表面的温度分布,从而得到传热特性的参数,或通过流场测量技术研究脉动流对流体湍流特性的影响。Habib 等人[10,11]通过试验研究了脉动空气流在频率为 $1\sim30$ Hz、雷诺数为 $780\sim2000$ 范围内的传热问题。研究过程中,管壁保持恒热流密度,结果表明:在特定频率范围内传热得到强化,当 $f=1$ Hz、$Re=1400$ 时,强化传热效率提高 30%。Martinelli 等人[12]通过试验研究了直立管中脉动流在 $f=0.22\sim4.4$ Hz、$Re=1400\sim77000$ 条件下的传热特性。结果表明,与稳态流工况相比,脉动流工况下的对流换热系数可以提高近一倍,强化换热效果得到改善。Shirotsuka 等人[13]通过试验研究了圆管内正弦变化的脉动流在 $f=1.7\sim8.3$ Hz、$Re=3900\sim22000$ 条件下的传热特性。结果表明:与稳态流相比,脉动流强化传热效果更优。

综合利用理论分析、数值模拟和试验研究等方法,可以全面深入地研究脉动强化传热的机理和特性,为脉动强化传热技术的应用和推广提供理论和试验基础。

1.1.3 脉动强化换热性能影响因素

1. 脉动参数

脉动形式、脉动频率和振幅等参数直接影响脉动强化换热效果,不同的脉动参数会对流场结构、湍流程度等产生影响,进而影响传热性能。频率增加会导致流动状态的快速变化,从而增大传热表面上的湍流程度,提高传热效率,但频率过高可能导致流动失稳和能量损耗,影响传热性能;振幅增加会影响流动的湍流程度,从而提高传热效率,但过大的振幅可能导致流动失稳和对流阻力增加,影响传热性能;不同的正弦波、方波等脉动形式会对流动状态和湍流程度产生不同的影响,进而影响传热效果。Moon 等人[14]通过试验验证了脉动频率是影响流体表面强化传热效果的主要因素。杨志超[15]研究了三角槽通道中的脉动流,结果表明:合适的脉动频率和通道高度可使三角槽通道传热效率达到峰值。Jafari 等人[16]利用格子波尔兹曼方法分析了脉动流波纹通道中强制对流热传递效应,发现雷诺数与施特鲁哈尔数(Strouhal number)对脉动传热性能的影响较大,且较高的雷诺数可显著提高传热效率。Boxler 等人[17]的研究表明,脉动幅度和模式是影响换热器污垢生成的主要因素,使用脉动流可以明显抑制污垢的生成。

2. 传热器结构

传热器结构对流动状态、湍流程度和传热面积等均会产生影响。Li 等人[18,19]研究了脉动流对恒定热通量矩形平板的影响,研究发现:矩形平板周围的温度场以与脉动流相同的频率振荡,且传热效率随脉动频率变化。贾晖等人[20]通过不可逆耗散损失的热损耗表征,发现换热器管道的结构优化设计可提高强化传热效率。Greiner[21]研究了脉动流对三角形微槽板的传热影响,结果表明:脉动流相较于稳定流具有更好的换热效果。郑友取等人[22]对管型对流传热问题进行数值研究,结果表明:脉动流具有强化换热作用。Xu 等人[23]设计了新型壳管式换热器,研究发现:脉动流在壳管结构的传热性能优于镀鳍结构。脉动流可提高传热效率,且周期性的脉动流能抑制结垢。黄其等人[24]从"涡旋和涡旋运动"角度揭示了脉动强化传热中的"有序"涡旋生长和迁移过程。Jin 等人[25]研究了脉动流对三角形槽管传热和流动特性的影响,研究发现:脉动流引起连续涡流的产生、迁移和混合,提高了冷、热流体之间的质量和能量传递,相较于稳定流,脉动流的传热效率可提高 350%。

3. 流体性质

流体的物性参数(如阻力、黏度、密度等)会对脉动强化传热效果产生影响,不同的流体性质会导致不同的传热特性。刘志刚等人[26]证明了流体脉动强化传热效率与流动阻力系数、努塞尔数息息相关。Akdag 等人[27]通过数值模拟研究了波浪通道中层流脉动纳米流体的传热特性,发现脉动流和纳米颗粒的组合效应有利于提高努塞尔数,较强的湍流会增强对流传热,提高传热效率。Akdag[28]计算了相同雷诺数与普朗特数条件下,不同脉动频率对传热性能的影响,研究发现:与低频率脉动相比,高频率脉动强化传热效果最大可提高 25%,在强烈的紊流状态下,脉动流的传热效率可提高 40%。Li 等人[29]研究了圆柱体中脉动流的传热特性,发现脉动频率的增加导致雷诺数与传热增强因子增加,当施特鲁哈尔数和雷诺数不变时,压力幅值的增加导致传热增强因子增加。

4. 边界条件

边界条件包括入口流速、入口温度、壁面温度等,这些条件直接影响传热过程中的流场结构和温度分布,从而影响脉动强化换热效果。甘云华等人[30]对微通道换热性能进行数值分析,发现热通量密度和入口流体温度相同时,轴向热传导标准数随雷诺数的增加而减少。Faghri 等人[31]对圆管在等热流边界条件和低频率脉动流下的层流模型进行了理论分析,得到了努塞尔数的经验公式,结果表明:温度分布分别由稳态和瞬态构成,在充分发展域,脉动流将使努塞尔数增加,流动参数对传热强化程度有显著影响。Guo 等人[32]通过数值模拟,研究了恒热流密度边界下,脉动流在小振幅时的传热性能,研究发现:一定频率范围内的脉动流具有强化传热效果,且在大振幅下,脉动强化传热效果更显著。Kearney 等人[33]采用相干反斯托克斯拉曼散射(coherent anti-Stokes Raman scattering,CARS)技术和冷线风速计对充分发展层流脉动流进行试验研究,研究发现:脉动流增加了瞬态热边界层厚度,降低了瞬态努塞尔数,但在特定脉动范围内强化了传热效果,且在低热格拉斯霍夫数下强化传热更显著。

脉动效应是脉动强化传热的基础,也是深入分析传热性能影响因素的前提条件。适当的脉动参数、传热器结构、流体性质及边界条件可以增加传热表面上的湍流程度,提高传热效率,但过大或者过小的相关参数均可能导致流动失稳、能量损耗增加等问题,影响传热性能。因此,在实际应用中需要综合考虑脉动强化传热相关的影响因素,以获得最佳的脉动强化传热效果。

1.2　湍流数值模拟方法

湍流,又称紊流,是一种极其复杂、极不规则、极不稳定的三维流动。湍流场内充满大小不同的涡旋,大涡旋尺度与整个流场区域相当,小涡旋尺度往往只有流场尺度的千分之一,最小尺度的涡旋通过耗散湍流能量来确定。流场性质决定了涡的拉伸及最大、最小尺度的差值,大涡由主流获得能量,涡旋运动迫使涡旋不断拉伸变形而分散成小涡,同时能量以级串的方式传递,当涡旋的尺度减小到接近由局部流体变形率所确定的临界尺度时,涡旋不会继续分裂,称为耗散涡。

湍流场中的物理量呈现脉动性、不规则性和随机性,是空间和时间的函数。湍流可以分解为平均运动和脉动运动两部分,低频脉动由大涡旋引起,高频脉动由小涡旋引起。湍流的数值模拟方法可以分为三种,即雷诺平均模拟、直接数值模拟和大涡模拟。

1.2.1　雷诺平均模拟

雷诺平均模拟(Reynolds average Navier-Stokes,RANS)通过应用湍流统计理论对 N-S(Navier-Stokes)方程做时间平均得到雷诺平均方程,但雷诺平均方程不具有脉动运动的全部信息,且湍流运动的随机性和 N-S 方程的非线性会导致雷诺平均方程不封闭(即方程组的未知数大于方程数),因此,需引入雷诺应力的平均模型。

雷诺应力的封闭模型基于 Boussinesq 涡黏性假设:局部雷诺应力与平均速度梯度成正比,比值称为涡黏性,具有各向同性。RANS 原理是将紊流中的物理量(包括速度、浓度等分成扰动量及平均量)对控制方程做时间平均,并采用紊流模型进行仿真。此方法虽降低了计算量,但其结果受紊流模型的影响较大。

在数值计算方面,k-ε 湍流模型显然比代数应力模型更简单,故 k-ε 模型在工程中应用最为广泛,但标准 k-ε 模型不适合以下几种情况:强涡旋、浮力流、重力分层流、曲壁边界层、低雷诺数流动以及圆射流,非线性 k-ε 模型相较于标准 k-ε 模型模拟结果更优。雷诺应力模型(Reynolds stress model,RSM)可以计算各向异性的复杂三维湍流流场。张雅等人[34]应用雷诺应力模型计算了除尘旋风分离器三维湍流流场,计算结果可清晰地给出涡的结构,且较 k-ε 模型而言,其结果更接近试验值。陈雪莉等人[35]进行了相同试验,通过对比雷诺应力模型和重整化群(renormalization group,RNG)的 k-ε 模型,发现雷诺应力模型更适合作为预测分离器内气相流场的湍流模型。相比于标准 k-ε 模型和雷诺应力模型,代数应力方程模型(algebraic stress model,ASM)的优点是一定程度上综合了前者的经济性和后者的通用性。当计算体积力效应(浮力、流线弯曲、旋转等)时,代数应力方程模型的优点尤为突出,在计算复杂紊流方面是目前使用最广泛的模型之一。

从现有情况分析,雷诺应力模型可以较好地模拟三维湍流流场,但偏微分方程过多,普及起来具有一定困难。代数应力方程模型和 k-ε 模型对于无分离流动(如自由剪切流和壁面剪切流等)都适用,对于复杂流动(如流动发生分离或不规则边界的 k-ε 模型)则不佳。代数应力方程模型克服了雷诺应力模型过于复杂的缺点,同时保留湍流各向异性的基本特点。此外,虽然 k-ε 模拟精确度不如代数应力方程模型,但 k-ε 模型进一步简化了计算过程,可以提供满足工程需要的数据,仍具有一定的实用价值。

1.2.2　直接数值模拟

直接数值模拟(direct numerical simulation,DNS)从完全精确的流动 N-S 方程出发,计算在三维空间中湍流的瞬时运动,DNS 方法的主要特点如下:

(1) DNS 方法能够精确地模拟湍流流动,可以获得湍流流场的全部信息,而试验测量则不能完全实现;

(2) 直接采用数值模拟求解流动的 N-S 方程,而不使用任何湍流模型;

(3) 模拟 Re 为 3300 的槽流所用的网点数达 2×10^6 个,运行时间较长,在现有计算机能力的限制下,仅能模拟低 Re 和简单几何边界的湍流运动;

(4) 应用领域主要为湍流的基础探索性研究。

1.2.3　大涡模拟

大涡模拟(large eddy simulation,LES)用滤波函数将瞬时流动分解为大于过滤尺度的大尺度运动和小于过滤尺度的小尺度脉动,过滤尺度选取网格尺度。一般认为大尺度运动是各向异性的,与平均流相互作用并从中汲取能量,其流动与流动区域的几何形状、边界条件和体积力相关。通过直接模拟发现,小尺度脉动是各向同性的,故只需在大尺度运动的流动方程中引入亚格子应力表示小尺度脉运的影响,并建立亚格子模型求解亚格子应力。

亚格子模式是 LES 成功的关键,常用的亚格子模式如下。

(1) Smagorinsky 模式。

该模式是气象学家 Smagorinsky[36]在 1963 年提出的,以各向同性湍流为基础,假定涡黏性正比于亚格子尺度的特征长度,以滤波后变形张量场的二阶不变量为基础定义特征湍流速度,求出亚格子应力。在该模式中使用固定的 Kolmogorov 常数。

(2) 动态亚格子模式。

1991 年,Germano 等人[37]提出了动态亚格子模式,该模式以 Smagorinsky 模式为基本模型,克服了 Smagorinsky 模式的部分缺陷,动力模型实际上是动态确定亚格子涡黏模型系数,动力模型需要对湍流场做两次过滤,通过网格尺度和检验滤波器尺度条件下的应力差确定应力模型系数,将亚格子涡黏模型系数作为空间和时间的函数,该模式相较于 Smagorinsky 模式更加合理。

(3) 尺度相似模式。

1980 年,Bardina 提出了尺度相似模式,该模式假设动量输运从大尺度运动到小尺度脉动时,主要由大尺度运动中的最小尺度脉动所主导,并且过滤后的最小尺度脉动速度与过滤掉的小尺度脉动速度相似,通过二次过滤和相似性假设,可以导出亚格子应力的表达式。这种模式能够准确预测壁面附近的渐近特性,但在预测室内复杂气流的各向不均匀性时准确性较差。

(4) 混合模式。

混合模式是将尺度相似模式和 Smagorinsky 模式叠加确定亚格子应力,这种模式既有良好相关性,又有足够的湍动能耗散。

(5) 其他亚格子模式。

亚格子模式的选用决定湍流流动数值模拟的准确性,因此,国外学者从不同途径对多种亚格子模式进行了更加合理的探索。Ghosal 等人[38]采用最优化概念进行局部动力模型系数的计算,克服了 Germano 等人所提模型的构造中数学不相容性的问题。Zang 等人[39]基于 Germano 等人的思想提出了一种动力混合亚格子尺度模型。此外,国内学者对此也进行了大量研究,李家春等人[40]研究了植被层湍流的大涡模拟,提供了一个新的 TSF(transient structure function)亚格子模式。崔桂香等人[41]基于湍流大小尺度间动量输运的结构函数方程提出了一种新的湍流大涡模型亚格子涡黏模式,并将其应用于槽道湍流的大涡模拟计算。胡王乐元等人[42]用 Smagorinsky-Lilly 亚格子尺度模型对旋流突扩流动进行了大涡模拟,研究发现:LES 的统计结果比雷诺应力模型的 RANS 结果更加合理。

1.3　强化传热设计方法

传统的传热设备设计方法存在传热效率低、设备体积大以及能耗高等问题,而强化传热技术可以提高传热效率、改善设备性能。本节主要介绍强化传热结构设计以及多目标优化方法在强化传热技术中的应用。

1.3.1　强化传热结构设计

强化传热一般分为主动和被动两种方式。主动式强化传热需通过外加能量的方式实现,例如超声波、机械振动等技术;被动式强化传热主要通过改变管道结构的方式实现,如翅片技术、螺旋挡板、沸腾管技术、管内插物和扭管等,与主动式强化传热相比,被动式强化传热无须额外附加动力,且成本更低、结构更简单。

1. 主动式强化传热

常见的主动式强化传热设计方法与结构如下。①换向器:在传热设备中引入换向器,如弯管、波纹管等,可以改变流体的流动方向和速度,增强传热效果。如图 1-1(a)所示,板式换热器属于主动式强化传热装置。②振动增强传热:通过在传热表面引入振动装置,可以增加传热表面的有效面积,破坏边界层,促进传热效果的提升。③电场或磁场作用:电场或磁场可以改变流体的流动状态,增强传热效果。④换热管内部的螺旋肋、弯曲管道等结构:通过在换热管内部引入螺旋肋、弯曲管道等结构,可以增加传热过程中的湍流程度,提高传热效率。如图 1-1(b)所示,U 形管式换热器属于主动式强化传热装置。

Zhang 等人[43]通过分析波纹面引起的扰流提出了具有球形波纹的螺旋盘管热流道结构,针对球形波纹的高度、波纹球间距和螺旋盘间距分别与螺旋盘直径的比值等无量纲结构参数研究其对传热效率和传热阻力的影响。Armaly 等人[44]研究了有矩形障碍的二维通道内脉动流的传热特性,在雷诺数为 100 时,脉动流的周期性波动促进了对流传热,给出了介质动力黏度和热导率的温度关联式。当脉动流频率接近涡脱频率时,强化传热效果最显著,这表明脉动流作为一种主动流动控制方法,能够较好地控制传热性能。程林[45]研发出一种新型换热设备,该设备的传热元件随设备一同振动,为换热流体提供有序脉动,进而增强换热性能,但这种浮动盘管换热器无法完全控制振动源,且振动频率不稳定。

2. 被动式强化传热

被动式强化传热结构设计是指不需要外部能量输入或控制,仅通过改变传热表面的几何形状、增加传热表面面积、增加湍流程度等方式提高传热效率。常见的被动式强化传热结构设计方法如下。①增加传热表面面积:通过在传热表面上增加翅片、鳍片、管道螺旋肋等结构,可以增加传热表面面积,提高传热效率。如图 1-1(c)所示工业中普遍应用的翅片式换热器,大多是各类变径异形管、低肋管和低翅管,其中低肋管和低翅管都是借助螺旋槽、横槽等低肋表面和管内插入物的热流道实现换热的,其换热强化效果十分明显,但流动阻力过大,管内结垢难以清洗[46,47]。②破坏流体边界层:通过在传热表面上引入微小的颗粒或凸起,破坏流体的边界层结构来增强传热效果。③增加湍流程度:通过在传热表面上引入细小的槽、凹槽、波纹等结构,增加流体的湍流程度,进而提高传热效率。④改变流体流动状态:通过改变传热表面的形状或布置方式,引起流体的旋转、振荡等,从而增强传热效果。

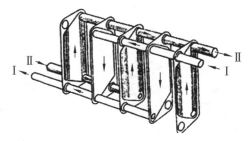

（a）板式换热器（主动式）

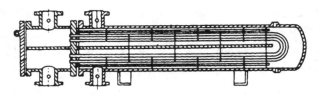

（b）U形管式换热器（主动式）

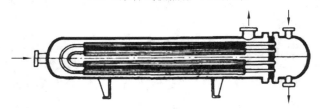

（c）翅片式换热器（被动式）

图 1-1　部分主流换热器

在翅片式换热器的翅片上安装翅形或翼形涡发生器已被证明是十分有效的强化传热方法。近年来，采用翅形或翼形涡发生器来强化槽道流传热的研究逐渐增多，主要研究者有 Fiebig[48]、Biswas 等人[49]，Biswas 等人对安装涡发生器的矩形通道内的流场进行了研究，结果表明：在矩形通道内产生涡旋的旋转轴方向与主流方向一致，涡旋对下游影响强烈且涡间相互作用，因而有利于强化传热。Russell 等人[50]、Turk 等人[51]对翅形或翼形涡发生器强化翅片式换热器的传热特性和阻力特性进行了试验或数值研究，发现：翅形或翼形涡发生器在强化传热的同时，阻力损失相对较小。此外，李鹏程等人[52]研究了扇形内翅片的不同布置角度对传热性能的影响，发现采用扇形内翅片可以有效增加传热面积，提高换热效率。郭勇超等人[53]提出了水膜覆盖下的饱和湿烟气与波纹板式换热器间的热交换通道结构，发现波峰高度和波纹板段数与传热性能关联较大，波纹段高度与传热系数关联较小。雷诗毅等人[54]通过横纹槽管和扭带的复合扰动作用设计了一种横纹槽管内插扭带热流道的换热结构，研究了扭带扭率在不同雷诺数下对努塞尔数的影响，得出传热性能最优扭率。

综合利用上述强化传热结构设计方法,可以有效提高传热设备的性能、降低能耗并减小设备体积,在实际工程中,根据具体的传热要求和设备特点,可以选择合适的强化传热结构设计方法,以获得最佳的传热效果。

1.3.2　多目标优化方法

多目标优化问题是工程实践和科学研究中的重要问题,多目标优化方法在强化传热领域具有广泛应用。在多目标优化问题中,各分目标函数的最优解一般是互相独立的,难以同时实现最优,在分目标函数之间甚至会出现完全对立的情况,即某一个分目标函数的最优解是另一个分目标函数的劣解。求解多目标优化问题的关键是要在决策空间中寻求一个最优解的集合,在各分目标函数的最优解之间进行协调和权衡,以使各分目标函数尽可能达到近似最优。多目标优化问题不存在唯一的全局最优解,而是要寻找一个最终解,这可以采用多种算法实现,如进化算法、模拟退火算法、蚁群算法、粒子群优化算法和遗传算法等。由于各种算法之间存在应用领域的差异和缺陷,因此,相关学者提出了改进算法和组合算法。

1. 进化算法

进化算法(evolutionary algorithms,EA)[55]是一种仿生优化算法,主要包括遗传算法、进化规划、遗传规划和进化策略等,其具有自组织、自适应、人工智能、高度的非线性和可并行性等优点。根据达尔文“优胜劣汰、适者生存”的进化原理及孟德尔等人的遗传变异理论,在优化过程中模拟自然界生物进化过程与机制,求解优化与搜索问题。

EA 在求解多目标优化问题上的优势可大致分为三类:①搜索的多向性和全局性,通过重组操作充分利用解之间的相似性,在一次运行中获取多个 Pareto 最优解,构成近似问题的 Pareto 最优解集;②可以处理所有类型的目标函数和约束;③利用群体策略引导搜索过程,结合遗传算法操作和自然选择机制,实现无约束的搜索空间探索。

基于 Pareto 最优解的多目标进化算法可以得到较好的最优解集,但如何保证算法良好的收敛性仍是一个热点问题。

2. 模拟退火算法

模拟退火算法(simulated annealing algorithms,SAA)[56]是根据物理中固体物质的退火过程与一般组合优化问题之间的相似性,基于 Monte Carlo 迭代求解策略的一种随机寻优算法。SAA 在初始温度下,伴随温度参数的下降,结合概率突跳特性在解空间中随机寻找目标函数的全局最优解,即在局部最优解概率性地跳出并最终趋于全局最优。SAA 通用性强,对问题信息依赖较少,在诸多工程和学术领域得到了研究与应用,但是其在多目标优化领域的研究与应用较少。

3. 蚁群算法

蚁群算法(ant colony optimization,ACO)[57]是一种在图中寻找优化路径正反口的新型模拟进化算法,其具有并行性、分布性、正反馈性、自组织性、鲁棒性和全局搜索能力等,目前已成功地解决了旅行商(TSP)问题、Job-shop 调度问题及二次指派问题等组合优化问题。

ACO 需要的参数较少,设置简单,但在求解多目标优化问题时存在一些困难。多目标优化问题是在连续空间中进行寻优,解空间以区域表示,蚂蚁在每一阶段可选的路径不再是有限的,蚂蚁在信息素的驻留和基于信息素的寻优上存在困难。毛宁[58]提出先使用遗传算法对解空间进行全局搜索,再运用 ACO 对得到的结果进行局部优化。张敏慧[59]修改了蚂蚁信息素的留存方式和行走规则,运用信息素交流和直接通信两种方式来指导蚂蚁寻优。李金娟[60]将搜索空间划分为若干子域,根据信息量确定解所在的子域,在该子域内寻找解,取得理想结果。

ACO 需要较长的搜索时间,容易出现早熟停滞现象。洪朝飞等人[61]提出了具有免疫能力的蚂蚁算法和蚁群遗传算法,提高了算法的寻优能力和寻优效率。

此外,针对多目标优化问题,不仅要求所得解能够收敛到 Pareto 前沿,还需有效地保持群体的多样性,然而蚂蚁之间的信息素交流方式,导致所求得的解集中在解空间的某一区域内,不利于保持群体多样性。

4. 粒子群优化算法

粒子群优化算法(particle swarm optimization,PSO)是 1995 年由美国社会心理学家 Kennedy 和电气工程师 Eberhart 共同提出的[62]。它源于对鸟群觅食过程中的迁徙和聚集的模拟,收敛速度快、易于实现,且仅有少量参数需要调整,已经被广泛应用于目标函数优化、动态环境优化以及神经网络训练等许多领域。

直接使用 PSO 处理多目标优化问题,Pareto 前沿集容易收敛于非劣最优域的局部区域。关于如何保证算法的分布性等问题,Wang 等人[63]提出了基于 Pareto 前沿集的多种群多目标粒子群优化(MOPSO)算法,有效地提高了搜索效率和搜索质量。

多目标粒子群优化算法作为一种新兴的优化算法具有以下优点:①在编码方式上比较简单,可以直接根据被优化问题进行实数编码;②对种群的初始化不敏感,收敛速度较快;③适用于大多数多目标优化问题;④在优化过程中,每个粒子通过自身经验与群体经验进行更新,具有学习和记忆的功能;⑤在收敛性、解的分布性以及计算效率方面得到很大改善。

5. 遗传算法

遗传算法(genetic algorithm,GA)[64]是进化算法的一种,与其他优化算法相比,GA 求解多目标优化问题的主要优点包括:①算法的收敛性,即在目标空间内,所求得的 Pareto 最优解集尽可能地接近实际 Pareto;②维护的多样性,即希望找到的 Pareto 最优解集具有较好的分布特性(如均匀分布),且分布范围尽可能宽阔;③良好的鲁棒性,GA 是一种高度并行、随机、自适应能力很强的智能搜索算法,因此适于处理复杂的非线性问题;④引入了精英概念,将每一代的 Pareto 最优解直接保留到下一代的群体中,提高了 Pareto 最优解的搜索效率;⑤引入用户的偏好信息,以交互的方式表达偏好,通过决策者的偏好信息来指导算法的搜索过程和范围。

1.3.3　多目标优化在强化传热中的应用

1. 响应面法

近年来,响应面法(response surface methodology,RSM)被广泛应用于换热器的优化设计研究[65,66],通过少量样本点建立多个影响因素与目标函数之间的近似模型,分析各因素对目标函数的敏感性以及因素之间的相互作用,为换热器的优化设计提供了准确的依据[67,68]。Hatami 等人[69]通过响应面法发现换热器中翅片高度对压降的影响大于翅片的数量或厚度对压降的影响。Sun 等人[70]利用响应面法探究了轴比对翅片式换热器传热性能的影响规律,发现在较高的空气流速或较低的水体积流速下,增加轴比可改善整体的热液压性能。

2. 带精英策略的快速非支配排序遗传算法

带精英策略的快速非支配排序遗传算法(non-dominated sorting genetic algorithm,NSGA-Ⅱ)作为一种多目标智能优化算法,能够高效地获得换热器的最优结构,对换热器的设计具有重要的实用价值。Wang 等人[71]将 CFD(computational fluid dynamics)仿真、支持向量机和 NSGA-Ⅱ算法结合起来对波形板几何参数进行优化,结果表明:不同通道与标准通道的泵浦功率比和换热面积比的最佳值分别为 0.8~3.1 和 0.5~1.2,制造商和用户可以根据要求选择最佳的设计点。Safikhani 等人[72]采用经验关联式和 NSGA-Ⅱ算法对螺旋波纹管内湍流换热流动进行多目标优化,发现得到的 Pareto 前沿能够区分最小无量纲压降和最大努塞尔数的最佳边界。Damavandi 等人[73]采用 NSGA-Ⅱ算法对神经网络得到的多项式方程进行优化,选取几种具有独特特征的最优点进行研究,结果表明:压降随传热性能的下降显著降低。

3. 优化算法

优化算法可解决传热强化领域中的寻优问题,如图 1-2 所示,它通常可分为两大类:代理模型优化和直接优化[74,75],两者都需要对强化传热正问题进行数值模拟或试验求解。代理模型优化需将代理模型取代正问题直接求解,而直接优化则是在优化过程中直接对传热正问题进行求解。在直接优化过程中,为了实时调整参数,必须迅速地将强化传热效果反馈给优化算法。由于试验研究的正问题求解方法通常无法提供这样的即时反馈,因此,并不适用于直接优化流程。相反,代理模型优化方法由于具有快速响应能力和灵活性,既可用于正问题的求解,也能无缝融入直接优化过程中。这样的设计使得整个优化流程更加流畅,易于理解和实施。

直接优化过程需将优化算法与 CFD 计算耦合使用,包括 CFD 计算的前处理、求解及后处理。针对优化问题确定优化参数、目标及约束,使用优化算法生成优化参

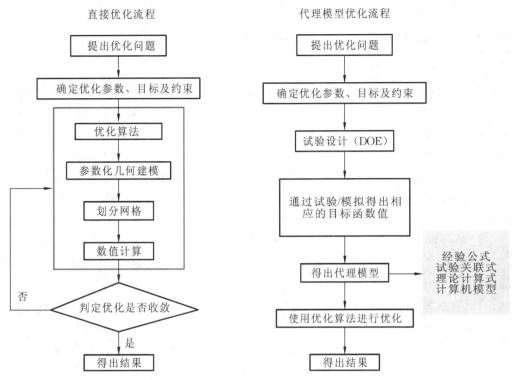

图 1-2　两种优化方法的优化流程

数的初始计算种群,调用建模软件进行参数化几何建模,并调用网格划分软件生成网格,将网格导入 CFD 计算软件中进行求解,通过 CFD 后处理得出优化目标,将优化参数与计算所得的优化目标值反馈给优化软件,优化软件判定优化是否收敛并进行下一步计算。可以看出,直接优化在优化的过程中直接求解传热正问题,并将计算结果反馈给优化算法,不需要对数据进行二次处理,因此,直接优化的精度一般高于代理模型优化的精度,但直接优化对计算机性能及各个软件的兼容性要求较高,对于管壳式换热器壳程等大型且复杂的结构,直接优化往往难以实现。

代理模型优化首先需确定优化问题的优化参数、目标和约束,并确定每个优化参数的取值水平,通过试验设计列出所有需要求解的参数组合,针对每种参数组合进行试验或数值求解,将所有的求解结果进行处理并总结出代理模型,其中,代理模型可为经验公式、试验关联式、理论计算式以及计算机模型。代理模型可理解为优化目标与优化参数的某种函数,输入某优化参数值即可快速预测出目标值,因此在优化过程中可用于替代原有模型进行传热正问题的求解,缩短优化时间。各类代理模型中,计算机模型相较于经验公式和试验关联式具有更高的精度,且计算机模型不需要具体的函数关系式,因此适用范围更广。

1.4　自激振荡脉冲射流技术

自激振荡脉冲射流技术是流体动力学和传热学领域中极具潜力的新技术。它结合了自激振荡和脉冲射流技术的特点,具有结构简单、工作可靠、体积小以及无须附加外驱动机构等优点,可在多个工程技术领域中发挥重要作用。

1. 应用领域

自激振荡脉冲射流技术在钻井领域主要用于提高钻井效率和钻井质量,通过射流的高速冲击作用,可以有效减小井底压力,减少钻头磨损,进而提高钻井速度和钻井质量。

李根生等人[76]研制了自振空化射流钻头喷嘴,试验表明:自振空化喷嘴钻头与普通中长喷嘴钻头相比,钻井速度提高了 10.5%～49.3%,平均机械钻速提高了 31.2%,钻头进尺相应增加了 39.1%。王嘉松等人[77]通过 8 个油田试验的统计资料发现:相同条件下,自激振荡脉冲喷嘴钻头与普通喷嘴钻头相比,机械钻速可提高 33.5%～70.0%,单只钻头进尺提高 6.7%～44.1%。熊继有等人[78,79]分析了脉冲射流轴心动压力的变化规律,钻井过程中,喷嘴射流轴心冲击压力和射流的动压力对清理井底岩屑起主导作用;井底紊流状态引起的积极振荡压力可以克服岩屑压持效应,破碎岩石依靠脉冲射流轴心瞬时最大冲击力翻转离开井底。倪红坚等人[80]为充分利用井底水力能量提高钻速,提出了井下调制簧阀阻断式脉冲磨料射流钻井技术,研究结果表明:簧阀阻断式脉冲射流破岩性能明显优于连续射流,岩石破碎孔的深度随着泵压的增大而增大,而随着磨料浓度和喷距的增大先增大后减小。Wang 等人[81]采用数值模拟和试验相结合的方法对自吸环空流体式自激振荡脉冲射流破岩性能进行了研究,研究表明:该形式脉冲射流冲击破碎岩石体积大于传统脉冲射流和连续射流。刘佳亮等人[82]基于任意拉格朗日-欧拉(arbitrary Lagrangian-Eulerian,ALE)算法,建立了高压水射流冲击高围压岩石的数学模型,分析了高压水射流冲击下高围压岩石的损伤演化过程,研究发现:高围压状态下沿轴向的岩石损伤演化速率较无围压状态下的低,沿径向的损伤演化受围压影响较小。王伟等人[83]首次对自激振荡水力脉冲空化射流技术在煤层气井中进行试验研究,通过改善井底流场,降低岩石的破碎强度,减弱压持效应,从而提高机械钻速。卢义玉等人[84]通过引入岩石非线性 JHC(Johnson-Holmquist-Concrete)本构模型及利用光滑粒子流体动力学(smoothed particle hydrodynamics,SPH)方法,模拟在破岩过程中自激振荡脉冲射流应力波形成、传播及衰减过程,得到了高速脉冲射流作用下岩石表面不同位置处应力随时间的变化曲线。Wang 等人[85]通过三维非定常仿真计算探讨上、下喷嘴配比,喷嘴间距及工作压力对自激脉冲频率及振幅的影响,不同参数配比对自激脉冲频率的影响较大,当喷嘴间距为 36 mm 时,自激效果最为明显。为了提高射流利用率,胡东等人[86,87]提出一种基于自吸渗气方法的自振脉冲气液射流,基于水声学与流体动力学理论建立该射流的频率模型,并通过考察射流冲击作用下等强度悬臂梁振动的加速度变化规律,分析射流频率特性,以井下岩体为试件来检验射流冲蚀效果。

Johnson 等人[88]成功地将自振气蚀射流用于石油钻井,应用无源共振提高井底高压淹没射流气蚀强度。Arthurs 等人[89]研究了高速射流撞击刚性表面时产生的自激振荡特性,研究结果表明:声学音调由对称和反对称射流不稳定性以及喷嘴和平板表面之间的共振模式共同产生。Dehkhoda 等人[90-92]研究了自振脉冲长度和脉冲频率对岩石损伤的作用,研究发现:水射流能量增加导致岩石内部损伤增加。同时,脉冲频率会导致受冲击表面形成空化气泡和裂纹,而脉冲长度则影响裂纹的扩展,从而导致岩石破裂。Momber[93]研究了自激振荡高速射流冲击 6 种不同的岩石材料时破碎体积随相关参数的变化,研究表明:硬脆岩石对冲击的响应是弹性的,并推导出脆性材料的阻力函数。

自激振荡脉冲射流技术在流体动力学减阻和微通道换热领域受到广泛关注。汪朝晖等人[94]分析了自激振荡腔室出流管道剪切涡流演变规律及截面涡流层分布状态,研究发现:自激振荡脉冲射流流动受到反向助推涡的影响,具有明显的三维特性。此外,随着腔室上、下游管径比的增大,切应力缩减率最大可达 30%,同时壁面摩擦阻力也会相应减小。王萍辉[95]在空化射流清洗机理研究分析的基础上,通过试验研究了提高射流清洗效果的新型清洗方法。陈巨辉等人[96]对自激振荡微通道内流体换热性能进行了模拟研究,结果表明:在不同入口质量流量(1.0~6.0 g/s)条件下,高压区域的移动造成了散热器内射流的偏转,射流周期性循环摆动,强化了流体区域的扰动。此外,自激振荡器所产生的振荡射流可以减小对流换热时的不可逆损失,其热能传输效率高达 98.48%。

自激振荡脉冲射流技术在石油钻井、清洗及传热传质等领域是一种重要技术,可以有效提高工程领域的作业效率,降低作业成本,具有广阔的应用前景。

2. 应用前景

自激振荡脉冲射流是强化传热领域的重要组成部分。如图 1-3 所示,自激振荡提升了速度场与温度梯度的场协同作用,同时在无源驱动条件下产生稳定的周期性脉动流[97,98]。在强化传热应用中,自激振荡有以下优势。①提高传热效率:自激振荡可以改善传热流体的流动状态,增加传热系数,从而提高传热效率。②减少能源消耗:通过自激振荡技术,可以在不增加外部能量的情况下提升传热效果,减少能源消耗。③优化流体控制:自激振荡可以改变流体的流动结构,优化流体的控制,有利于减小流体阻力,提高传热效率。④优化新型传热设备的设计:自激振荡技术可以优化新型传热设备的设计,促进传热领域的创新发展。

曹柳等人[99]通过数值模拟方法,分析了自激振荡腔室脉冲对气液两相的掺混效果,调整自激振荡腔室内壁的参数,可以提升气液两相掺混效果。汪朝晖等人[100]分

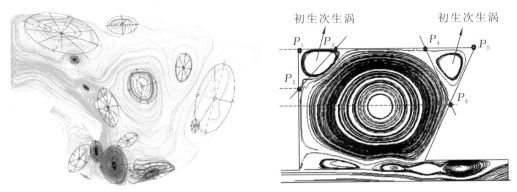

图 1-3 自激振荡腔室内部流场结构图

析了自激振荡腔室内部涡环的蓄能释放,结果表明:改变入口压力能有效增加脉冲率,提高脉冲能量。高全杰等人[101]通过改变流道管径,增强涡流运动的强度,并提高传热效果。高虹等人[102]对自激振荡腔室产生的脉冲射流强化传热进行试验研究,发现自激振荡腔室脉动流的脉动幅值和频率受结构参数的影响,当来流压力高于 0.36 MPa,并且自激振荡腔室长径比为 0.3、出口长径比为 3.83 时,强化换热性能可提升 10%～40%。吴双应等人[103]进行了类似研究,结果表明:自激振荡腔室长径比为 0.35、出口长径比为3.83时,强化换热效果最好。Fang 等人[104]对自激振荡腔室上、下游流道的结构参数进行了 CFD 分析,对比不同上、下游结构组合,发现上、下游流道为半圆状碰撞壁时,下游可得到较好的脉冲速度。李江云等人[105]通过研究发现自激振荡腔室内次生涡产生于碰撞壁夹角处,且涡流方向与中心离散涡相反。Lee 等人[106]分析了自激振荡腔室结构与强化换热性能的关系,发现锋利的喷嘴边缘可以获得更高的传热速率。

　　总的来说,自激振荡脉冲射流技术在强化传热中具有广泛的应用前景。应用自激振荡脉冲射流技术,可以实现传热过程的高效化、节能化和环保化,为传热领域的发展带来新的机遇和挑战。

1.5　本章小结

　　本章主要分析了强化传热机理及设计方法、脉动强化传热边界层对换热的影响,并介绍了自激振荡脉冲射流技术的应用,总结如下。

　　(1)边界层中的传热主要依赖热传导,脉冲射流能够加速流体间的掺混,破坏边界层,进而提高传热效率。

　　(2)不同结构参数、控制参数和物理参数引起的脉动特性变化,将会导致流体的热性能改变,并且针对不同复杂流体的热交换机理和方式,热效率评价依据并不完全一致。

（3）雷诺平均方程不具备脉动运动的全部信息，并且湍流运动的随机性以及 N-S 方程的非线性会导致雷诺平均方程不封闭。直接数值模拟方法从完全精确的流动控制方程（N-S 方程）出发，计算包括脉动在内的所有湍流瞬时运动在三维空间的演变，通过直接求解 N-S 方程，可以确保 N-S 方程的封闭性。

（4）自激振荡脉冲射流装备具有结构简单、工作可靠、安装方便以及无须附加外驱动机构等优势，在石油钻井、油管清淤和强化传热等领域得到广泛应用。

参考文献

[1] YU J C,LI Z X,ZHAO T S.An analytical study of pulsating laminar heat convection in a circular tube with constant heat flux[J].International Journal of Heat and Mass Transfer,2004,47(24):5297-5301.

[2] CHO H W,HYUN J M.Numerical solutions of pulsating flow and heat transfer characteristics in a pipe[J].International Journal of Heat and Fluid Flow,1990,11(4):321-330.

[3] HEMIDA H N,SABRY M N,ABDEL-RAHIM A,et al.Theoretical analysis of heat transfer in laminar pulsating flow[J].International Journal of Heat and Mass Transfer,2002,45(8):1767-1780.

[4] YIN D,MA H B.Analytical solution of heat transfer of oscillating flow at a triangular pressure waveform[J].International Journal of Heat and Mass Transfer,2014,70(70):46-53.

[5] GUZMÁN A M,CÁRDENAS M J,URZÚA F A,et al.Heat transfer enhancement by flow bifurcations in asymmetric wavy wall channels[J].International Journal of Heat and Mass Transfer,2015,52(15-16):3778-3789.

[6] 汪健生,王晓,朱强,等.湍流边界层内钝体扰流的流动与传热特性[J].机械工程学报,2015,51(24):168-176.

[7] CHOI H S,SUZUKI K.Large eddy simulation of turbulent flow and heat transfer in a channel with one wavy wall[J].International Journal of Heat and Fluid Flow,2005,26(5):681-694.

[8] HIDALGO P,GLEZER A.Small-scale vorticity induced by a self-oscillating fluttering reed for heat transfer augmentation in air cooled heat sinks[C]//Proceedings of ASME 2015 International Technical Conference and Exhibition on Packaging and Integration of Electronic and Photonic Microsystems Collocated with the ASME 2015 13th International Conference on Nanochannels,Microchannels,and Minichannels.New York:ASME,2015.

[9] 汲水,胡腾,史韵白,等.BALI试验的大涡模拟研究[J].工程热物理学报,2016,37(1):141-144.

[10] GBADEBO S A,SAID S A M,HABIB M A.Average Nusselt number correlation in the thermal entrance region of steady and pulsating turbulent pipe flows[J].Heat and Mass Transfer,1999,35(5):377-381.

[11] HABIB M A,ATTYA A M,EID A I,et al.Convective heat transfer characteristics of laminar pulsating pipe air flow[J].Heat and Mass Transfer,2002,38(3):221-232.

[12] MARTINELLI R C,BOELTER L M K,WEINBERG E B,et al.Heat transfer to a fluid

flowing periodically at low frequencies in a vertical tube[J].Journal of Fluids Engineering,
1943,65(7):789-798.

[13] SHIROTSUKA T,HONDA N,SHIMA Y.Analogy of mass,heat and momentum transfer to
pulsation flow from inside tube wall[J].Kagaku Kogaku Ronbunshu,1957,21(10):638-644.

[14] MOON J W,KIM S Y,CHO H H.Frequency-dependent heat transfer enhancement from
rectangular heated block array in a pulsating channel flow[J].International Journal of Heat
and Mass Transfer,2005,48(23-24):4904-4913.

[15] 杨志超.脉动流在三角槽通道内的强化传热机理研究[D].杭州:浙江工业大学,2013.

[16] JAFARI M,FARHADI M,SEDIGHI K.Pulsating flow effects on convection heat transfer in a
corrugated channel:a LBM approach[J].International Communications in Heat and Mass
Transfer,2013,45(7):146-154.

[17] BOXLER C,AUGUSTIN W,SCHOLL S.Composition of milk fouling deposits in a plate heat
exchanger under pulsed flow conditions[J].Journal of Food Engineering,2014,121(1):1-8.

[18] LI G N,ZHENG Y Q,HU G L,et al.Heat transfer enhancement from a rectangular flat plate
with constant heat flux in pulsating flows[J].Experimental Heat Transfer,2014,27(2):
198-211.

[19] LI G N,ZHENG Y Q,HU G L,et al.Influence of pulsating frequency on the heat transfer
enhancement of a rectangular flat plate in laminar pulsating flows with a CFD method[J].
Heat Transfer Research,2015,46(10):903-921.

[20] 贾晖,刘伟,刘志春.传热效率——强化传热的新评价指标[J].工程热物理学报,2014,35(2):
329-332.

[21] GREINER M.An experimental investigation of resonant heat transfer enhancement in grooved
channels[J].International Journal of Heat and Mass Transfer,1991,34(6):1383-1391.

[22] 郑友取,李国能,胡桂林,等.黏性应力与脉动流强化传热相关性的 LBM 研究[J].工程热物理
学报,2015,36(9):1980-1984.

[23] XU J Y,HU J Y,ZHANG L M,et al.A novel shell-tube water-cooled heat exchanger for high-
capacity pulse-tube coolers[J].Applied Thermal Engineering,2016,106:399-404.

[24] 黄其,王勋廷,杨志超,等.有序涡旋对三角槽道脉动流强化传热的影响[J].化工学报,2016,67
(9):3616-3624.

[25] JIN D X,LEE Y P,LEE D Y.Effects of the pulsating flow agitation on the heat transfer in a
triangular grooved channel[J].International Journal of Heat and Mass Transfer,2007,50(15-
16):3062-3071.

[26] 刘志刚,张承武,管宁.叉排微柱群内顶部缝隙对传热效率的影响[J].化工学报,2012,63(4):
1025-1031.

[27] AKDAG U,AKCAY S,DEMIRAL D.Heat transfer enhancement with laminar pulsating
nanofluid flow in a wavy channel[J].International Communications in Heat and Mass
Transfer,2014,59:17-23.

[28] AKDAG U.Numerical investigation of pulsating flow around a discrete heater in a channel[J].
International Communications in Heat and Mass Transfer,2010,37(7):881-889.

[29] LI Y,JIN D,JING Y,et al.An experiment investigation of heat transfer enhancement by pulsating laminar flow in rectangular grooved channels[J].Advanced Materials Research, 2013,732-733:74-77.

[30] 甘云华,杨泽亮.轴向导热对微通道内传热特性的影响[J].化工学报,2008,59(10):2436-2441.

[31] FAGHRI M,JAVDANI K,FAGHRI A.Heat transfer with laminar pulsating flow in a pipe [J].Letters in Heat and Mass Transfer,1979,6(4):259-270.

[32] GUO Z X,SUNG H J.Analysis of the Nusselt number in pulsating pipe flow[J].International Journal of Heat and Mass Transfer,1997,40(10):2486-2489.

[33] KEARNEY S P,JACOBI A M,LUCHT R P.Time-resolved thermal boundary-layer structure in a pulsatile reversing channel flow[J].Journal of Heat Transfer,2001,123(4):655-664.

[34] 张雅,刘淑艳,王保国.雷诺应力模型在三维湍流流场计算中的应用[J].航空动力学报,2005, 20(4):572-576.

[35] 陈雪莉,吕术森,周增顺,等.一种新型旋风分离器气相流场实验研究和数值模拟[J].化学反应 工程与工艺,2004,20(2):139-145.

[36] SMAGORINSKY J.General circulation experiments with the primitive equations[J].Monthly Weather Review,1963,91:99-164.

[37] GERMANO M,PIOMELLI U,MOIN P,et al.A dynamic subgrid-scale eddy viscosity model [J].Physics of Fluids,1991(3):1760-1765.

[38] GHOSAL S,LUND T S,MOIN P,et al.A dynamic localization model for large-eddy simulation of turbulent flow[J].Journal of Fluid Mechanics,1995,286:229-255.

[39] ZANG Y,STREET R L,KOSEFF J R.A dynamic mixed subgrid-scale model and its application to turbulent recirculating flows[J].Physics of Fluids,1993,5:3186-3196.

[40] 李家春,谢正桐.植被层湍流的大涡模拟[J].力学学报,1999,31(4):406-414.

[41] 崔桂香,周海兵,张兆顺,等.新型大涡数值模拟亚格子模型及应用[J].计算物理,2004,21(3): 289-293.

[42] 胡王乐元,周力行,张健.旋流和无旋突扩流动的 LES 和 RANS 模拟[J].工程热物理学报, 2005,26(2):339-342.

[43] ZHANG C C,WANG D B,XIANG S,et al.Numerical investigation of heat transfer and pressure drop in helically coiled tube with spherical corrugation[J].International Journal of Heat and Mass Transfer,2017,113:332-341.

[44] ARMALY B F,DURST F,PEREIRA J C F,et al.Experimental and theoretical investigation of backward-facing step flow[J].Journal of Fluid Mechanics,1983,127:473-496.

[45] 程林.换热器内流体诱发振动[M].北京:科学出版社,1995.

[46] ZHANG L,SHANG B J,MENG H B,et al.Effects of the arrangement of triangle-winglet-pair vortex generators on heat transfer performance of the shell side of a double-pipe heat exchanger enhanced by helical fins[J].Heat and Mass Transfer,2017,53(1):127-139.

[47] AHMED H E,AHMED M I,YUSOFF M Z,et al.Experimental study of heat transfer augmentation in non-circular duct using combined nanofluids and vortex generator [J]. International Journal of Heat and Mass Transfer,2015,90:1197-1206.

[48] FIEBIG M.Embedded vortices in internal flow:heat transfer and pressure loss enhancement [J].International Journal of Heat and Fluid Flow,1995,16:376-388.

[49] BISWAS G,MITRA N K.Longitudinal vortex generators for enhancement of heat transfer in heat exchanger applications[J].Heat Transfer Conference,1998,5:339-343.

[50] RUSSELL C M B,JONES T V,LEE G H.Heat transfer enhancement using vortex generators [J].Heat Transfer,1982,3:283-288.

[51]TURK A Y,JUNKHAN G H.Heat transfer enhance ement downstream of vortex generators on a flat plate[J].Heat Transfer,1986,6:2903-2908.

[52] 李鹏程,孙志坚,汤舟,等.扇形内翅片石墨管层流强化传热性能[J].上海交通大学学报,2016, 50(4):557-562.

[53] 郭勇超,周少基,曾璐璐,等.波纹板强化换热装置中带水膜饱和烟气对流传热的实验研究[J]. 热能动力工程,2017,32(11):13-18,128-129.

[54] 雷诗毅,郭亚军,桂淼,等.横纹槽管内插扭带复合强化传热的试验研究[J].机械工程学报, 2016,52(24):142-146.

[55] FONSECA C M,FLEMING P J.An overview of evolutionary algorithms in multiobjective optimization[J].Evolutionary Computation,1995,3(1):1-16.

[56] RAM D J,SREENIVAS T H,SUBRAMANIAM K G.Parallel simulated annealing algorithms [J].Journal of Parallel and Distributed Computing,1996,37(2):207-212.

[57] RANDALL M,LEWIS A.A parallel implementation of ant colony optimization[J].Journal of Parallel and Distributed Computing,2002,62(9):1421-1432.

[58] 毛宁.具有免疫能力的蚂蚁算法研究[D].天津:河北工业大学,2006.

[59] 张敏慧.改进的粒子群计算智能算法及其多目标优化的应用研究[D].杭州:浙江大学,2005.

[60] 李金娟.遗传算法及应用的研究[J].电脑与信息技术,2013,21(2):5-7,12.

[61] 洪朝飞,陶元芳,潘鲜.面向机械设计的一种改进的遗传算法[J].太原科技大学学报,2013,34 (2):101-106.

[62] KENNEDY J,EBERHART R.Particle swarm optimization[C]//Proceedings of ICNN'95-International Conference on Neural Networks.New York:IEEE,1995.

[63] WANG Z,WYK B J V,SUN Y.A new multi-swarm multi-objective particle swarm optimization based on Pareto front set[J].Lecture Notes in Computer Science,2012, 6839:203.

[64] CARTWRIGHT H M.The genetic algorithm in science[J].Pesticide Science,1995,45(2): 171-178.

[65] SUBASI A,SAHIN B,KAYMAZ I.Multi-objective optimization of a honeycomb heat sink using response surface method[J].International Journal of Heat and Mass Transfer,2016, 101:295-302.

[66] HAN H Z,YU R T,LI B X,et al.Multi-objective optimization of corrugated tube with loose-fit twisted tape using RSM and NSGA-Ⅱ[J].International Journal of Heat and Mass Transfer, 2019,131:781-794.

[67] WANG S M,XIAO J,WANG J R,et al.Application of response surface method and multi-

objective genetic algorithm to configuration optimization of shell-and-tube heat exchanger with fold helical baffles[J].Applied Thermal Engineering,2018,129:512-520.

[68] LIU S B,HUANG W X,BAO Z W,et al.Analysis,prediction and multi-objective optimization of helically coiled tube-in-tube heat exchanger with double cooling source using RSM[J]. International Journal of Thermal Sciences,2021,159:106568.

[69] HATAMI M,JAFARYAR M,GANJI D D,et al.Optimization of finned-tube heat exchangers for diesel exhaust waste heat recovery using CFD and CCD techniques[J].International Communications in Heat and Mass Transfer,2014,57:254-263.

[70] SUN L,ZHANG C L.Evaluation of elliptical finned-tube heat exchanger performance using CFD and response surface methodology[J].International Journal of Thermal Sciences,2014, 75:45-53.

[71] WANG L M,DENG L,JI C L,et al.Multi-objective optimization of geometrical parameters of corrugated-undulated heat transfer surfaces[J].Applied Energy,2016,174:25-36.

[72] SAFIKHANI H,EIAMSA-ARD S.Pareto based multi-objective optimization of turbulent heat transfer flow in helically corrugated tubes[J].Applied Thermal Engineering,2016,95: 275-280.

[73] DAMAVANDI M D,FOROUZANMEHR M,SAFIKHANI H.Modeling and Pareto based multi-objective optimization of wavy fin-and-elliptical tube heat exchangers using CFD and NSGA-Ⅱ algorithm[J].Applied Thermal Engineering,2017,111:325-339.

[74] 张喜清,孙世成,王亚龙.基于 RBF 神经网络代理模型的装载机空调送风参数优化[J].中国工程机械学报,2023,21(1):16-21.

[75] 吴振阔,韩志玉.天然气-柴油双燃料燃烧的微种群遗传算法数值优化[J].内燃机学报,2020, 38(4):359-367.

[76] 李根生,沈忠厚,张召平,等.自振空化射流钻头喷嘴研制及现场试验[J].石油钻探技术,2003, 31(5):11-13.

[77] 王嘉松,蒋世全,廖荣庆.石油钻井中自激脉冲喷嘴的应用研究[J].中国海上油气(工程), 1999,11(4):51-55.

[78] 熊继有.脉冲射流喷嘴的清岩与破岩机理[J].天然气工业,1995,15(2):34-40,110.

[79] 熊继有,付建红,钱声华,等.井下它激振荡脉冲射流机理研究[J].石油学报,2004,25(2):100-102,107.

[80] 倪红坚,唐志文,霍洪俊,等.簧阀阻断式脉冲磨料射流破岩的试验研究[J].水动力学研究与进展 A 辑,2011,26(5):567-573.

[81] WANG R H,DU Y K,NI H J,et al.Hydrodynamic analysis of suck-in pulsed jet in well drilling[J].Journal of Hydrodynamics,2011,23(1):34-41.

[82] 刘佳亮,司鹄.高压水射流破碎高围压岩石损伤场的数值模拟[J].重庆大学学报,2011,34(4): 40-46.

[83] 王伟,李根生,史怀忠,等.水力脉冲空化射流技术首次在煤层气井中的试验研究[J].特种油气藏,2012,19(5):128-130,157.

[84] 卢义玉,张赛,刘勇,等.脉冲水射流破岩过程中的应力波效应分析[J].重庆大学学报,2012,35

(1):117-124.

[85] WANG J,LI J Y,GUAN K,et al.Study on the frequency of self-excited pulse jet[J]. International Journal of Fluid Machinery and Systems,2013,6(4):206-212.

[86] 胡东,王晓川,康勇,等.自振脉冲气液射流振荡及其冲蚀煤岩效应[J].中国矿业大学学报, 2015,44(6):983-989.

[87] HU D,LI X H,TANG C L,et al.Analytical and experimental investigations of the pulsed air-water jet[J].Journal of Fluids and Structures,2015,54:88-102.

[88] JOHNSON V E JR,CHAHINE G L,LINDENMUTH W T,et al.Cavitating and structured jets for mechanical bits to increase drilling rate-part Ⅰ:theory and concepts[J].Journal of Energy Resources Technology,1984,106(2):282-288.

[89] ARTHURS D,ZIADA S.Self-excited oscillations of a high-speed impinging planar jet[J]. Journal of Fluids and Structures,2012,34:236-258.

[90] DEHKHODA S,HOOD M.The internal failure of rock samples subjected to pulsed water jet impacts[J].International Journal of Rock Mechanics and Mining Sciences,2014,66:91-96.

[91] DEHKHODA S,HOOD M.An experimental study of surface and sub-surface damage in pulsed water-jet breakage of rocks[J].International Journal of Rock Mechanics and Mining Sciences,2013,63:138-147.

[92] DEHKHODA S,HOOD M,ALEHOSSEIN H,et al.Analytical and experimental study of pressure dynamics in a pulsed water jet device[J].Flow,Turbulence and Combustion,2012,89 (1):97-119.

[93] MOMBER A W.The response of geo-materials to high-speed liquid drop impact[J]. International Journal of Impact Engineering,2016,89:83-101.

[94] 汪朝晖,冯亚楠,高全杰.自激振荡脉冲射流减阻特性的多目标优化设计[J].机械设计与制造, 2022(8):47-53.

[95] 王萍辉.空化水射流清洗的实验研究[J].中国矿业,2004,13(5):43-48,52.

[96] 陈巨辉,王俊乔,李丹,等.自激振荡射流微通道换热特性及热力学分析[J].中国电机工程学 报,2023,34:1-8.

[97] DING H B,WANG C,WANG G.Self-excited oscillation of non-equilibrium condensation in critical flow nozzle[J].Applied Thermal Engineering,2017,122:515-527.

[98] 张洪.自激振荡脉冲射流谐振腔流场优化及冲蚀试验研究[D].太原:中北大学,2018.

[99] 曹柳,邓晓刚.环形自激振荡射流泵在气液掺混传质中的应用[J].机械科学与技术,2019,38 (3):392-397.

[100] 汪朝晖,饶长健,高全杰,等.基于瞬时涡量助推效应的自激振荡腔室脉动研究[J].机械工程 学报,2018,54(14):207-214.

[101] 高全杰,王永龙,汪朝晖.脉动剪切层涡流运动下换热特性研究[J].机械科学与技术,2019,38 (5):691-697.

[102] 高虹,刘娟芳.Helmholtz共振腔强化换热的试验研究[J].工业加热,2009,38(3):43-46.

[103] 吴双应,曾丹苓,李友荣.自激振荡脉冲射流强化传热实验及其性能评价[J].石油化工设备, 2005,34(6):4-8.

[104] FANG Z L，KANG Y，YANG X F，et al. The influence of collapse wall on self-excited oscillation pulsed jet nozzle performance[J].IOP Conference Series：Earth and Environmental Science,2012,15:052022.

[105] 李江云,徐如良,王乐勤.自激脉冲喷嘴发生机理数值模拟[J].工程热物理学报,2004,25(2)：241-243.

[106] LEE J，LEE S. The effect of nozzle configuration on stagnation region heat transfer enhancement of axisymmetric jet impingement[J].International Journal of Heat and Mass Transfer,2000,43(18):3497-3509.

第 2 章　自激振荡涡识别方法

2.1　引　　言

流体转动伴随着涡的产生,涡是流体转动的物理现象,而速度旋度或涡量是数学定义,二者并没有必然联系。1858 年,Helmholtz 提出涡量丝、涡量线和涡量管概念以及 Helmholtz 三定律,把基于涡量显示和识别涡结构的方法称为第一代涡识别方法。若考虑流体黏性,经典涡动力学的 Helmholtz 三定律并不成立,尽管 Helmholtz 涡定义几乎出现在所有流体力学教科书中,但科学研究表明涡量和涡是两个截然不同的概念,二者都是矢量,但方向和大小各不相同,因此,不能用涡量来表示涡。

为解决第一代涡识别方法存在的问题,20 世纪 80 年代以来,有学者陆续提出了以 Q、λ_2、Δ 和 λ_{ci} 等方法为代表的第二代涡识别方法,在涡识别领域取得了重大进展,该方法在某种程度上认识到不能用涡量来度量涡的强度,涡量是由 Cauchy-Stokes 速度梯度张量分解得到的反对称张量,但不能单纯用反对称张量或者涡量来显示涡,而应整体考虑速度梯度张量。

针对第一代和第二代涡识别方法存在的问题,美国德州大学阿灵顿分校 Liu 教授及其团队从 2014 年开始,开展了一系列工作,先后提出了 Ω 涡识别方法、Liutex 向量、Liutex-Ω 涡显示方法、客观性 Ω 涡识别方法、客观性 Liutex 向量、基于 Liutex 的涡量分解和速度梯度张量分解、Liutex 涡核线以及 Liutex 相似律等第三代涡识别方法。

本章介绍了自激振荡脉冲效应、自激振荡涡识别方法及其基本理论,通过不同的涡识别方法对涡结构进行比较分析,并进一步分析了第三代涡识别方法的涡结构演变规律和特性,揭示涡结构发展机理。

2.2　自激振荡脉冲效应

目前,亥姆霍兹自激振荡腔室是使用最广泛的脉动流结构,现有试验研究和理论分析表明:自激振荡腔室不但具有结构简单、密封性好和无须外部激励等优点,而且振荡产生的水锤压力远高于滞止压力,在腔室内部周期性地储能和释能,进而保持脉动流动状态。此外,自激振荡腔室内部的剪切流能够产生充盈的小涡结构,促使下游壁面和中心主流的速度梯度增大,加快下游流道冷流体与中心热流体的热量交换进程,提升换热效率。

2.2.1　自激振荡脉冲射流的产生

自激振荡的自振系统是由主振体、能源、控制体和反馈系统四个基本部分组成的闭合回路,自振系统的反馈机制框图如图 2-1 所示,若自振系统的回路形成,保证正确的反馈信息即可保持自振状态。

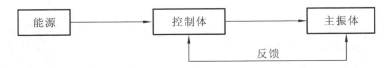

图 2-1　自振系统的反馈机制框图

Helmholtz 振荡器的结构简图如图 2-2 所示,当水流以一定速度进入振荡器腔室时,腔室入口处产生扰动剪切层,扰动剪切层持续冲击下游出口处的平板,将扰动波反馈至上游,在剪切层中产生涡旋结构,当扰动频率与腔室固有频率相同时,即可产生高效的脉冲射流。根据图 2-1 所示自振系统的反馈机制框图可以看出,水流在 Helmholtz 振荡器中的运动过程恰好满足自振系统产生的条件,因此可根据 Helmholtz 振荡器的原理设计自激振荡腔室,使其产生周期性脉冲射流。

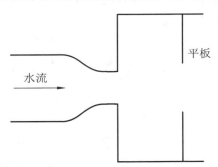

图 2-2　Helmholtz 振荡器的结构简图

自激振荡脉冲装置产生脉冲射流的机理如图 2-3 所示,高速射流进入自激振荡腔室并与腔内的静止流体发生能量交换,在上游腔室入口处发生第一次分离,形成剪切层及初生离散涡,初生离散涡到达腔室下游碰撞壁。一部分离散涡受压力扰动作用回弹,脱离壁面时发生二次碰撞,诱发新的离散涡,并随扰动涡向腔室内部运动;另一部分离散涡在碰撞壁处脱落并向下游出口流道方向运动,形成向上游反馈的离散涡,其在腔室内部合成、脱落、扰动,最终汇聚成大涡环,同碰撞壁发生下一脉动周期的反向扰动,导致腔室内部阻抗周期性变化,进而产生周期性脉冲射流。

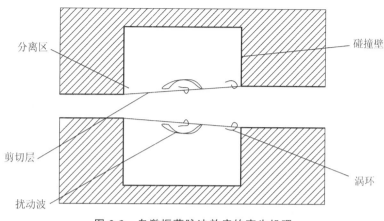

图 2-3　自激振荡脉冲效应的产生机理

2.2.2　自激振荡有效反馈条件

自激振荡脉冲效应产生有效脉冲振荡波需满足下列条件:

(1)自激振荡上游入口的分离区必须有初始涡量扰动生成;

(2)扰动波的振幅必须被放大;

(3)扰动波和撞击边缘必须发生有效碰撞;

(4)扰动波必须产生有效反馈。

剪切层中的扰动波的传播过程如图 2-4 所示。

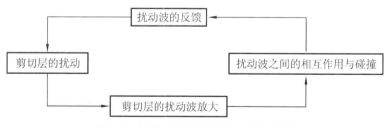

图 2-4　剪切层中的扰动波的传播过程

自由剪切层的不稳定性与施特鲁哈尔数 S 有关:

$$S_D = \frac{fD}{U} \quad \left(或\ S_L = \frac{fL}{U}\right) \tag{2.1}$$

式中:f——扰动频率,Hz;

　　　U——射流速度,m/s;

　　　D——腔室的直径,m;

L——腔室的长度，m。

该公式表明，剪切层不稳定性对 f 范围内的扰动具有放大作用，扰动波在剪切层中的传播速度为

$$u(x)=\phi'(y)\exp(\alpha_1 x)\exp[ia_2(x-\omega t)], \quad 0\leqslant x\leqslant L \tag{2.2}$$

式中：$\exp(\alpha_1 x)$——扰动在腔室内的空间增长因子。

扰动波在分离区（$x=0$）和碰撞区（$x=L$）的扰动速度表达式如下：

$$u(0)=\phi'(y)e^{j(-\omega t)} \tag{2.3}$$

$$u(L)=\phi'(y)e^{\alpha_1 L}e^{i(a_2 L-\omega t)} \tag{2.4}$$

式中：ω——声谐扰动波频率，Hz。

结合式（2.3）和式（2.4）可得：

$$\alpha_2 L=2n\pi, \quad n=1,2,3,\cdots \tag{2.5}$$

式中：α_2——空间增长率；

n——模态数。

若考虑其他因素的影响，如碰撞壁几何形状、喷射的卷积和自激振荡腔室结构等，此时有效反馈的条件可由式（2.6）表示：

$$\frac{f_s L}{C_S}+\frac{\gamma}{2\pi}=n \tag{2.6}$$

式中：f_s——射流频率，Hz；

γ——扰动反馈滞后相位角；

C_S——波的相速度。

将式（2.6）代入式（2.1）中，得到自激振荡脉冲射流的有效反馈条件为

$$S_L=\frac{f_s L}{U}=\frac{C_S}{U}\left(n-\frac{\gamma}{2\pi}\right), \quad n=1,2,3,\cdots \tag{2.7}$$

2.2.3　自激振荡腔室的固有频率

流体系统与电路系统的运动规律类似，因此将电学中的电阻、电容、电感与流体力学中的流阻、流容、流感进行关联和等效，采用水电比拟流体网络理论对自激振荡腔室的固有频率进行研究，图 2-5 所示为简化后的自激振荡腔室结构及参数。假定自激振荡腔室入口压强和流量分别为 P_1 和 Q，腔室出口处压强为 P_2，腔室入口直径为 d_1，腔室入口长度为 L_1，腔室出口直径为 d_2，腔室出口长度为 L_2，腔室直径为 D，腔室长度为 L。根据简化后的自激振荡腔室构造相应的等效电路，如图 2-6 所示。

根据水电比拟流体网络理论，电路系统与流体系统的等效关联式如下。

对于流阻，有：

$$R=\frac{\Delta P}{Q}=\frac{v\sqrt{\xi}}{AC_f} \tag{2.8}$$

对于流容，有：

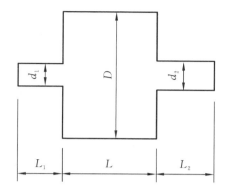

图 2-5　简化后的自激振荡腔室结构及参数

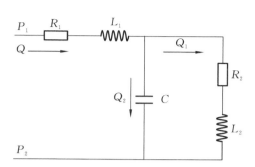

图 2-6　等效自激振荡电路图

$$C = \frac{\mathrm{d}U}{\mathrm{d}P} = \frac{\pi D^2 L}{4\alpha^2} \tag{2.9}$$

对于流感,有:

$$L = \frac{\Delta P}{\mathrm{d}Q/\mathrm{d}t} = \frac{L}{A_1} = \frac{4L}{\pi d_1^2} \tag{2.10}$$

式中:A——横截面积,m^2;

　　　ΔP——进出口压力差,Pa;

　　　$\mathrm{d}U$——腔室内体积变化;

　　　$\mathrm{d}Q$——腔室内流量变化;

　　　v——腔室内流体平均流速,$\mathrm{m/s}$;

　　　ξ——腔室局部阻力系数,$\xi = \sqrt{1 - (A_1/A_2)^2}$;

　　　C_f——腔室流量系数,$C_\mathrm{f} = \dfrac{1}{\sqrt{1 + \xi + (A_2/A_1)^2}}$;

　　　A_1,A_2——腔室入口面积和腔室出口面积,m^2;

　　　α——碰撞壁夹角。

　　通过初始条件:$P_1(t)=0$,$P_2(t)=0$,$P_1'(t)=0$,$P_1''(t)=0$ 和等效自激振荡电路图推导出系统流量与压力之间的关系,获取系统的闭环传递函数,从而得到腔室固有频率 f:

$$f = \sqrt{1 + \frac{R_1}{R_2}} \times \frac{1}{\sqrt{LC}} \tag{2.11}$$

　　腔室固有频率 $f = \dfrac{\omega}{2\pi}$,将式(2.8)~式(2.10)代入式(2.11)得到:

$$f = \frac{\eta d_1 \sqrt{1 + 0.64\,(d_2/d_1)^2}}{2\pi D \sqrt{LL_1}} \tag{2.12}$$

式中：d_1——腔室入口直径，m；

L_1——腔室入口长度，m；

η——扰动波波速，m/s。

2.3　涡识别方法理论

在自激振荡脉动流的产生过程中，剪切层中的黏性流动是涡产生的主要原因，流体在剪切效应下的运动决定了涡结构的生成、发展及合并。为了研究腔室内部的流动细节，更好地揭示自激振荡脉冲效应的产生机理，需要对涡结构进行识别和提取。

2.3.1　第一代涡识别方法

1858 年，Helmholtz 提出涡动力学三大定律：①在同一瞬间，沿涡管或者涡丝的强度不变；②涡管或者涡丝不能在流体中中断，且只能结束于流场边界处或者形成闭合曲线；③如果流体初始无旋，且体积力有势，流体将保持无旋，使用涡量（Vorticity）来表示涡（Vortex），即认为涡量高度集中的流体区域就是涡。大多数流体力学教材用涡量大小来表示涡强度，该理论被称为第一代涡识别方法。

尽管涡量和涡都代表着矢量，但它们完全不同，从数学角度看，涡量等于二倍旋转角速度。Robinson[1] 在 1991 年发现：在湍流边界层，尤其是近壁面区域，涡量和涡结构的关联性非常低，故涡量无法准确识别涡旋的结构。

2.3.2　第二代涡识别方法

随着对涡动力学的深入研究，发现涡量无法准确表示涡结构。因此，相关学者提出了 Q 准则、λ_2 准则、Δ 准则[2] 和 λ_{ci} 准则[3] 等涡识别方法，通过 Cauchy-Stokes 定理将速度梯度张量分解成对称张量和反对称张量，将反对称张量表示为涡量。用这些方法识别涡结构时需要兼顾流体流动过程中的速度梯度张量和特征值，分解得到的特征值不随坐标系变化，具有良好的鲁棒性。上述涡识别方法以 Cauchy-Stokes 速度梯度张量分解的理论为基础，对涡量表示涡的方法进行了修正，促进了涡结构识别技术的发展，统称为第二代涡识别方法。

目前使用较多的涡识别方法包括 Q 准则和 λ_2 准则。

（1）Q 准则。

Q 准则基于速度梯度张量的特征方程：

$$\lambda^3 + P\lambda^2 + Q\lambda + R = 0 \tag{2.13}$$

特征方程的特征值分别为 λ_1、λ_2、λ_3，则有：

$$P = -(\lambda_1 + \lambda_2 + \lambda_3) = -\mathrm{tr}(\nabla v) \tag{2.14}$$

$$Q=\lambda_1\lambda_2+\lambda_2\lambda_3+\lambda_3\lambda_1=-\frac{1}{2}\left[\mathrm{tr}(\nabla v^2)+\mathrm{tr}\ (\nabla v)^2\right] \tag{2.15}$$

$$R=-\lambda_1\lambda_2\lambda_3=-\det(\nabla v) \tag{2.16}$$

式中：tr——矩阵的迹；

　　∇——矩阵的行列式；

　　P、Q、R——速度梯度张量的三个伽利略不变量。

Hunt 等人[4]建议使用速度梯度张量的第二个伽利略不变量 $Q>0$ 代表涡结构。Q 的表达式如下：

$$Q=\frac{1}{2}(\parallel \boldsymbol{B}\parallel_F^2-\parallel \boldsymbol{A}\parallel_F^2) \tag{2.17}$$

式中：$\parallel\ \parallel_F$——矩阵的弗罗贝尼乌斯范数（Frobenius 范数）；

　　$\boldsymbol{A}$——速度梯度张量的对称张量；

　　$\boldsymbol{B}$——反对称张量。

对称张量表示变形，反对称张量表示旋转。由其定义式可知，Q 准则要求涡结构中存在代表旋转效应的反对称张量 $\boldsymbol{B}$，且其需具备克服对称张量 $\boldsymbol{A}$ 的变形能力。Q 准则约束了反对称张量的能力，涡结构中存在反对称张量的刚性旋转，且其能够克服对称张量的抵消效果。

（2）λ_2 准则。

在忽略 Navier-Stokes 方程中非定常项的前提下，将速度梯度张量分解为代表变形效果的对称部分 $\boldsymbol{A}$ 和表示旋转效应的反对称部分 $\boldsymbol{B}$，进一步推导可以得到 $\boldsymbol{A}^2+\boldsymbol{B}^2=-\nabla(\nabla p)/\rho$，其中 p 代表压强，ρ 代表密度。当对称张量 $\boldsymbol{A}^2+\boldsymbol{B}^2$ 存在两个负特征值时，负特征值对应的特征向量指示了压强分布中极小值存在的区域，若将特征值按 $\lambda_1>\lambda_2>\lambda_3$ 排列，$\boldsymbol{A}^2+\boldsymbol{B}^2$ 存在两个负特征值，等价于 $\lambda_2<0$，该方法被称为 λ_2 准则。需要注意的是，λ_2 准则不考虑流体的黏性作用和非定常效应，且流体不可压缩。对于复杂的湍流流动，λ_2 准则的涡识别效果不佳，湍流结构相互作用导致其难以清楚地识别每个涡流结构；而对于不可压缩流体，涡识别效果较好，同时可提取涡核的分布情况。

2.4　以 Omega 方法和 Liutex 向量为代表的第三代涡识别方法

在湍流过程中，涡结构识别至关重要，涡结构的识别精度随着涡识别技术的发展逐渐升高。其中，第二代涡识别方法解决了用涡量准则识别涡旋的缺陷，但是，以 Q 准则为代表的第二代涡识别方法过于依赖阈值，而阈值的选择具有一定的随机性。此外，涡结构的复杂性也容易受到剪切效应的影响，第二代涡识别方法在具体的应用中仍存在不足。

以 Omega 方法和 Liutex 向量为代表的第三代涡识别方法克服了第二代涡识别方法的不足,可以清晰地显示强涡与弱涡结构,可将涡量进一步分解为流体刚性旋转的矢量 $\boldsymbol{R}$ 和反对称剪切矢量 $\boldsymbol{S}$ 来表达涡旋结构。涡量表示为[5]

$$\boldsymbol{\omega} = \boldsymbol{R} + \boldsymbol{S} \tag{2.18}$$

矢量 $\boldsymbol{R}$ 代表流体运动的刚性旋转部分,称为 Rortex 矢量,其具有大小和方向,又名 Liutex 向量。

$$\boldsymbol{R} = R\boldsymbol{r} \tag{2.19}$$

式中:R——Liutex 向量的大小(刚性旋转的角速度);

$\boldsymbol{r}$——速度梯度张量(刚性旋转轴的方向)的特征向量。

根据速度梯度张量的定义:

$$\mathrm{d}\boldsymbol{v} = \nabla\boldsymbol{v} \cdot \mathrm{d}\boldsymbol{r} \tag{2.20}$$

对于数学公式,有:

$$\mathrm{d}\boldsymbol{v} = \delta \cdot \mathrm{d}\boldsymbol{r} \tag{2.21}$$

综合上述公式,可以得到:

$$\mathrm{d}\boldsymbol{v} = \nabla\boldsymbol{v} \cdot \mathrm{d}\boldsymbol{r} = \delta \cdot \mathrm{d}\boldsymbol{r} \tag{2.22}$$

分别用 $\boldsymbol{r}$、λ_r 代替 $\mathrm{d}\boldsymbol{r}$、δ 来表示速度梯度张量的实特征向量和实特征值。

$$\mathrm{d}\boldsymbol{v} = \nabla\boldsymbol{v} \cdot \boldsymbol{r} = \lambda_r \cdot \boldsymbol{r} \tag{2.23}$$

式中:$\boldsymbol{v}$——速度矢量,$\boldsymbol{v} = [u, v, w]^\mathrm{T}$。

计算刚性旋转的精确角速度时,将原有的 x、y、z 轴切换到新的 X、Y、Z 轴,并将 z 轴作为局部旋转轴:

$$\nabla\boldsymbol{V} = \boldsymbol{Q} \, \nabla\boldsymbol{v} \, \boldsymbol{Q}^\mathrm{T} = \begin{bmatrix} \dfrac{\partial U}{\partial X} & \dfrac{\partial U}{\partial Y} & 0 \\[2mm] \dfrac{\partial V}{\partial X} & \dfrac{\partial V}{\partial Y} & 0 \\[2mm] \dfrac{\partial W}{\partial X} & \dfrac{\partial W}{\partial Y} & \dfrac{\partial W}{\partial Z} \end{bmatrix} \tag{2.24}$$

式中:$\nabla\boldsymbol{V}$——新 X、Y、Z 轴中的速度向量,$\nabla\boldsymbol{V} = [U, V, W]^\mathrm{T}$。

其次,在 OXY 平面上围绕 Z 轴进行第二次旋转($\boldsymbol{P}$ 旋转),旋转角度为 θ,则速度梯度张量 $\nabla\boldsymbol{V}_\theta$ 被定义为

$$\nabla\boldsymbol{V}_\theta = \boldsymbol{P} \, \nabla\boldsymbol{V}\boldsymbol{P}^\mathrm{T} \tag{2.25}$$

$$\left.\frac{\partial U}{\partial Y}\right|_\theta = \delta\sin(2\theta + \varphi) - \beta \tag{2.26}$$

$$\left.\frac{\partial V}{\partial X}\right|_\theta = \delta\sin(2\theta + \varphi) + \beta \tag{2.27}$$

$$\left.\frac{\partial U}{\partial X}\right|_\theta = -\delta\cos(2\theta + \varphi) + \frac{1}{2}\left(\frac{\partial U}{\partial X} + \frac{\partial V}{\partial Y}\right) \tag{2.28}$$

$$\frac{\partial V}{\partial Y}\bigg|_{\theta} = \delta\cos(2\theta+\varphi) + \frac{1}{2}\left(\frac{\partial U}{\partial X}+\frac{\partial V}{\partial Y}\right) \tag{2.29}$$

其中有：

$$\delta = \frac{1}{2}\sqrt{\left(\frac{\partial V}{\partial Y}-\frac{\partial U}{\partial X}\right)^{2}+\left(\frac{\partial V}{\partial X}+\frac{\partial U}{\partial Y}\right)^{2}}, \quad \delta > 0 \tag{2.30}$$

$$\beta = \frac{1}{2}\left(\frac{\partial V}{\partial X}-\frac{\partial U}{\partial Y}\right) \tag{2.31}$$

Liutex 向量的旋转强度定义为

$$R = \begin{cases} 2(\beta-\delta), & \beta^{2}>\delta^{2} \\ 0, & \beta^{2}\leqslant\delta^{2} \end{cases} \tag{2.32}$$

Dong 等人[6] 在 Liutex 向量和 Omega 方法的基础上提出了一种归一化的 Rortex/Vortex 涡识别方法,用于识别强涡和弱涡,该方法识别出的涡旋结构等效表面存在许多凸点,因此,Liu 等人[7] 提出了一种改进的归一化 Rortex/Vortex 涡识别方法,即

$$\widetilde{\Omega}_{L} = \frac{\beta^{2}}{\beta^{2}+\delta^{2}+\lambda_{ci}^{2}+\frac{1}{2}\lambda_{r}^{2}+\varepsilon} \tag{2.33}$$

ε 取决于研究对象的几何体和速度参数,其被定义为$(\beta^{2}-\delta^{2})_{\max}$ 的函数,$(\beta^{2}-\delta^{2})_{\max}$ 表示涡度平方和变形平方之差的最大值。

第三代涡识别方法克服了第一代和第二代涡识别方法的缺点,在使用过程中借助速度梯度张量的特征值及特征向量,使涡结构识别和涡核提取更加科学和客观。

现阶段,湍流流动中涡识别方法主要有:基于伽利略不变性定义的 Q 准则、λ_{2} 准则以及 Liu 等人[8] 于 2016 年提出的 Omega 方法,这些涡识别方法在学术研究和工程实践中得到充分应用。Dubief 等人[9] 将 Q 准则应用于 DNS 和 LES 中的相干涡研究,Q 准则的等值面具有相干涡旋。Gao 等人[10] 利用 Q 准则的涡旋识别分析旋风分离器的涡旋,研究发现:涡旋结构的变化趋势较为直观。Arosemena 等人[11] 采用 Q 准则识别出不同流体条件下搅拌槽内部的瞬时涡结构,研究发现:不同的流体状况下可识别出不同的涡结构尺寸与数量。Ni 等人[12] 采用大涡模拟研究核反应堆冷却剂泵的瞬时涡流结构,研究发现:Q 准则可以准确识别出 LES 的涡结构。Guo 等人[13] 基于 Q 准则的涡识别方法对混流式水轮机的通道涡进行捕获,结果表明:在局部流动条件下,流道内该方法可以识别出不同结构的通道涡。Zhang 等人[14] 采用 λ_{2} 准则分别研究了冷态流场和驻涡燃烧流场(trapped vortex combustor,TVC)腔室内的涡结构,结果表明:无论是涡核位置还是涡结构,冷态流场都不同于驻涡燃烧流场,主流进气速度和空腔进气速度会影响流场结构。Hlawitschka 等人[15] 使用 λ_{2} 准则研究了鼓泡塔中的涡结构,揭示了水相涡旋流动结构的发展。Yan 等人[16] 利用 Omega 方法研究了诱导轮内部的空化流涡结构,证明了流动结构与空腔之间的相关

性。Zhang 等人[17]用 Omega 方法分析了可逆式水泵水轮机内部流动中的涡结构,对比了不同结构参数下的典型运行模式,研究发现:Omega 方法对识别可逆式水泵水轮机流场涡结构具有更好的识别效果。Wu 等人[18]采用 Omega 方法对加热炉内湍流涡旋的运动过程进行识别,结果发现:Omega 方法能够显示更多的涡结构,同时可以识别弱涡和强涡,具有更强的识别能力。

准确识别自激振荡腔室内部的三维涡结构特征至关重要,但是,基于流场可视化试验来分析腔室内部的涡结构容易受到环境和设备等因素的影响,而第三代涡识别方法为解决这一问题提供了思路。

2.5　本章小结

本章主要介绍了自激振荡脉冲效应,包括自激振荡脉冲射流的产生、反馈条件及腔室固有频率,详细介绍了不同涡识别方法的理论知识,分析了不同涡识别方法的适用性,主要内容如下。

(1) Liutex-Omega 涡识别方法可以清楚地识别出腔室内部的强涡与弱涡,且可避免剪切效应产生的污染,其识别效果不受阈值选择的影响,具有良好的客观性和鲁棒性。

(2) 本章介绍了自激振荡脉冲射流的产生原理,并说明了产生有效脉冲振荡波需满足的条件,为更好地研究自激振荡脉冲效应奠定基础。

(3) 自激振荡涡识别方法:用涡量大小表示涡强度的理论被称为第一代涡识别方法;第二代涡识别方法弥补了用涡量准则识别涡旋时存在的缺陷,但是,以 Q 准则为代表的第二代涡识别方法在具体的应用中过分依赖阈值;第三代涡识别方法克服了第一代和第二代涡识别方法的缺点,在使用过程中借助速度梯度张量的特征值及特征向量,使得涡结构识别和涡核提取更加科学和客观。

参考文献

[1] ROBINSON S K.Coherent motions in the turbulent boundary layer[J].Annual Review of Fluid Mechanics,1991,23:601-639.

[2] CHONG M S,PERRY A E,CANTWELL B J. A general classification of three-dimensional flow fields[J].Physics of Fluids,1990,2(5):765-777.

[3] ZHOU J,ADRIAN R J,BALACHANDAR S,et al.Mechanisms for generating coherent packets of hairpin vortices in channel flow[J].Journal of Fluid Mechanics,1999,387:353-396.

[4] HUNT J C R,WRAY A A,MOIN P.Eddies,streams,and convergence zones in turbulent flows [J].Studying Turbulence Using Numerical Simulation Databases,1988,2:193-208.

[5] 王义乾,桂南.第三代涡识别方法及其应用综述[J].水动力研究与进展(A辑),2019,34(4):

413-429.

[6] DONG X R, GAO Y S, LIU C Q. New normalized rortex/vortex identification method [J]. Physics of Fluids, 2019, 31(1):011701.

[7] LIU J M, LIU C Q. Modified normalized rortex/vortex identification method [J]. Physics of Fluids, 2019, 31(6):061704.

[8] LIU C Q, WANG Y Q, YANG Y, et al. New omega vortex identification method[J]. Science China Physics, Mechanics & Astronomy, 2016, 59:1-9.

[9] DUBIEF Y, DELCAYRE F. On coherent-vortex identification in turbulence[J]. Journal of Turbulence, 2000, 1(1):011.

[10] GAO Z W, WANG J, WANG J Y, et al. Analysis of the effect of vortex on the flow field of a cylindrical cyclone separator[J]. Separation and Purification Technology, 2019, 211:438-447.

[11] AROSEMENA A A, ALI H, SOLSVIK J. Characterization of vortical structures in a stirred tank[J]. Physics of Fluids, 2022, 34(2):025127.

[12] NI D, YANG M G, GAO B, et al. Experimental and numerical investigation on the pressure pulsation and instantaneous flow structure in a nuclear reactor coolant pump [J]. Nuclear Engineering and Design, 2018, 337:261-270.

[13] GUO T, ZHANG J M, LUO Z M. Analysis of channel vortex and cavitation performance of the francis turbine under partial flow conditions[J]. Processes, 2021, 9(8):1385.

[14] ZHANG R C, FAN W J. Flow field measurements in the cavity of a trapped vortex combustor using PIV[J]. Journal of Thermal Science, 2012, 21(4):359-367.

[15] HLAWITSCHKA M W, SCHÄFER J, JÖCKEL L, et al. CFD simulation and visualization of reactive bubble columns[J]. Journal of Chemical Engineering of Japan, 2018, 51(4):356-365.

[16] YAN L L, GAO B, NI D, et al. Numerical study of unsteady cavitating flow in an inducer with omega vortex identification[J]. Journal of Fluids Engineering, 2022, 144(9):091203.

[17] ZHANG Y N, LIU K H, LI J W, et al. Analysis of the vortices in the inner flow of reversible pump turbine with the new omega vortex identification method[J]. Journal of Hydrodynamics, 2018, 30(3):463-469.

[18] WU Y F, GUO C P, FENG S, et al. Research on identification of vortex structure in oxy-fuel heating furnace based on vortex identification method[J]. Energy Sources, Part A: Recovery, Utilization, and Environmental Effects, 2020(2):1-12.

第 3 章　自激振荡涡结构及脉动特性

3.1　引　　言

　　湍流流动过程中伴随着湍流的掺混以及不同尺度涡结构的演变,大尺度涡结构破碎形成小尺度涡结构,相对运动速度不断变化。涡结构的破碎和形成影响流场的湍动能和湍流黏度,进而改变流体的性能。涡识别方法可以确定涡结构的强度、位置和演变规律,有助于准确提取数值模拟结果。通过分析涡结构的大小与分布,可以判断流场内的流动状况,并识别内部三维涡结构的时空演变特征。

　　自激振荡脉冲效应涉及复杂的流体运动行为,具体包括速度脉动、压力脉动、湍流形成、涡旋形成和边界层变化等,这些行为共同影响流体的运动和性质。为了深刻理解流体结构的相互作用,需建立准确的自激振荡数学模型,通过模拟研究揭示自激振荡脉动流的产生机理。

　　本章介绍了大涡模拟(LES)方法及其控制方程,定义了流动和传热计算参数,同时,建立自激振荡热流道三维模型,并对模型进行网格划分以及无关性检验等,验证了湍流模型的适用性。在此基础上,对涡结构的演化规律从时间和空间两个方面进行了研究分析。在计算域中设置若干监测点,对不同位置的涡结构强度进行仿真,研究了涡结构的相互作用,并分析涡核的大小及分布。最后,对自激振荡周期性脉动流速度场的特性以及脉动流的形成机理进行深入研究。

3.2　自激振荡热流道模型构建

　　本节详细介绍了 LES 方法及其控制方程,建立了自激振荡热流道三维计算模型,对模型进行结构化网格划分和边界条件设置。此外,为保证数值计算结果的可行性,检验了网格无关性并验证了湍流模型的适用性。

3.2.1　物理模型

　　自激振荡腔室中的脉动流由不同尺度的涡结构组成,其流动状态具有不稳定性,且流动过程中各个物理特性随时间变化而变化。自激振荡腔室是产生脉动流的关键结构,其结构参数的改变影响涡结构的运动行为和涡量的演变规律,进而影响脉动流的形成和流体的热阻特性。

如图 3-1 所示,三维自激振荡热流道主要由入口流道、腔室和出口流道三部分组成。主要的结构参数有自激振荡腔室直径 D、自激振荡腔室长度 L、入口流道直径 d_1、出口流道直径 d_2、入口流道长度 l_1、出口流道长度 l_2 以及自激振荡腔室碰撞壁夹角 α。

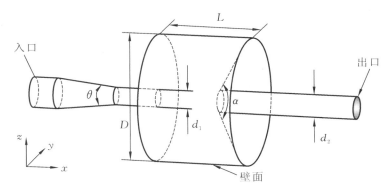

图 3-1　自激振荡热流道结构示意图

根据自激振荡热流道结构参数优选范围的研究和试验数据[1],确定自激振荡热流道的主要无量纲结构参数,如表 3-1 所示。

表 3-1　自激振荡热流道无量纲结构参数

无量纲结构参数	数值
出口流道直径 d_2/入口流道直径 d_1	1.2
自激振荡腔室长度 L/入口流道直径 d_1	4
自激振荡腔室直径 D/入口流道直径 d_1	8
出口流道长度 l_2/出口流道直径 d_2	3
自激振荡腔室碰撞壁夹角 α	120°

3.2.2　数学模型

1. 控制方程

计算流体力学是通过离散化的数值方法对流体流动控制方程进行求解,进而对工程问题和流体力学问题进行模拟和分析。流体在流动过程中遵循三大基本物理定律,分别是质量守恒、动量守恒和能量守恒定律。本书所研究的流体流动特性均遵循这三个基本定律,它们可以描述自激振荡热流道内部的流动传热。三个基本定律具体如下。

质量守恒方程为

$$\frac{\partial \rho}{\partial t} + \frac{\partial (\rho u)}{\partial x} + \frac{\partial (\rho v)}{\partial y} + \frac{\partial (\rho w)}{\partial z} = 0 \tag{3.1}$$

式中：ρ——流体密度，kg/m^3；

　　　t——时间，s；

　　　u——流体速度在 x 轴方向上的分量，m/s；

　　　v——流体速度在 y 轴方向上的分量，m/s；

　　　w——流体速度在 z 轴方向上的分量，m/s。

动量守恒方程为

$$\rho \left(\frac{\partial u}{\partial t} + u\frac{\partial u}{\partial x} + v\frac{\partial u}{\partial y} + w\frac{\partial u}{\partial z} \right) = \frac{\partial \sigma_{xx}}{\partial x} + \frac{\partial \sigma_{yx}}{\partial y} + \frac{\partial \sigma_{zx}}{\partial z} + \rho f_x \tag{3.2}$$

$$\rho \left(\frac{\partial v}{\partial t} + u\frac{\partial v}{\partial x} + v\frac{\partial v}{\partial y} + w\frac{\partial v}{\partial z} \right) = \frac{\partial \sigma_{xy}}{\partial x} + \frac{\partial \sigma_{yy}}{\partial y} + \frac{\partial \sigma_{zy}}{\partial z} + \rho f_y \tag{3.3}$$

$$\rho \left(\frac{\partial w}{\partial t} + u\frac{\partial w}{\partial x} + v\frac{\partial w}{\partial y} + w\frac{\partial w}{\partial z} \right) = \frac{\partial \sigma_{xz}}{\partial x} + \frac{\partial \sigma_{yz}}{\partial y} + \frac{\partial \sigma_{zz}}{\partial z} + \rho f_z \tag{3.4}$$

式中：f_x——单位质量力在 x 轴方向上的分量，m/s^2；

　　　f_y——单位质量力在 y 轴方向上的分量，m/s^2；

　　　f_z——单位质量力在 z 轴方向上的分量，m/s^2；

　　　σ——黏性应力在不同方向上的分量，Pa。

能量守恒方程为

$$\frac{1}{2}\left[\rho \left(e + \frac{1}{2}u \cdot u \right) \right] + \nabla \cdot \left[\rho u \left(e + \frac{1}{2}u \cdot u \right) \right] = \nabla \cdot \left(\sum \cdot u \right) + u \cdot \rho f - \nabla \cdot q \tag{3.5}$$

式中：e——单位质量流体的内能，J/kg；

　　　$(u \cdot u)/2$——单位质量流体的动能，J/kg；

　　　ρ——热流密度，$J/(m^2 \cdot s)$；

　　　$\nabla \cdot q$——单位体积流体的传热功率，Pa；

　　　$\nabla \cdot \left(\sum \cdot u \right)$——单位体积流体的面力做功功率，Pa。

2. 湍流方程

　　流体在自激振荡腔室内的流动过程受到有限结构空间的限制而紊乱，在压力扰动波的反馈作用下，产生湍流流动。流体流动的可视化试验表明，湍流过程常常伴随有旋流动，这类有旋结构被叫作涡，研究涡结构的形态变化对于揭示湍流的产生具有重要意义。

　　目前，湍流的数值模拟方法主要有直接数值模拟（DNS）、雷诺平均模拟（RANS）和大涡模拟（LES）。DNS 方法对计算成本要求较高，而 RANS 方法对变量进行时均化处理，无法捕捉到流场中的流动变化情况。自激振荡脉动流涉及腔室涡环结构的周期性生成、长大、合并及破碎过程,流体流动较为复杂,LES 方法的计算成本介于 DNS 方法和 RANS 方法之间,同时根据湍流流动过程中的不同涡结构尺度选用不同的模型。LES 方法能够较好地描述非稳态脉动过程,因此本章采用 LES 计算模型求解自激振荡热流道瞬时涡结构的演变过程。LES 通过对湍流中大尺度脉动直接解析得到大涡流运动过程,对于尺度较小的脉动使用亚格子尺度模型(SGS)进行描述。所以在运用 LES 方法进行数值计算之前,需要采用滤波函数过滤掉小尺度脉动涡环。不可压缩理想流体在进行 Favre 滤波后得到的连续性方程、动量方程和能量方程如下。

连续性方程为

$$\frac{\partial \overline{u_i}}{\partial \overline{x_i}} = 0 \tag{3.6}$$

动量方程为

$$\frac{\partial}{\partial t}(\rho \overline{u_i}) + \frac{\partial}{\partial x_j}(\rho \overline{u_i}\,\overline{u_j}) = -\frac{\partial \overline{p}}{\partial x_i} + \frac{\partial}{\partial x_j}\left(\mu \frac{\partial \overline{u_i}}{\partial x_j}\right) - \frac{\partial \tau_{ij}}{\partial x_j} \tag{3.7}$$

能量方程为

$$\frac{\partial \overline{T}}{\partial t} + \frac{\partial(\overline{u_j}\,\overline{T})}{\partial x_j} = \frac{\mu}{\rho Pr}\frac{\partial}{\partial x_j}\left(\frac{\partial \overline{T}}{\partial x_j}\right) - \frac{\partial(\overline{u_j T} - \overline{u_j}\,\overline{T})}{\partial x_j} \tag{3.8}$$

式中:ρ——流体密度,kg/m³;

　　μ——流体的动力黏度,Pa·s;

　　Pr——流体普朗特数;

　　$\overline{u}$——滤波后的速度,m/s;

　　$\overline{p}$——滤波后的压力,Pa;

　　τ_{ij}——亚格子尺度应力,Pa;

　　$\overline{T}$——滤波后的温度,K。

根据 Smagorinsky 提出的基本涡黏系数模型,有

$$\tau_{ij} - \frac{1}{3}\tau_{kk}\delta_{ij} = -2\mu_t \overline{S_{ij}} \tag{3.9}$$

式中:μ_t——亚格子尺度湍流黏度;

　　τ_{kk}——各向同性的亚格子尺度应力,Pa;

　　δ_{ij}——克罗内克(Kronecker)符号,当 $i=j$ 时,$\delta_{ij}=1$,当 $i\neq j$ 时,$\delta_{ij}=0$;

　　$\overline{S_{ij}}$——滤波后的变形速率张量,计算式为

$$\overline{S_{ij}} = \frac{1}{2}\left(\frac{\partial \overline{u_i}}{\partial x_j} + \frac{\partial \overline{u_j}}{\partial x_i}\right) \tag{3.10}$$

3.2.3　网格划分及边界条件

1. 网格划分

图 3-2(a)所示为三维网格模型和局部视图,图 3-2(b)所示为中心剖面视图,采

用六面体结构进行网格划分,为了更准确地模拟壁面边界层的流动状态,对上下游管道内的近壁面和腔室剪切层附近区域进行网格加密,并用 ICEM 17.0 生成结构化网格。空腔中心附近射流速度梯度大、剪切效应强,是涡旋结构最丰富、最复杂的区域,因此在该区域采用局部网格加密,第一层网格到壁面边界层的高度为 0.07 mm,内边界层网格层数设置为 10 层,计算区域的结构化网格数为 351 万个,网格模型的 y^+ 值近似等于 1,满足大涡模拟的壁面计算要求。

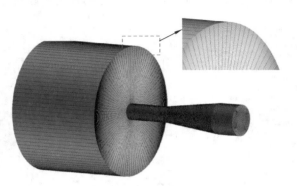

（a）三维网格模型和局部视图　　　　　　　（b）中心剖面视图

图 3-2　自激振荡热流道模型结构化网格

2. 边界条件设置

为了使自激振荡热流道中的湍流和传热过程更加接近实际情况,做出如下假设:

（1）不考虑重力对流体的影响;

（2）工作介质为不可压缩理想流体;

（3）入口来流均匀;

（4）不考虑自然对流、热辐射和流动中的黏性耗散热。

自激振荡热流道入口流量一定时,才能产生脉动效应。本数学模型采用入口压力边界条件,数值为 5000 Pa;出口压力条件,相对压力为 0,环境压力为标准大气压力;入口温度为 298.15 K,出口温度为 300 K,壁面温度为 343.15 K;壁面选择无滑移边界条件;工作介质为常温常压的水,同时,采用有限体积法（FVM）求解控制方程。为获得更高精度的数值解,对流项空间离散采用二阶向上格式,压力项空间离散采用二阶格式,动量项空间离散采用有界中心差分格式,时间项空间离散采用二阶隐式格式,采用 SIMPLE 算法求解速度-压力耦合方程,将最大收敛残差设置为 10^{-6},以达到数值求解时间和精度的折中平衡点,湍流动能变量设置为 10^{-5}。

3.2.4　网格无关性检验与湍流模型验证

1. 网格无关性检验

本节的自激振荡腔室具有稳定的三维轴对称结构,考虑计算成本,采用结构化网格划分。LES 方法是一种高效、准确的方法,但是,它对计算网格的精度要求高,在充分利用时间资源的同时要保证计算网格的准确性。为了减小模拟计算误差,得到网格无关解,编制 4 组网格,分别为 mesh-1、mesh-2、mesh-3 和 mesh-4,它们分别有 238 万、351 万、453 万和 524 万个网格。稳态计算采用 SST k-omega 湍流模型,对空腔进出口压降和出口速度进行监测和分析,得到网格收敛指数(grid convergence index,GCI)[2],检验结果如图 3-3 所示。结果表明,当网格数由 351 万变为 453 万时,进出口压降和出口速度的相对变化分别为 0.03% 和 0.017%。这说明 mesh-2 满足计算精度要求。

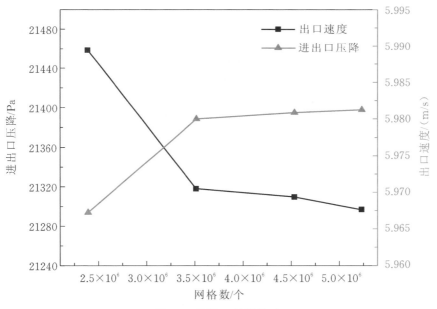

图 3-3　网格无关性检验

2. 湍流模型验证

本节采用 LES 方法模拟自激振荡腔室瞬时涡结构的变化过程,基于计算软件 ANSYS FLUENT 19.0 对模型进行仿真模拟并对流动和传热特性进行研究。为了验证数值计算方法的适用性与正确性,首先在相同条件下,将自激振荡热流道的模拟结果与 Wu 等人[3]的试验结果进行比较,对比结果如图 3-4 所示。由图 3-4(a)可知,射流与碰撞壁发生碰撞,导致射流的离散涡一部分沿着碰撞壁移动,另一部分进入下游流道,形成离散涡流,这与图 3-4(b)的模拟结果比较吻合,说明采用 LES 方法可以较好地模拟自激振荡热流道内部的涡流分布。

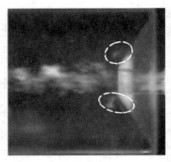

　　　　（a）试验结果　　　　　　　　（b）模拟结果

图 3-4　试验结果和模拟结果的对比

　　为了进一步验证数值计算方法的适用性,将不同雷诺数下的自激振荡热流道努塞尔数与文献[4]经验公式进行对比。经验公式如下:

$$Nu = 0.023Re^{0.8}Pr^{0.4} \tag{3.11}$$

对比验证结果如图 3-5 所示,模拟结果与经验公式得到的努塞尔数的最大误差为 8.71%,最小误差为 4.03%,均在 10% 以内,表明当前模拟结果在可接受范围内。

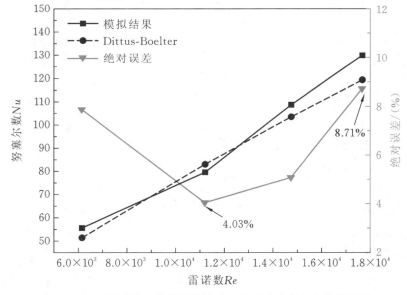

图 3-5　不同雷诺数下数值计算方法与文献方法的努塞尔数比较

3.3　涡结构演变规律

在自激振荡腔室中,涡旋的形成和演变是流体动力学效应和流动条件共同作用的结果,涡结构的演变是动态的,涡旋的形态和特征随时间的推移而发生变化,受到流体流速、流量和压力等因素的影响。本节主要从时间和空间两个方面对涡结构的演变规律进行研究。

3.3.1　时间演变

图 3-6 所示为完整周期自激振荡腔室内不同时刻涡结构的演变过程,涡结构的等值面由 $\widetilde{\Omega}_L = 0.52$ 表示。当流体进入腔室时,与腔室内部的静止流体发生湍流掺混并产生脉动剪切层,在剪切层附近存在小尺度涡,流体向下游迁移时,携带的小涡会不断聚集合并成环形涡结构,涡环向下游迁移时促使腔室内部的大涡结构周期性形成与破碎。自激振荡腔室的作用类似于一个储能器,能量的吸收与释放是腔室内部涡旋结构周期性变化的重要原因。

t_1 是流体进入腔室内部的初始时刻,如图 3-6(a)、(b)所示,涡环初生区域位于腔室上下游喷嘴处,较小涡环在沿射流剪切层向下迁移的过程中,吸收能量膨胀并发展成较大的涡环;涡环靠近下游碰撞壁促使流体在近壁面形成剪切层,当上游的涡环向下游发展时,越来越多的涡环聚集形成主涡环,在剪切层的作用下沿碰撞壁移动、膨胀并发生分离,其中一部分离散涡沿着下游管道移动,另一部分涡沿着碰撞壁移动,在碰撞壁处形成二级涡环,如图 3-6(c)、(d)所示;当主涡环与碰撞壁碰撞后,

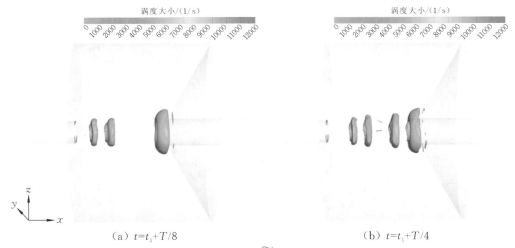

（a）$t=t_1+T/8$　　　　　　　　　　　（b）$t=t_1+T/4$

图 3-6　完整周期不同时刻的等值面为 $\widetilde{\Omega}_L = 0.52$ 的自激振荡腔室内部涡结构

（以涡度大小着色）

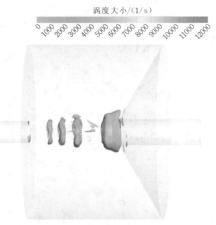

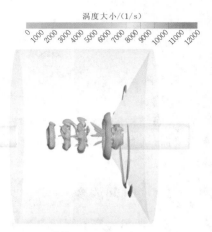

（c）$t=t_1+3T/8$　　　　　　　　（d）$t=t_1+T/2$

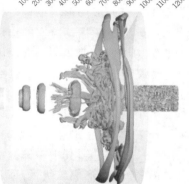

（e）$t=t_1+5T/8$　　　　　　　　（f）$t=t_1+3T/4$

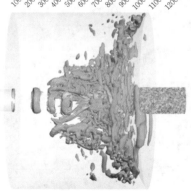

（g）$t=t_1+7T/8$　　　　　　　　（h）$t=t_1+T$

续图 3-6

剪切层开始分离导致一次反向压力波产生,在压力波的作用下二级涡环发生变形并分离出三级涡环,其反向移动与主涡环相互作用造成剪切层的"隆起",进而使剪切层中的离散涡脱离,如图 3-6(e)、(f)所示;当离散涡到达上游的分离区后继续产生扰动,同时,二级涡环在碰撞固体壁面后破碎,在腔室内部形成了大量小尺度离散涡,如图 3-6(g)、(h)所示。由此可以看出:腔室内部的涡结构主要集中于射流剪切层和下游碰撞壁。

3.3.2　空间演变

基于 Liutex-Omega 涡识别方法对自激振荡腔室内部涡结构的演变规律进行分析,为了准确分析脉动剪切层对涡结构形成过程的影响,探究腔室内部流动状态的变化规律,将腔室沿剪切层发展的方向划分为不同的截面进行分析,如图 3-7 所示,其中不同截面之间的距离为 1.3 mm,截面 $x/d_1=6$ 靠近腔室流道的入口端,截面 $x/d_1=13$ 靠近碰撞壁。

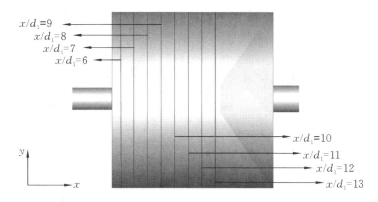

图 3-7　自激振荡腔室截面位置

图 3-8 展示了自激振荡腔室涡结构的空间演变规律,流体经上游入口流道流入腔室产生初始扰动,导致流体发生剪切效应,截面 $x/d_1=6$ 处的弱涡结构较多,这些弱涡集中在脉动流的核心区域并随流体向下游流动,剪切效应逐渐增强形成脉动剪切层,弱涡结构吸收能量不断合并、长大,形成涡环结构。剪切层中相邻的涡环结构在向下游移动时向外扩展,增强流体周围的扰动,如图 3-8(b)、(c)所示。涡环结构强度随着剪切效应的增强而增大,当主涡环结构移动至腔室下游碰撞壁时,涡环结构破碎,并沿着腔室壁面移动,此时,碰撞壁附近流速快,脉动效应强,而且靠近下游的空腔中广泛分布着小尺度涡结构。从图 3-8(e)、(f)中可以看出,涡环结构破碎使得主流区强涡结构增加,促进下游流道涡流产生,同时,主涡环分离出的二级涡环结构沿壁面向远离流体中心的方向移动,继续参与腔室内部的能量交换。

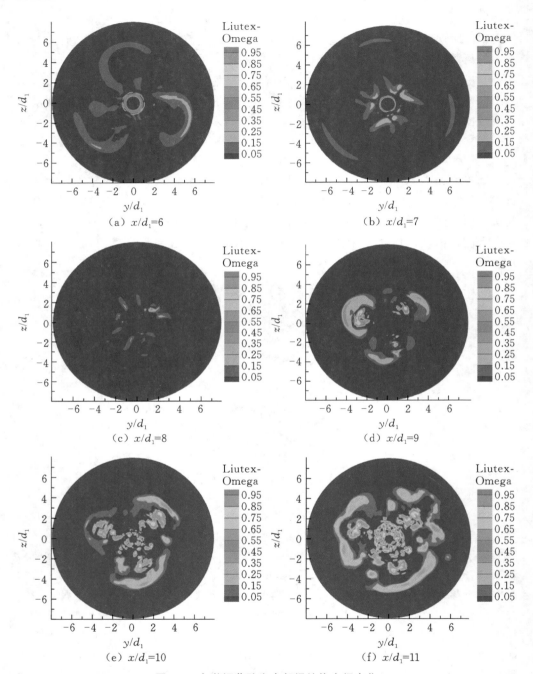

图 3-8　自激振荡腔室内部涡结构空间变化

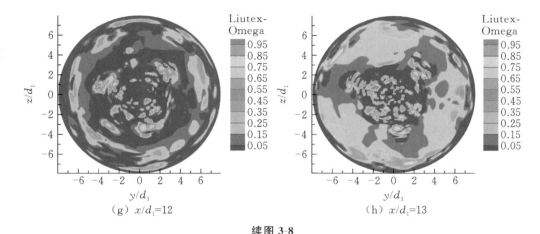

（g）$x/d_1=12$　　　　　　　　　　（h）$x/d_1=13$

续图 3-8

3.4　涡结构强度分析

自激振荡腔室内的流体流动是周期性混合过程,流体在流动时会产生许多小尺度涡,涡的运动和合并离不开剪切层的影响。在识别涡结构时,需避免剪切效应引起的识别误差,准确表达流体的刚性旋转程度。流体刚性旋转强弱可通过 Liutex 的大小来衡量,不同情况下 Liutex 的大小会有较大差异,因此,分析涡结构强度问题是必要的。

3.4.1　监测点的涡结构强度

根据 Liu[5] 对涡旋结构强度的解释,涡旋结构的绝对强度是衡量流体刚性旋转强弱的物理量,其大小等于局部流体刚性旋转运动部分角速度的两倍,也就是 Liutex 的大小,记为 R。绝对强度 R 由下式计算[6]:

$$R = \boldsymbol{\omega} \cdot \boldsymbol{r} - \sqrt{(\boldsymbol{\omega} \cdot \boldsymbol{r})^2 - 4\lambda_{ci}^2} \tag{3.12}$$

式中:$\boldsymbol{\omega}$——涡度矢量;

　　　$\boldsymbol{r}$——速度梯度张量的实特征向量;

　　　λ_{ci}——共轭复特征值虚部。

相对强度用于测量流体流动的 Liutex 浓度或流体刚度,$\widetilde{\Omega}_L$ 的值表示涡结构相对强度,记为 L,即 $L = \widetilde{\Omega}_L$。

如图 3-9 所示,为进一步研究腔室内部涡结构性质,在 $z=0$ 平面设置 6 个主要监测点 $p_1 \sim p_6$,目的是记录涡流强度随时间的变化趋势。在进口压力为 5000 Pa 的边界条件下,各监测点涡结构相对强度的脉动变化如图 3-10 所示。图 3-10(a)中,

监测点 p_1、p_2 和 p_3 处均出现了较为明显的脉动现象,原因是监测点 p_1、p_2 和 p_3 位于剪切层形成的位置,较小的涡环向下游迁移时会吸收能量而聚集小尺度的涡结构,导致剪切层中相邻涡环之间的涡结构强度呈现"波峰"和"波谷"相间的变化趋势。图 3-10(b)中,监测点 p_6 位于腔室碰撞壁的上方,该监测点的相对强度值在 $t =$ 0.025 s 之前变化不明显,在 $t = 0.025$ s 之后开始出现脉动现象,脉动现象是二级涡环结构破裂成小尺度涡造成的;监测点 p_4 和 p_5 位于腔室边缘,远离射流充分发展的剪切层,因此,涡结构相对强度受剪切层的影响较小,强度的变化没有体现出较明显的脉动现象。

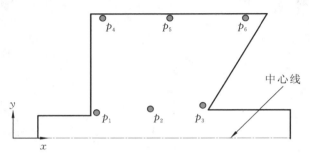

图 3-9　　自激振荡腔室内部监测点的位置

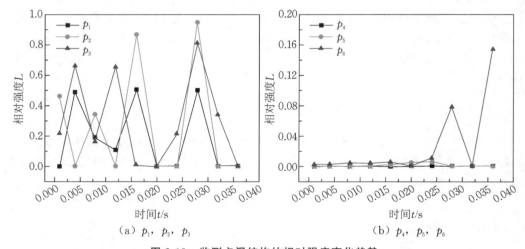

（a）p_1，p_2，p_3　　　　　　　（b）p_4，p_5，p_6

图 3-10　　监测点涡结构的相对强度变化趋势

　　图 3-11 所示为监测点 p_1、p_2 和 p_3 处涡旋结构的绝对强度和相对强度脉动变化趋势。图 3-11(a)中,监测点 p_1 位于自激振荡腔室入口端,该点的涡强度随初始剪切层中涡结构的形成和运动而产生规律的脉动。在入口流体的持续激励下,剪切层开始向下游运动发展,外部激励产生的涡结构不断吸收能量吞噬围绕在其周围的涡结构剪切层,实现涡环结构的生长。监测点 p_2 位于充分发展的剪切层,如图 3-11

（b）所示，在 $t=0.028$ s 时，其绝对强度 R 较 $t=0.008$ s 时提高了 22 倍。图 3-11（c）中，监测点 p_3 位于腔室内剪切层充分发展的末端，涡旋结构绝对强度的变化趋势与监测点 p_1、p_2 大致相似，绝对强度在 $t=0.028$ s 时达到最大值，原因是涡环结构与碰撞壁发生碰撞导致涡旋结构变形，削弱了剪切效应，增强了涡旋结构的刚性旋转。

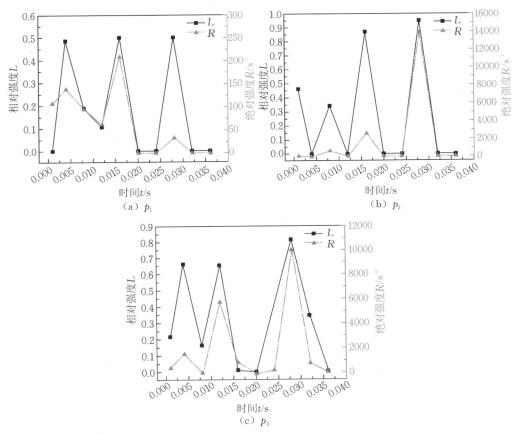

图 3-11　监测点涡旋结构的绝对强度和相对强度变化趋势

3.4.2　涡结构相互作用

通过监测点强度分析可知，腔室内部的强度脉动主要集中在射流充分发展的剪切层附近，涡的强度脉动与剪切层内部涡结构的演变有密切关系，本小节利用基于Liutex 向量进行涡结构相关作用机制分析。图 3-12 所示为完整周期剪切层区域不同时刻 Liutex 云图分布，可以看到涡结构绝对强度的分布及演变过程，在射流随时间向下游发展时，涡环结构强度增强并沿着剪切层呈对称分布，其中，绝对强度主要集中于涡环结构中心。值得注意的是,在图 3-12(c)中,相邻涡环结构相互作用带动剪切层隆起,导致涡强度呈"马鞍"分布。

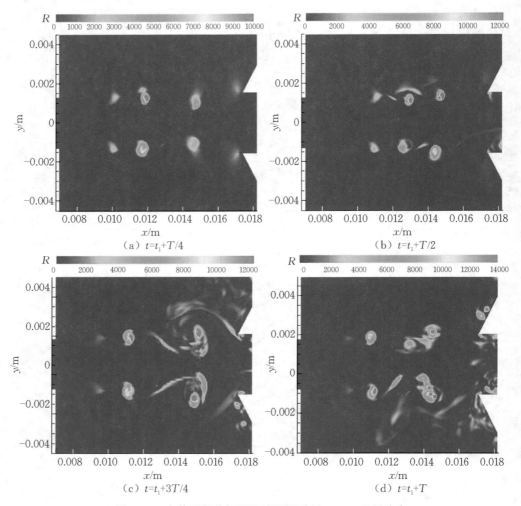

图 3-12　完整周期剪切层区域不同时刻 Liutex 云图分布

　　为定量分析涡结构的变化规律,将 Liutex 向量分为流向(x)、法向(y)和展向(z)三个部分,然后,可以利用 Liutex 分量的积分来量化涡环结构的绝对强度,并进一步分析这些涡环结构之间因强度差异而产生的相互作用,OYZ 平面上的 Liutex 积分分别定义为

$$S_{\text{stream}} = \iint |R_x| \, \mathrm{d}_y \mathrm{d}_z \tag{3.13}$$

$$S_{nor} = \iint |R_y| \, \mathrm{d}_y \mathrm{d}_z \tag{3.14}$$

$$S_{span} = \iint |R_z| \, \mathrm{d}_y \mathrm{d}_z \tag{3.15}$$

式中：S_{stream}、S_{nor} 和 S_{span}——OYZ 平面上的 Liutex 积分。

　　由于只考虑 Liutex 积分大小，对 Liutex 分量取绝对值，图 3-13 显示了一个周期内四个时刻的三个 Liutex 积分的变化趋势。从图 3-13(a)中可以看出：在 $t = t_1 + T/4$ 时，涡环结构处于初始形成阶段，在靠近腔室入口的剪切层，S_{stream} 比 S_{span} 和 S_{nor} 呈现更加明显的脉动以及更大的积分值，而 S_{span} 和 S_{nor} 在腔室内部的脉动峰值比 S_{stream} 大，这表明具有展向特性的绝对强度在涡环发展初始阶段中起主导作用。在 $t = t_1 + T/2$ 时，随着射流不断进入腔室，S_{span} 和 S_{nor} 均呈现较为明显的脉动，说明具有法向和展向特征的强度主导涡环结构的发展运动。S_{span} 和 S_{nor} 的脉动峰值都位于 $x/d_1 = 11.2$ 处，如图 3-13(b)所示。在 $t = t_1 + 3T/4$ 时，从上游迁移的涡环与三级涡

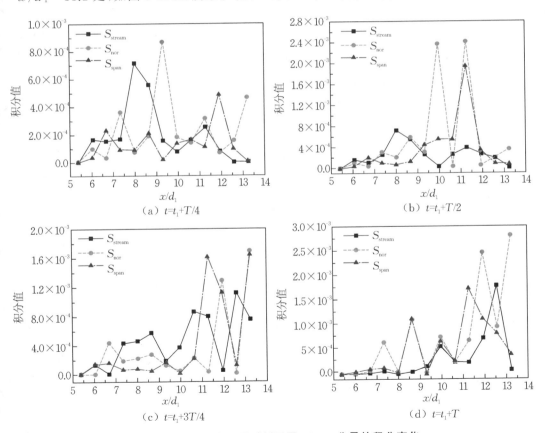

图 3-13　完整周期不同时刻不同 Liutex 分量的积分变化

环相互作用,导致近碰撞壁处三个 Liutex 积分的脉动峰值大幅增加,说明此时 Liutex 向量对涡结构的变化起重要作用,如图 3-13(c)所示。在 $t=t_1+T$ 时,随着二级涡环的破碎,S_{nor} 的脉动幅值开始增强并向下游推移,主要原因是破碎的小尺度涡加剧了近碰撞壁处涡结构的法向旋转。同时,S_{stream} 和 S_{span} 在 $x/d_1=11\sim13$ 的位置出现小尺度的脉动,说明此时由于腔室内部大涡结构的破碎,下游端的涡结构开始随着流体向后运动,如图 3-13(d)所示。通过上述分析,可以得知:在剪切层涡结构的发展过程中,具有法向和展向特征的绝对强度始终起着主导流体旋转的重要作用。

3.5　涡核大小和分布

为了更加深入地研究自激振荡腔室内部涡结构的大小及分布,引入涡核面积来分析腔室内部涡核在不同时刻的变化。Liu[5] 将涡核面积大小定义为涡核处相对强度降至 $\widetilde{\Omega}_L$ 的某一经验值,针对自激振荡腔室的特殊结构,将涡核面积定义为 C_A。

$$C_A = \frac{0.95\beta^2}{\beta^2+\delta^2+\lambda_{ci}^2+\frac{1}{2}\lambda_r^2+\varepsilon} \tag{3.16}$$

图 3-14 给出了采用 $\widetilde{\Omega}_L$ 方法对涡核沿 x、y 方向进行分析的面积分布。从图 3-14(a)、(b)中可以观察到,涡核面积的大小呈阶梯形,在 $t=t_1+T/4$ 和 $t=t_1+T/2$ 时,涡核数量较少,原因是此时小尺度涡旋在剪切层的作用下形成了几个不同尺度的涡环结构,这些涡环结构刚体旋转的强度显著,对剪切拉伸等干扰因素具有较高的抵抗性,因此,涡核和涡面积的数量主要反映了涡环结构在不同尺寸层级上的分布情况。从图 3-14(c)、(d)中可以看出,随着时间的推移,涡核的数量呈现增加趋势,且以面积较小的涡核为主,原因是当涡环撞击腔室下游碰撞壁时,涡环开始破裂,形成大量高强度的小涡结构。随着时间的推移,涡结构的数量和面积都显著增加,涡核的面积主要集中在 $0\sim0.035$ mm² 范围内,说明离散小涡结构是促进自激振荡脉冲效应形成的重要因素。

为了进一步研究腔室内部涡核随时间变化的分布规律,图 3-15 给出了不同时刻流场速度流线图和涡核分布云图。可以看出:面积较大的涡核主要集中在射流充分发展的剪切层区域,尺寸较小的涡核主要集中在下游流道中。在腔室剪切层两侧的区域内,涡核的分布相对稀疏。与此同时,射流剪切层在腔室内部的涡核分布与涡旋的分布模式相吻合。下游流道中的涡核数量随时间的推移呈现出增加的趋势,这一增长由破碎涡环结构的迁移与下游壁面剪切层的共同影响所致。

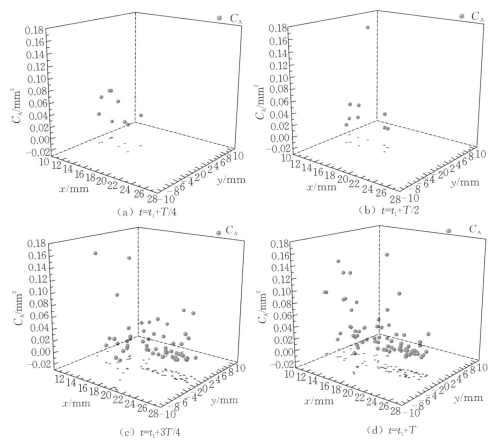

图 3-14　不同时刻涡核面积在 x、y 方向的分布散点图

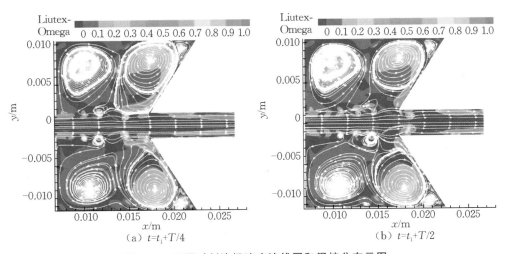

图 3-15　不同时刻流场速度流线图和涡核分布云图

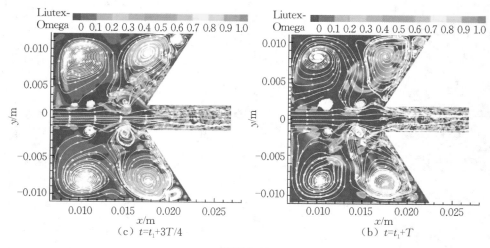

（c）$t=t_1+3T/4$ 　　　　（b）$t=t_1+T$

续图 3-15

3.6　自激振荡周期性脉动流场分析

本节主要分析涡结构对自激振荡热流道流场流动特性的影响，通过数值模拟对自激振荡腔室内部的流动状态进行分析，并研究三维结构自激振荡腔室形成脉动流的机理，讨论涡结构对湍流动能和湍流黏度的影响，为后续的热流道强化传热性能研究奠定了理论基础。

3.6.1　速度场特性

图 3-16 显示了 $z=0$ 和 $y=0$ 截面的瞬时速度流线图和平均速度流线图，由图可知，不同截面涡环结构的位置和大小各不相同，说明射流沿径向的流动状态不是完全对称的。对于相同截面的流线，射流整体向 $y<0$ 和 $z<0$ 方向偏转，射流在剪切层核心区域上下两侧的流动状态也不尽相同，这是由于射流运动至腔室碰撞壁发生碰撞，导致腔室内部的流体质量沿圆周方向呈不均匀分布。从平均速度流线图中看出，射流在腔室内不同截面处的流动状态具有相同的分布特征，截面 $y=0$ 和 $z=0$ 区域主要由尺度较大的涡环结构占据。

由图 3-16 可知，脉动流沿自激振荡剪切层发展的方向流动，与碰撞壁发生碰撞后回流至腔室上游入口，说明在压力扰动波的作用下，回流脉动流沿着射流流动的反方向重新参与到脉动剪切层的形成过程中，并与中心主流区的高速流体相互作用产生新周期的初始扰动。腔室内部周期性涡环结构的发展与破碎同样依赖剪切层

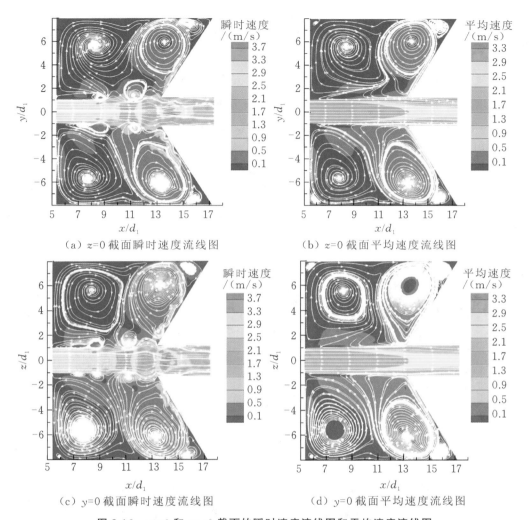

（a）$z=0$ 截面瞬时速度流线图　　　　（b）$z=0$ 截面平均速度流线图

（c）$y=0$ 截面瞬时速度流线图　　　　（d）$y=0$ 截面平均速度流线图

图 3-16　$z=0$ 和 $y=0$ 截面的瞬时速度流线图和平均速度流线图

的湍流动能和脉动流的回流运动。对比平均速度流线图和瞬时速度流线图，发现后者的涡环结构尺度和形态相较于前者更加复杂，值得注意的是，瞬时速度流线图中不仅出现了和平均速度流线图中相同的涡环，在流动更加复杂的脉动剪切层中也出现了尺度不同、形态各异的涡结构，表明剪切层的涡结构并非相对稳定，涡旋随着流体流动的变化而不断变化，剪切层内部弯曲的瞬时速度流线也反映了涡环结构具有不稳定性。

在 $-2<y/d_1<2$ 和 $-2<z/d_1<2$ 的剪切层区域出现了大小不一的涡，而平均速度流线图中剪切层内的流线较为光滑且不存在离散涡结构，原因是从上游迁移的脉动流与腔室碰撞壁发生碰撞和分离，使得脉动流出现分离扩散，剪切层受此影响

导致内部涡结构的形态、大小和位置不断变化。

　　为进一步研究射流沿垂直流向的流动状态，选择不同 OYZ 截面上的流动结构作为研究对象，图 3-17 显示了腔室内部不同 x/d_1 截面的平均速度流线图和瞬时速度流线图。如图 3-17(a)、(b)所示，腔室的流体流动状态在 $x/d_1 \leqslant 6$ 的范围内的平均速度流线和瞬时速度流线分布并没有明显差异，流线起始于剪切层中心区域附近，终止于自激振荡腔壁边缘，表明该区域内的流动相对稳定，涡结构的位置和形态大体相同。对不同截面流线图进行纵向比较，发现涡结构变化明显，且主要集中在上游截面至下游截面的剪切层中心区域，剪切层周围的涡环结构形态不同且相互挤压。如图 3-17(c)~(f)所示，在远离腔室剪切层区域的空腔，涡结构数量在 $x/d_1 \leqslant 8$ 的范围内增加，然后随着大涡环的破碎衰减，说明流动最复杂区域是自激振荡腔室内剪切层充分发展的区域。

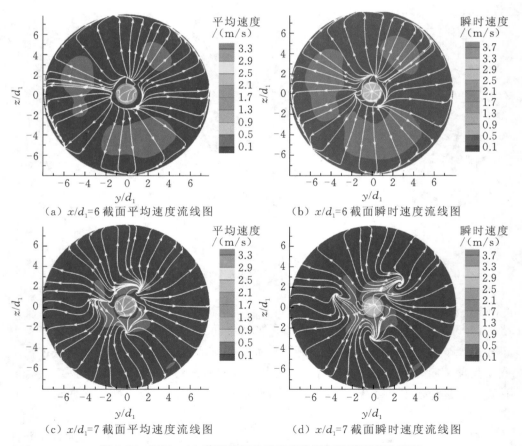

（a）x/d_1=6 截面平均速度流线图　　　　　（b）x/d_1=6 截面瞬时速度流线图

（c）x/d_1=7 截面平均速度流线图　　　　　（d）x/d_1=7 截面瞬时速度流线图

图 3-17　不同 x/d_1 截面的平均速度流线图和瞬时速度流线图

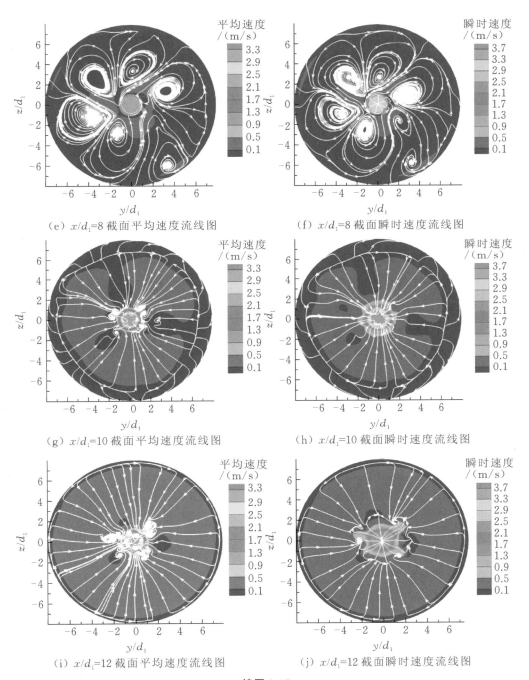

（e）x/d_1=8 截面平均速度流线图　　　（f）x/d_1=8 截面瞬时速度流线图

（g）x/d_1=10 截面平均速度流线图　　　（h）x/d_1=10 截面瞬时速度流线图

（i）x/d_1=12 截面平均速度流线图　　　（j）x/d_1=12 截面瞬时速度流线图

进一步观察腔室内部不同 x/d_1 截面上的速度流线分布可知,在 $x/d_1 \leqslant 8$ 的腔室核心区域,射流速度趋于剪切层核心流动速度,流线主要分布在中心主流区,说明射流受到剪切层的扰动效应,不断促进中心主流和反馈迁移低速流体的混合,如图 3-17(g)~(j)所示,在 $x/d_1 = 10$ 和 $x/d_1 = 12$ 截面上,速度流线开始沿壁面指向腔室中心,说明脉动流受碰撞效应和压力扰动波的双重作用开始沿腔室碰撞壁向上游入口端回流。

3.6.2　速度流动统计特征

图 3-18 显示了腔室内部 $z = 0$ 截面处的平均速度、速度均方根、无量纲速度脉动均方根以及 x-y 方向雷诺应力的分布云图。其中 V_m 是平均速度,V_{RMS} 是速度均方根,$V_{x\text{-}RMS}$、$V_{y\text{-}RMS}$ 和 $V_{z\text{-}RMS}$ 为各速度分量的均方根。相关速度定义公式如下:

$$V_{RMS} = \sqrt{\overline{V'^2}} \tag{3.17}$$

$$V_{x\text{-}RMS} = \sqrt{\overline{V_x'^2}}, \quad V_{y\text{-}RMS} = \sqrt{\overline{V_y'^2}}, \quad V_{z\text{-}RMS} = \sqrt{\overline{V_z'^2}} \tag{3.18}$$

式中:V',V_x',V_y',V_z'——速度和各速度分量的脉动值。

自激振荡脉动流结构与自由射流结构类似,不同的是脉动流中心主流区受到剪切层影响使得射流整体分布偏向于 $y/d_1 < 0$ 方向,表明在近腔室碰撞壁区域,脉动流并不会线性扩散。图 3-18(a)中,腔室中沿着碰撞壁出现上下对称的高速环形区域并向上游剪切层延伸,脉动流与腔室碰撞壁碰撞后,回流的反馈流体加速涡环结构的变形和破碎。

由图 3-18 可知,速度脉动均方根的分布沿剪切层核心呈上下对称的"山峰状",表明射流速度脉动集中在剪切层充分发展的主流区和碰撞壁附近的射流分离区,同时从图 3-18(c)、(d)中可以看出,流向速度和法向速度的脉动值波动较大,最大值分别达到脉动流平均速度的 90% 和 110%。垂直射流流向的 z 方向速度脉动略小于流向的速度脉动,z 方向的速度均方根与平均流速的比值为 0.8,这表明在脉动流发展形成中垂直于流向和法向的速度脉动特征更加明显。图 3-18(f)是 x-y 方向雷诺应力分布云图,在下游碰撞壁剪切层附近的雷诺应力分布更加集中,且应力在展向的上下两个方向上相反,原因是脉动流在剪切层附近区域受碰撞效应的影响导致 y 方向速度脉动方向相反。

图 3-19 显示了 $z = 0$ 截面不同 x/d_1 直线上平均速度分布图。脉动流的平均速度沿流向的最大值向 $y < 0$ 方向偏转(图中箭头方向所示),从图中可以看出,在剪切层核心区域 -0.0018 m $< y < 0.0018$ m 内,速度分布近似符合高斯分布,值得注意的是,射流中心主流区的速度倾向于 $y < 0$ 方向,另外在核心区域外部由于受自激振荡腔室有限流体的影响,速度分布不符合高斯分布。进一步分析发现,脉动流速度最大的核心线是 $x/d_1 = 8$。

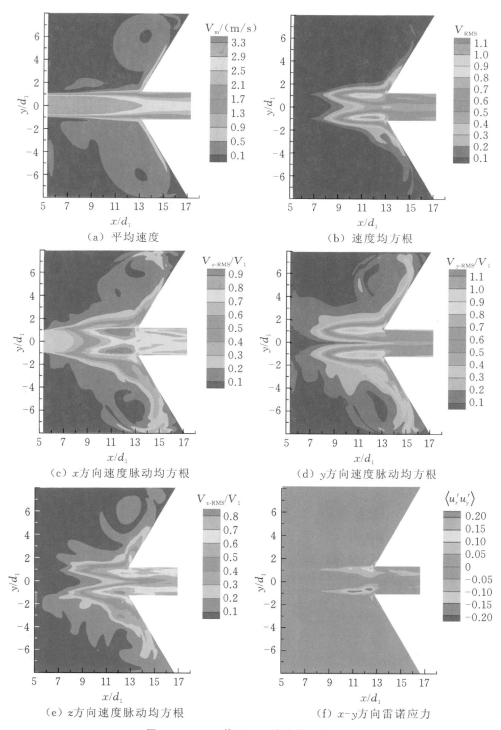

（a）平均速度

（b）速度均方根

（c）x 方向速度脉动均方根

（d）y 方向速度脉动均方根

（e）z 方向速度脉动均方根

（f）x-y 方向雷诺应力

图 3-18　$z = 0$ 截面不同统计量分布云图

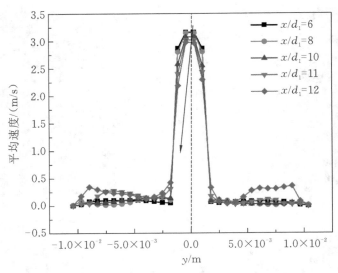

图 3-19　$z=0$ 截面不同 x/d_1 直线平均速度分布图

3.6.3　湍动能和湍流黏度对比

　　均匀射流经上喷嘴流至自激振荡腔室时,与腔室内部的流体发生能量交换,使得射流速度分布不均匀。射流内部的小涡因流场速度分布不均而发生变形拉伸,随着涡的拉伸变形,湍动能在涡结构之间逐级传递,最后通过黏性将小尺度涡携带的机械能转化为热能而耗散,腔室内涡环结构的周期性生长及迁移影响腔室内部剪切层湍动能和湍流黏度的分布。

　　湍动能(TKE)的定义如下:

$$\text{TKE} = \frac{1}{2}(u^2 + v^2 + w^2) \tag{3.19}$$

式中:u、v、w——x、y 和 z 方向上速度的绝对分量,m/s。

　　图 3-20 显示了一个完整周期内剪切层区域不同时刻的湍动能云图。在图 3-20 (a)、(b)中,湍动能处于发展的初始阶段,主要集中在剪切层两侧,在流体形成剪切层过程中,初生涡环不断从射流剪切层吸收湍动能,使其生长成较小的涡环。随着过程的推移,湍动能开始向下游剪切层方向快速发展,并在靠近下游碰撞壁区域达到较大值,说明涡环结构的生长需要持续吸收能量。在图 3-20(c)、(d)中,剪切层区域出现"隆起"现象,原因是主涡环结构在碰撞完成后产生反向压力波,在压力波的扰动作用下,剪切层内部产生强烈的剪切效应。在整个周期结束时,由于破碎的小尺度涡向下游迁移,靠近腔室碰撞壁时,湍动能增强并促进下一周期的扰动。

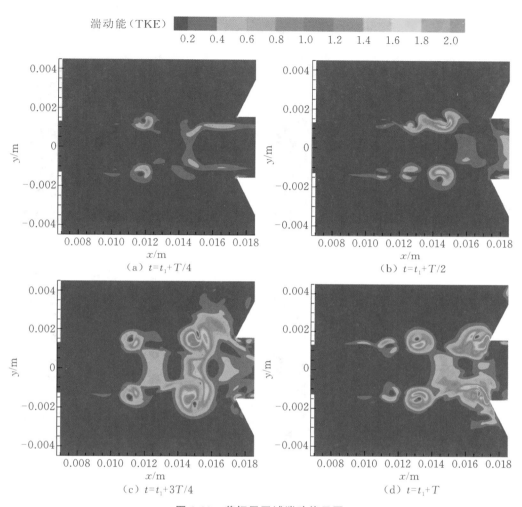

图 3-20　剪切层区域湍动能云图

　　图 3-21 显示了一个完整周期内不同时刻剪切层区域的湍流黏度云图。如图 3-21(a)、(b)所示,湍流黏度集中分布在腔室的上游入口,这时射流剪切层开始形成,表明离散小涡的扩散过程主要发生在腔室的湍流剪切层。离散小涡的扩散是涡环结构生长的必要条件,随着主涡环与腔体碰撞壁碰撞,靠近下游剪切层的离散小涡不断增多,腔室内湍流黏度主要分布在下游剪切层附近。如图 3-21(c)、(d)所示,主涡环在碰撞完成后引发强烈的剪切效应,在剪切效应和三级涡环的共同作用下,腔室内涡环结构破裂,离散小涡增多,扩散过程开始加剧,此时湍流黏度主要分布在碰撞壁面和下游剪切层。随着腔室内大涡结构的进一步破碎,小涡的扩散过程更加剧烈,因此,可以进一步得出结论:小涡结构的运动是增强自激振荡脉冲效应的重要因素,涡结构的扩散过程也会影响流场中的湍流黏度。

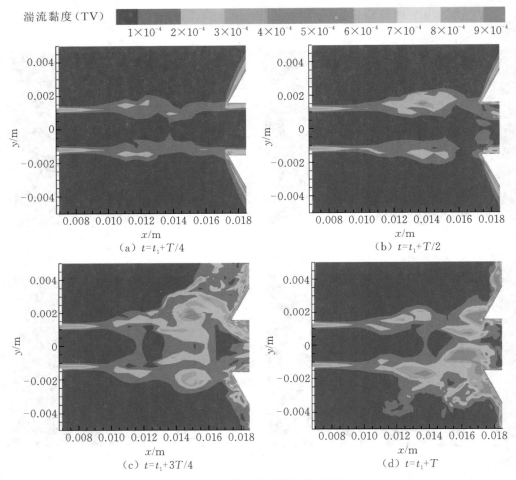

图 3-21　剪切层区域湍流黏度云图

图 3-22 展示了在一个周期不同时刻腔室内部 $z=0$ 截面上湍动能和湍流黏度的变化趋势。在图 3-22(a)中,湍流黏度随着流向位置 x 的推移呈现出明显的脉动趋势,这一阶段处于初始扰动阶段,涡环结构之间的离散小涡不断扩散,湍动能也从腔室的入口不断吸收射流能量储存在涡环结构中。在图 3-22(b)中,与 $t=t_1+T/4$ 时刻相比,湍流黏度在 $x=0.012\sim0.016$ m 区域内有所增加,表明此时离散小涡在靠近下游的剪切层开始运动扩散,出现这一现象的原因是主涡环开始与腔室壁面碰撞,涡环进一步分离破碎,同时,涡环的破碎加剧了剪切效应,湍动能也开始增加。如图 3-22(c)所示,在 $t=t_1+3T/4$ 时,由于涡环结构相互作用产生强烈的剪切效应,湍动能在靠近碰撞壁下游的剪切层处迅速增加。湍流黏度与湍动能的变化趋势相同,说明小涡的扩散过程在湍动能的耗散和凝聚中起关键作用。在图 3-22(d)中,随着大

涡结构的破碎,众多的小尺度涡不断加剧剪切效应,使得湍动能在 $x = 0.0172$ m 处达到最大值,与此同时,大涡结构的破碎促使小涡结构进一步扩散,使得腔室下游出口的湍流黏度相较于入口显著增大。

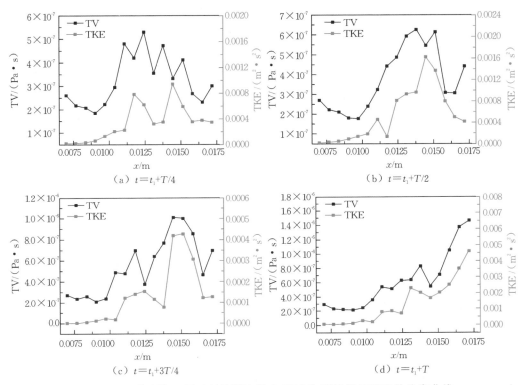

图 3-22 完整周期不同时刻的湍流黏度(TV)和湍动能(TKE)的分布曲线

3.7 本 章 小 结

本章在自激振荡热流道模型构建及验证的基础上,对涡结构强度、涡核大小和分布及流体流动特性进行仿真分析,得出以下结论。

(1)涡结构演变过程可以分为四个阶段:第一阶段,离散的小尺度涡结构在上游剪切层的作用下形成,在向下游迁移的过程中吸收能量发展成较大的主涡环;第二阶段,当主涡环到达碰撞壁时,与碰撞壁碰撞并分离,部分分离涡结构沿着碰撞壁壁面形成二级涡环;第三阶段,主涡环碰撞后变形导致附近的涡环受到挤压,挤压而成的三级涡环与上游迁移涡环相互作用,导致剪切层离散涡脱离;第四阶段,沿壁面形成的二级涡环不断向外发展,到达固体壁面后破碎,形成离散小涡环。

（2）位于剪切层的涡结构强度呈现规律的脉动趋势，远离腔室剪切层的涡结构强度变化不具有脉动特性。在剪切层涡结构的发展过程中，法向和展向特征的绝对强度对流体旋转和涡环结构运动具有关键作用。

（3）涡核的分布主要集中于腔室剪切层及下游热流道，涡核面积的范围主要是 $0 \sim 0.035$ mm^2，说明离散小涡结构是增强自激振荡周期性效应的重要因素。

（4）脉动流在剪切效应和扩散效应的双重作用下会发生回流，导致流体流动沿周向不均匀分布，当流体在 $x/d_1 \leqslant 6$ 区域时，剪切效应较弱，流动状态相对稳定，而在 $6 \leqslant x/d_1 \leqslant 8$ 区域时，速度脉动明显，相关统计量最大，脉动剪切层带来的剪切效应加剧了脉动流的变化过程，脉动流和剪切层的相互作用也使得涡结构快速形成与合并。射流速度在 -0.0018 m $< y <$ 0.0018 m 区域内近似服从高斯分布，而其他位置的速度分布不具有高斯特性。涡环的形成演化与剪切层的湍动能和湍流黏度密切相关，剪切层通过剪切效应促进湍动能的产生，并促进初生涡环吸收能量而形成涡环结构。

参考文献

[1] FANG Z L，ZENG F D，XIONG T，et al. Large eddy simulation of self-excited oscillation inside Helmholtz oscillator[J]. International Journal of Multiphase Flow，2020，126：103253.

[2] ROACHE P J. Perspective：a method for uniform reporting of grid refinement studies[J]. Journal of Fluids Engineering，1994，116(3)：405-413.

[3] WU Q，WEI W，DENG B，et al. Dynamic characteristics of the cavitation clouds of submerged Helmholtz self-sustained oscillation jets from high-speed photography[J]. Journal of Mechanical Science and Technology，2019，33：621-630.

[4] DAVLETSHIN I A，MIKHEEV N I，PAERELIY A A，et al. Convective heat transfer in the channel entrance with a square leading edge under forced flow pulsations[J]. International Journal of Heat and Mass Transfer，2019，129：74-85.

[5] LIU C Q. Liutex-third generation of vortex definition and identification methods [J]. Acta Aerodynamica Sinica，2020，38(3)：413-431.

[6] WANG Y Q，GAO Y S，LIU J M，et al. Explicit formula for the Liutex vector and physical meaning of vorticity based on the Liutex-Shear decomposition[J]. Journal of Hydrodynamics，2019，31(3)：464-474.

第 4 章　自激振荡腔室剪切层涡量扰动及脉动换热性能

4.1　引　　言

自激振荡腔室结构运用于封闭圆管时,管内流体具有扰动性和振荡周期性,同时高压冲击性被抑制,得到适用于强化换热的自激振荡脉动流流动形式。腔室内部形成周期性变化,对称涡环与中心主流产生剪切作用,挤压并推动中心主流向下游管道流动,破坏近壁面边界层的同时,促进近壁面处热量的交换与传递。

研究自激振荡脉动换热管强化换热性能时,内容主要包括振荡频率、涡量特性、壁面传热率以及扰动对流传热机制等。为深刻理解腔室剪切层处涡量扰动对换热性能的影响,需要建立准确的自激振荡数学模型,通过模拟研究,揭示涡量扰动强化换热机理。

本章在一个脉动周期内对剪切层涡结构演变规律进行了分析研究,包括剪切层处涡量扰动和涡量扰动对下游管道换热性能影响两个方面。针对剪切层处涡量扰动,从不同位置、不同时刻、不同周期以及不同雷诺数四个方面说明剪切层处涡对强化换热性能的影响,并结合温度梯度、脉动性能及综合性能系数评价剪切层涡量扰动对换热性能的影响。

4.2　模型构建及验证

本节详细介绍了大涡模拟(LES)方法及其控制方程,建立了自激振荡热流道二维计算模型,对模型进行结构化网格划分及边界条件设置。此外,为确保模型准确描述涡量行为和传热特性,对网格无关性进行检验并验证了湍流模型的适用性。

4.2.1　物理模型

为便于计算分析,对热流道物理模型进行简化调整,只对单个自激振荡热流道进行换热性能分析。自激振荡腔室流场模型如图 4-1 所示,根据自激振荡热流道的基本参数,对自激振荡腔室和热流道部分进行构建,同时为了使数值模拟的结果更具真实性,依据实际工况在自激振荡腔室前设立入口延长段,长度为入口直径的2倍。

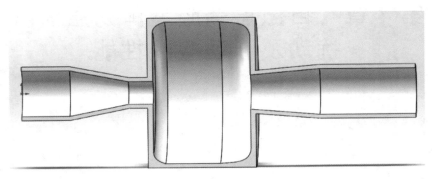

图 4-1　自激振荡腔室流场模型

基于管式换热器热传输性能的研究,综合各方面因素,得到了图 4-2 所示的自激振荡热流道。

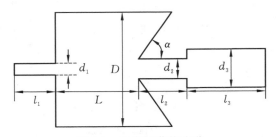

图 4-2　自激振荡热流道

注:l_1—上游入口管长;l_2—下游出口管长;l_3—热流道长度;

d_1—上游入口管径;d_2—下游出口管径;d_3—热流道管径;

D—自激振荡腔室直径;L—自激振荡腔室长度;a—下游碰撞壁夹角。

自激振荡热流道结构参数需在合理范围内,以持续产生有效的脉动流,且最佳结构参数下机械能消耗最小,能量输出最大。现对自激振荡腔室的关键参数进行设计,包括自激振荡腔室长径比、上下游管径比以及下游碰撞壁夹角。

1) 自激振荡腔室长度与直径的设计

自激振荡腔室长径比与剪切层流动结构紧密关联。图 4-3(a)所示为自激振荡腔室不同长径比下的涡分布,长径比过大会增加反馈扰动,导致腔室固有频率降低;如图 4-3(b)所示,腔室长径比过小会导致离散大涡远离剪切层,对脉动流的影响降低,导致脉动周期变长、脉动频率变低。

2) 自激振荡腔室入口与出口管径的设计

低压大流量脉动效果与自激振荡腔室上下游流道直径紧密相关。在雷诺数相同的情况下,腔室入口过窄时,来流无法与壁面碰撞,无法形成负压区和自激振荡大

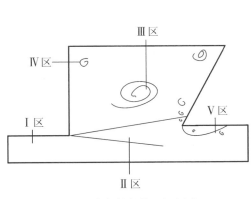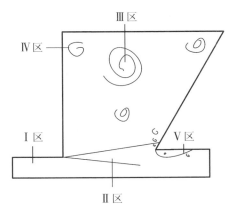

（a）腔室长径比L/D过大　　　　　　　　（b）腔室长径比L/D过小

图 4-3　自激振荡腔室不同长径比下的涡分布

涡环；腔室入口过宽时，来流与壁面发生碰撞后不能向上游运动，导致腔室内压力过高，无法产生离散大涡环，也无法形成有效反馈机制。上游入口管径在很大程度上决定了自振喷嘴的流量和压力等级，所以固定上游入口管径进行仿真模拟。

　　下游出口管径 d_2 对下游输出的脉动流有重要影响。图 4-4 所示为流道不同上下游管径比下的涡分布。如图 4-4（a）所示，当 d_2 大于剪切层厚度时，剪切层无法与下游产生碰撞，甚至腔室内无法形成有效的周期性离散大涡环和脉动流；如图 4-4（b）所示，当 d_2 过小时，对下游热流道而言，大流量条件下入口管径减小，机械能消耗多且涡结构更小，换热效率低。

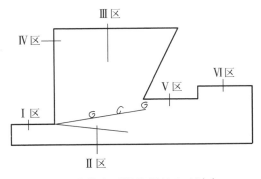

（a）流道上下游管径比d_2/d_1过大　　　　　（b）流道上下游管径比d_2/d_1过小

图 4-4　流道不同上下游管径比下的涡分布

3）自激振荡腔室下游碰撞壁夹角的设计

　　在自激振荡过程中，周期性大涡结构逐步形成。离散涡运动到壁面，与腔室内壁发生第一次碰撞后回弹，沿剪切层向上游运动，在上游碰撞后又一次回弹到下游碰撞壁,多次碰撞回弹后形成周期性大涡,随即产生周期性脉动流。夹角决定了离散扰动大涡碰撞壁面后的运动方向和自激振荡腔室的容积,如图 4-5(a)所示,当夹角过小时,流体分离角小,腔室容积大,离散大涡环上距离自激振荡腔室出口远,脉动频率低;如图 4-5(b)所示,当夹角过大时,流体分离角大,腔室容积小,离散大涡环离自激振荡腔室出口近,挤压下游出口流场,增加了下游的脉动剪切应力,流体内部机械能损耗增加。

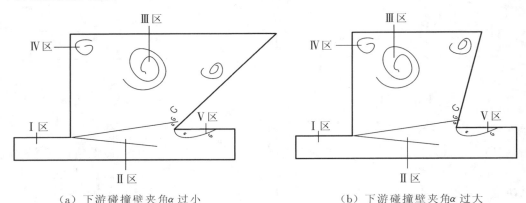

(a) 下游碰撞壁夹角 α 过小   (b) 下游碰撞壁夹角 α 过大

图 4-5   不同下游碰撞壁夹角下的涡分布

根据前期对自激振荡腔室结构的试验研究数据,确定表 4-1 所示的主要无量纲结构参数作为计算参数。

表 4-1   自激振荡腔室主要无量纲结构参数

参数名称	取值范围
下游碰撞壁夹角 α	60°
自激振荡腔室长度 L/自激振荡腔室直径 D	0.3~0.6
自激振荡腔室下游出口管径 d_2/自激振荡腔室上游入口管径 d_1	1.0~1.4
自激振荡腔室上游入口管长 l_1/自激振荡腔室长度 L	0.8
自激振荡腔室下游出口管长 l_2/自激振荡腔室长度 L	0.5~2
热流道长度 l_3/自激振荡腔室长度 L	6~10
热流道管径 d_3/自激振荡腔室下游出口管径 d_2	1.1~1.4

4.2.2   数学模型

自激振荡热流道内的流体运动是多变的湍流,在进行自激振荡热流道模型的数值计算分析时,做出以下假设:

(1) 不考虑重力对流体的影响;

(2) 计算流体为不可压缩的理想液体;

（3）腔室入口来流均匀。

由 3.2.2 节可知，DNS 方法和 RANS 方法分别存在计算成本高、无法捕捉流场流动变化等问题。LES 方法的计算成本介于二者之间，能够较好地描述非稳态脉动过程。LES 方法能通过滤波函数过滤瞬时运动小涡，进而获取湍流中适用于自激振荡脉冲换热的连续性方程、动量方程、能量方程。

$$\frac{\partial \overline{u_i}}{\partial \overline{x_i}} = 0 \tag{4.1}$$

$$\frac{\partial}{\partial t}(\rho \overline{u_i}) + \frac{\partial}{\partial x_j}(\rho \overline{u_i}\ \overline{u_j}) = -\frac{\partial \overline{p}}{\partial x_i} + \frac{\partial}{\partial x_j}\left(\mu \frac{\partial \overline{u_i}}{\partial x_j}\right) - \frac{\partial \tau_{ij}}{\partial x_j} \tag{4.2}$$

$$\frac{\partial \overline{T}}{\partial t} + \frac{\partial(\overline{T}\ \overline{u_j})}{\partial x_j} = \frac{\partial}{\partial x_j}\left(\alpha \frac{\partial \overline{T}}{\partial x_j}\right) - \frac{\partial h_j}{\partial x_j} + \overline{S} \tag{4.3}$$

式中：α——导热系数，W/（m·K）；

　　　h——亚格子尺度热流，W/m²；

　　　$\overline{S}$——滤波后的速率变形张量。

$$\tau_{ij} = \overline{u_i u_j} - \overline{u_i}\ \overline{u_j} \tag{4.4}$$

采用 Smagorinsky 模型对滤波处理后 N-S 方程产生的亚格子应力项进行求解：

$$\tau_{ij} = -2V_T \overline{S_{ij}} = -V_T\left(\frac{\partial \overline{u_i}}{\partial x_j} + \frac{\partial \overline{u_j}}{\partial x_i}\right) \tag{4.5}$$

式（4.5）中涡黏系数 V_T 的定义为

$$V_T = (C_S^2 \Delta)^2 |\overline{S}| \tag{4.6}$$

其中：

$$|\overline{S}| = (2\overline{S_{ij}}\ \overline{S_{ij}})^{1/2} \tag{4.7}$$

$$\overline{S_{ij}} = \frac{1}{2}\left(\frac{\partial \overline{u_i}}{\partial x_j} + \frac{\partial \overline{u_j}}{\partial x_i}\right) \tag{4.8}$$

式中：C_S——Smagorinsky 常数；

　　　Δ——过滤尺度。

4.2.3　边界条件及求解器设定

1. 边界条件

（1）入口边界设计：入口流速为 5 m/s。

（2）出口边界设计：出口压力为 1 MPa。

（3）壁面设置：壁面分为腔室部分和换热部分，腔室部分为固定温度 300 K，且壁面无滑移；换热部分为固定温度 350 K，且壁面无滑移。

（4）流动介质为液态水，温度为 300 K。

2. 求解器设定

（1）对流项和扩散项用二阶迎风格式。

（2）时间项用二阶隐式格式。

（3）时间步长设置为 1×10^{-4} s。

4.2.4　网格划分及无关性检验

如图 4-6 所示，由于自激振荡热流道装置采用轴对称结构且结构规则，考虑计算成本问题，采用二维轴对称旋转模型，同时对模型进行网格划分及边界条件设定。

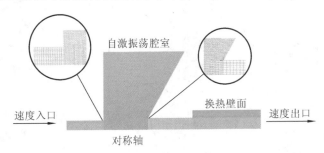

图 4-6　模型网格划分及边界条件设定

LES 方法高效且精准，但对计算网格的精度要求较高，为了节省时间并保证模拟精度，选用 2D-LES 计算模型，时间步长为 1×10^{-4} s。图 4-7 所示为网格无关性检验，经过检验并结合经济效益，选用网格数为 13500 的模型。

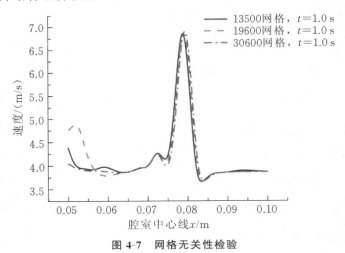

图 4-7　网格无关性检验

4.3　自激振荡腔室剪切层涡量扰动分析

在自激振荡腔室中，涡量变化需要考虑涡结构演变、瞬时涡量扰动、不同雷诺数下剪切层处的涡量扰动等因素。涡结构的演变是一个动态过程,易受流体流速、流量、压力等因素的影响,本节选取一个脉动周期内涡结构的演变阐述其换热机理。

4.3.1　剪切层的涡结构演变

由于自激振荡腔室的独特结构,其腔室内部产生大量涡旋并形成周期性变化的对称涡环,对称涡环与中心主流产生剪切作用,沿流体流动方向形成脉动剪切层,挤压并推动中心主流向后管道流动。图 4-8 所示为单周期自激振荡腔室涡流强度分布。

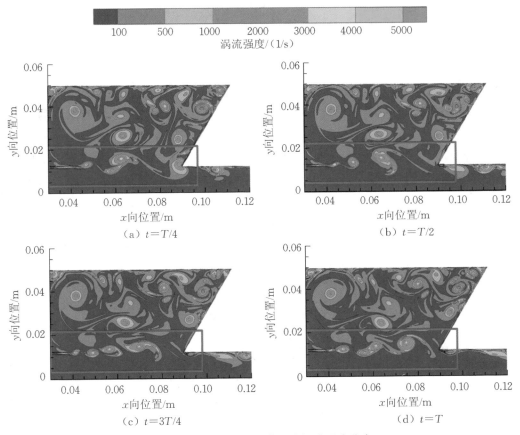

图 4-8　单周期自激振荡腔室涡流强度分布

由图 4-8(a)可知:$t=T/4$ 时,剪切层前端涡流聚集层充分发展,尾部涡流隆起,剪切层中部剪切涡流初步融合,且与腔室内涡环发生相互作用,尾部涡流于碰撞角处发生变形并初步分流,涡流强度分区域分布。

由图 4-8(b)可知:$t=T/2$ 时,剪切层前端尾部隆起,涡流强度增加,且沿剪切层方向发生脱离,涡流聚集层缩短。剪切层中部涡流发生融合,与腔室内流体发生强剪切,尾部涡流于碰撞角处沿碰撞壁和下游管道方向发生完全分流,形成初生边界涡流,腔室内部涡流除与剪切层中部涡结构接触外,其余结构分布变化均较小。

由图4-8(c)可知:$t = 3T/4$时,剪切层前端尾部涡流发展完全,强剪切作用导致涡流连续脱落至剪切层中部,涡流聚集层急剧缩短。剪切层中部涡流卷起,与腔室内部涡流的相互剪切作用减弱,且受剪切层前端涡流的影响,形成均匀分散的多涡流结构。剪切层尾部碰撞角边界涡流持续聚集,初生边界涡流强度逐渐增加,并沿管道壁面向下游推进。

由图4-8(d)可知:$t = T$时,剪切层前端趋于平稳,涡流聚集层长度延展,尾部涡流呈预脱落状态。剪切层中部聚集强剪切涡流,涡流相互作用并向下游发展扩散。腔室涡流强度被剪切层涡流吸收,初生边界涡流增强至完整边界涡环,沿管道继续向下游演变,涡流强度与流体流动同步产生及演变,剪切层对下游边界涡环的形成有极大影响,边界涡环于碰撞角处产生且沿管道壁面进一步向下游发展。

自激振荡脉动剪切层内的涡流演变起于分离角,变于碰撞角,两端涡流的演变规律决定了后管道边界涡环的产生与发展。自激振荡脉动剪切层两端涡流的强度变化曲线如图4-9所示,剪切层前后端涡流强度变化频率一致,分离角涡流强度整体较小,最大瞬时涡流强度为670(1/s),单位时间内平均涡流强度为189(1/s),表现出明显周期性波动。碰撞角涡流强度因中部强剪切作用而急剧增加,且于碰撞角处发生流体分流,涡流强度得到极大提高,在1000~4000(1/s)分布范围内,其波动周期与剪切层前端一致,但存在一定相位差,单位时间内平均涡流强度为2679(1/s),约是剪切层前端涡流强度的14倍。剪切层两端涡流变化均具有周期性且周期性一致,但因位置不同,其演变存在一定相位差。

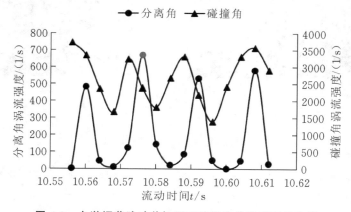

图4-9　自激振荡脉动剪切层两端涡流的强度变化曲线

4.3.2 初始时刻瞬时涡量扰动

当入口边界条件为 5 m/s 时,热流道剪切层回流区发展如图 4-10 所示,当高速流体进入腔室时,分离角处首次出现分离现象,此时高速流体与静止流体之间发生能量交换,初生大涡与剪切层形成,如图 4-10(a)所示;剪切层的初生大涡在碰撞壁处脱落,离开剪切层,如图 4-10(b)所示;在碰撞后产生的反向扰动波导致剪切层向上波动,使得离散涡脱离剪切层,同时产生反向压力扰动并回弹,如图 4-10(c)所示;扰动涡回弹生成新离散涡,如图 4-10(d)所示。剪切层中,离散涡在碰撞壁处汇聚成新的大涡,其与碰撞壁碰撞,形成反向扰动的脉动周期。

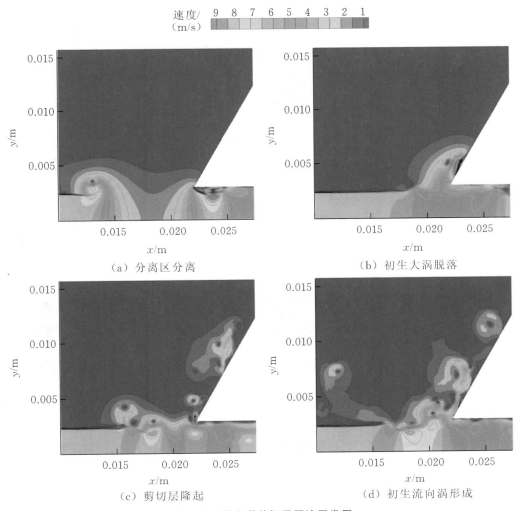

图 4-10 热流道剪切层回流区发展

4.3.3　振荡周期内瞬时涡量扰动

在初始时刻的涡量扰动中,碰撞壁面导致剪切层隆起,形成了向上游周期性反馈的离散涡,初代离散涡在分离区发生碰撞反馈,并在剪切层中向下运动。当来流速度为 5 m/s 时,一个周期内不同时刻的瞬时流向涡量变化如图 4-11 所示。图 4-11(a)、(b)中,0~$T/4$ 脉动周期内,腔室内部主要存在两种大涡:一种是正向流向涡,该类涡矢量方向为正,包括分离区附近的初生涡、上一周期遗留在腔室内部的轴对称大涡和末代初生涡,能量的聚集和传递主要集中在轴对称大涡区域;另一种是因腔室结构的特殊性而产生的次生涡。图 4-11(c)、(d)中,在 $3T/8$~$T/2$ 脉动周期内,腔室内部的轴对称大涡能量完全耗尽,随即脱落,初代离散涡在剪切层中开始向碰撞壁

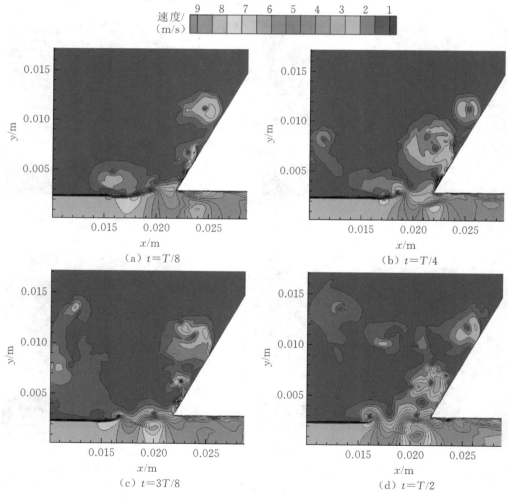

图 4-11　一个周期内不同时刻的瞬时流向涡量变化

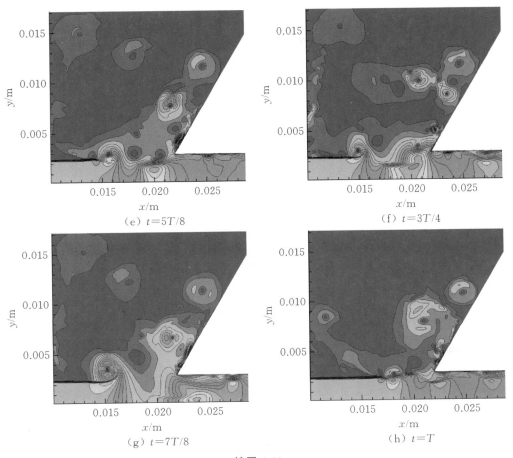

续图 4-11

面运动,之前形成的离散涡碰撞壁面生成新的大涡。图 4-11(e)、(f)中,在 $5T/8 \sim$ $3T/4$ 脉动周期内,成熟大涡由新的大涡与新生代离散涡构成,随着能量的不断聚集,碰撞壁夹角处受到成熟大涡对碰撞壁的压力反馈,此处剪切层隆起,产生扰动波。沿剪切层向上游运动的扰动波到达分离区,并在分离区形成了新的反向压力反馈,新的初代离散涡由此产生并开始成长。图 4-11(g)、(h)中,在脉动末期,大涡开始沿碰撞壁向下游出口运动。

4.3.4　不同雷诺数下剪切层涡量扰动

为分析入口来流雷诺数对自激振荡脉动流的影响,对入口条件进行对比分析。利用已建立的有限元模型,研究自激振荡热流道入口边界条件对流动结构的影响,具体分组如表 4-2 所示。

表 4-2　入口边界条件

组别	第一组	第二组	第三组	第四组	第五组	第六组
入口边界条件/(m/s)	1	3	5	7	9	11
雷诺数 Re	4985.0	14955.1	24925.2	34895.3	44865.4	54835.2

通过对不同入口边界条件下的自激振荡热流道流动结构进行数值计算,得到腔室内的速度云图,如图 4-12 所示。图 4-12(a)、(b)中,在来流 Re 低于 14955.1 时,腔室内并未产生自激振荡大涡环,在下游不能产生有效脉冲射流;图 4-12(c)、(d)中,当来流 Re 为 24925.2~34895.3 时,腔室内形成自激振荡大涡环,在下游产生有效脉冲射流,增强热流道内的流体掺混;图 4-12(e)、(f)中,当来流 Re 超过 44865.4 后,剪切层流速过高,且对下游压力过大,导致回流区无法形成,进而影响自激振荡周期性反馈。也就是说,来流 Re 在一定区间内时,可以形成自激振荡脉动流。

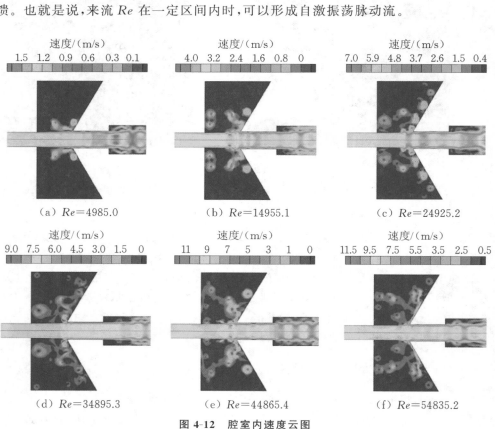

（a）$Re=4985.0$　　　（b）$Re=14955.1$　　　（c）$Re=24925.2$

（d）$Re=34895.3$　　　（e）$Re=44865.4$　　　（f）$Re=54835.2$

图 4-12　腔室内速度云图

4.4　剪切层涡量扰动对换热性能的影响

　　剪切层涡量结构的速度变化和流场扰动,引起热量传递的非均匀性变化,进而影响流体传热特性。本节通过温度梯度、脉动性能以及综合性能系数深入探究剪切层涡量扰动对换热性能的影响机制。

4.4.1　剪切层脉动结构对温度梯度的影响

　　由于自激振荡腔室的作用,自激振荡热流道下游流道近壁面处生成大量的纵向涡。当来流速度为 5 m/s 时,下游出口流道 0.026～0.032 m 处 y 方向流速与温度分布如图 4-13 所示。由图 4-13 可知,下游流道纵向涡与流场内温度梯度有对应关系,二者矢量夹角较小,契合度高,根据场协同理论,流场内流动结构有利于强化换热。

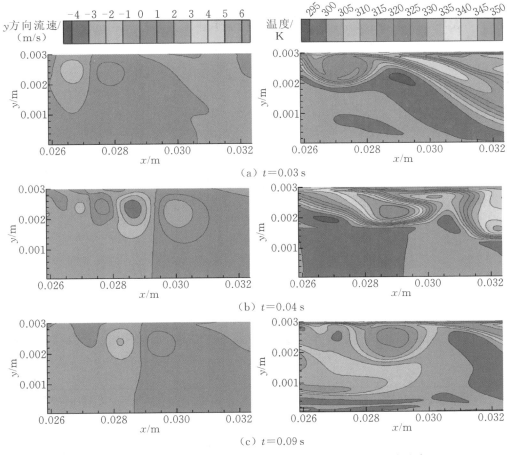

图 4-13　下游出口流道 0.026～0.032 m 处 y 方向流速与温度分布

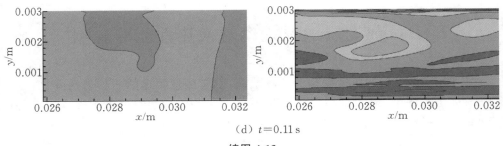

（d）$t=0.11$ s

续图 4-13

4.4.2　不同雷诺数下腔室的脉动性能

0.1～0.2 s 时，不同来流速度下腔室脉动频率如图 4-14 所示。图 4-14（a）中，当入口速度 $v=1$ m/s 时，下游流道速度为 0.72～1.28 m/s，腔室脉动频率较低；图 4-14（b）中，当入口速度 $v=3$ m/s 时，下游流道速度为 2.1～3.9 m/s，腔室脉动频率提高；图 4-14（c）中，当入口速度 $v=5$ m/s 时，下游流道速度为 3.5～6.0 m/s，腔室脉动频率达到最大值；图 4-14（d）中，当入口速度 $v=7$ m/s 时，下游流道速度为 5.5～7.3 m/s；

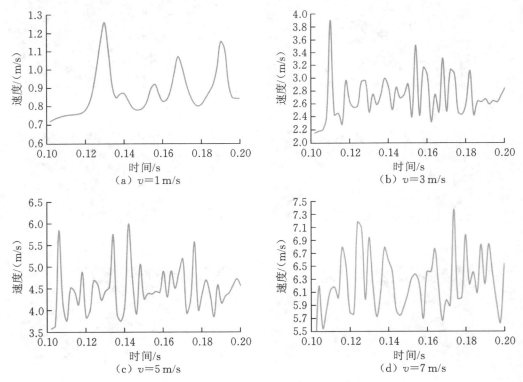

（a）$v=1$ m/s

（b）$v=3$ m/s

（c）$v=5$ m/s

（d）$v=7$ m/s

图 4-14　不同来流速度下腔室脉动频率

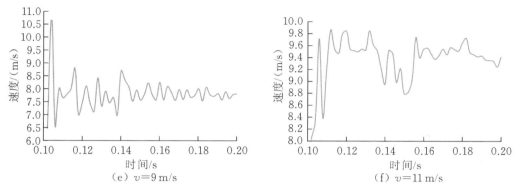

续图 4-14

图 4-14(e)中,当入口速度 $v=9$ m/s 时,下游流道速度为 $6.5\sim10.6$ m/s;图 4-14(f)中,当入口速度 $v=11$ m/s 时,下游流道速度为 $8.0\sim9.8$ m/s,由于内部机械能的消耗,脉冲流速的振幅低于来流速度的振幅,此时工况并不利于强化换热。

4.4.3　不同雷诺数下的综合性能系数

图 4-15 所示为不同自激振荡腔室入口雷诺数 Re 的热流道综合评价系数。由图 4-15 可知,当雷诺数 Re 低于 14955.1 时,换热系数 Nu/Nu_0 与阻力系数 f/f_0 较低;当来流雷诺数 Re 为 $24925.2\sim34895.3$ 时,换热系数与阻力系数均有所提升,且综合性能系数大于 1,有利于强化换热;当来流雷诺数 Re 超过 44865.4 时,换热系数未提升而阻力系数提升较大,综合性能系数下降,不利于换热。

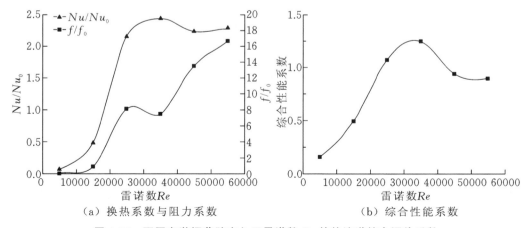

（a）换热系数与阻力系数　　　　　（b）综合性能系数

图 4-15　不同自激振荡腔室入口雷诺数 Re 的热流道综合评价系数

4.5　本章小结

　　本章建立自激振荡热流道物理模型,选用合理的网格数,利用 LES 方法对自激振荡腔室剪切层涡量扰动及脉动换热性能进行了数值模拟研究,得到的主要结论如下。

　　(1) 在自激振荡腔室内,剪切层和初生大涡是高速流体冲击腔室内静止流体所产生的,初生大涡向碰撞壁运动,导致自激振荡热流道下游流速平稳。射流在碰撞壁夹角处分离时,释放出大量能量,使自激振荡热流道下游流速达到峰值。初生涡与壁面碰撞后沿剪切层向上游运动,开始聚集能量,此时自激振荡热流道下游流速最低。当初生涡到达上游形成流向涡时,自激振荡热流道下游流速恢复平稳状态。

　　(2)在不同来流雷诺数下,对自激振荡热流道下游的脉动性能及流动结构进行研究,发现自激振荡热流道中存在大量纵向涡,且纵向涡对强化换热有正向的促进作用;同时发现,来流雷诺数与自激振荡大涡环的形成和脉动换热性能有紧密的关联,当来流雷诺数为 24925.2～34895.3 时,腔室内形成大涡环结构,且脉冲射流内部机械能损耗较小,综合性能系数高,有利于脉动换热。

第5章 自激振荡热流道涡结构及换热管强化换热性能

5.1 引　言

热流道内涡结构的形成和强化换热性能的改善直接影响热工系统的热传递效率和能源利用效率,对涡结构进行系统研究有助于提高热能转换效率、降低能源消耗。

自激振荡热流道涡结构及换热管强化换热性能的研究,主要涉及换热管壁面剪切应力分布、热流道内部涡结构分布、换热管壁面特性以及换热介质流动状态等方面。为深刻理解热流道涡结构及换热管强化换热性能,需要建立准确的自激振荡数学模型,通过模拟研究,揭示下游流道中涡结构与换热性能之间的关系。

本章选取自激振荡热流道下游流道作为研究对象,通过数值模拟深入解析不同结构参数下热流道的流体流动和涡结构演化特性、换热管涡结构与换热性能的关系以及不同评价指标下换热管的换热性能。通过上述三个方面的分析,有助于揭示换热管强化换热性能的物理机制,可以更全面地探索自激振荡热流道涡结构形成的机理,并提出优化自激振荡换热管性能的有效途径。

5.2　模型构建及验证

本节详细介绍了大涡模拟(LES)方法及其控制方程,建立了自激振荡热流道二维计算模型,对模型进行了结构化网格划分和边界条件设置。此外,将试验数据与数值模拟结果进行对比,确保模型能够准确描述涡结构和换热管换热性能。

5.2.1　物理模型

自激振荡热流道结构示意图如图 5-1 所示。

根据文献[1]提供的 Helmholtz 共振腔设计参数优选范围,得到表 5-1 所示的自激振荡腔室主要结构参数。

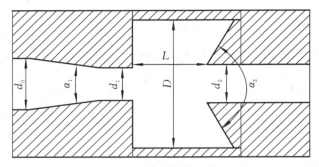

图 5-1　自激振荡热流道结构示意图

表 5-1　自激振荡腔室主要结构参数

参数名称	数值
上游入口管径 d_0	14 mm
自激振荡腔室入口直径 d_1	10 mm
自激振荡腔室出口直径 d_2	12 mm
上游入口流道长度 l_1	50 mm
下游出口流道长度 l_2	110 mm
自激振荡腔室直径 D	72 mm
自激振荡腔室长度 L	36 mm
圆锥形收缩管夹角 α_1	15°
圆锥形扩散管夹角 α_2	120°

5.2.2　湍流模型

1. 大涡模拟

流体在自激振荡腔室内受压力扰动波影响来回碰撞而呈紊乱状态,这种流体流动为湍流流动。涡结构是湍流流动的重要组成部分,研究湍流的涡形态变化可以揭示湍流产生的原因[2]。

涡结构的生成及发展受边界条件、扰动和速度等因素影响,涡在成长到一定程度时由于边界条件限制会发生破裂。涡旋尺度大小不易控制和区分,但在非稳态流动过程中,利用 LES 方法能够检测并捕捉到大尺度涡结构的变化。图 5-2 所示为 CFD 求解过程。图 5-3 所示为数值模拟方法。

LES 方法采用滤波函数将湍流瞬时运动中尺度比滤波函数的过滤宽度小的涡环过滤掉,从而得到大涡流动的运动方程,而小涡采用附加应力项亚格子尺度模型来体现,在非定常 Navier-Stokes 方程基础上,进行 Favre 滤波后得到不可压缩流体的连续性方程和动量方程。

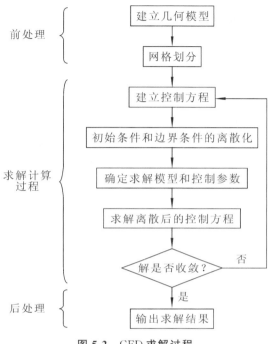

图 5-2　CFD 求解过程

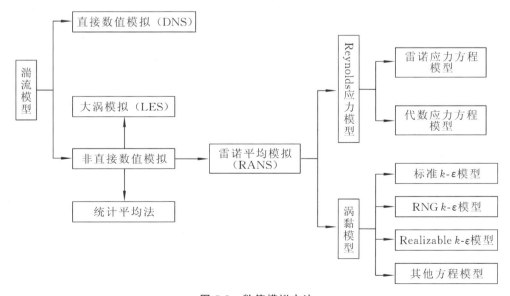

图 5-3　数值模拟方法

$$\frac{\partial \, \overline{u_i}}{\partial \, \overline{x_i}} = 0 \tag{5.1}$$

$$\frac{\partial}{\partial t}(\rho \, \overline{u_i}) + \frac{\partial}{\partial x_j}(\rho \, \overline{u_i} \, \overline{u_j}) = -\frac{\partial \bar{p}}{\partial x_i} - \frac{\partial \tau_{ij}}{\partial x_j} + \frac{\partial}{\partial x_i}\left(\mu \, \frac{\partial \, \overline{u_i}}{\partial x_i}\right) \tag{5.2}$$

式中: t——时间,s;

u——速度分量,m/s;

ρ——密度,kg/m³;

i,j——张量指标;

τ_{ij}——亚格子尺度应力,Pa。

$$\tau_{ij} = \overline{u_i u_j} - \overline{u_i} \, \overline{u_j} \tag{5.3}$$

2. 亚格子应力模型

根据 Smagorinsky 提出的基本涡黏系数模型,有:

$$\tau_{ij} - \frac{1}{3}\tau_{kk}\delta_{ij} = -2\mu_t \, \overline{S_{ij}} \tag{5.4}$$

式中: τ_{kk}——各向同性的亚格子尺度应力,Pa;

δ_{ij}——Kronecker 符号,当 $i=j$ 时, $\delta_{ij}=1$,当 $i \neq j$ 时, $\delta_{ij}=0$;

$\overline{S_{ij}}$——滤波后的变形速率张量;

μ_t——涡黏系数。

$$\overline{S_{ij}} = \frac{1}{2}\left(\frac{\partial \, \overline{u_i}}{\partial x_j} + \frac{\partial \, \overline{u_j}}{\partial x_i}\right) \tag{5.5}$$

3. 传热计算

努塞尔数 Nu 定义为

$$Nu = \frac{hD_e}{\lambda} \tag{5.6}$$

式中: h——水的换热系数,W/(m² · K);

D_e——热流道的水力直径,m;

λ——流体的导热系数,W/(m · K)。

水力直径 D_e 为

$$D_e = 4 \, \frac{V}{A} \tag{5.7}$$

式中: V——自激振荡热流道体积,m³;

A——自激振荡热流道表面积,m²。

5.2.3　网格划分及边界条件

采用 ANSYS-ICEM 17.0 进行自激振荡腔室建模,计算域坐标原点为管道入口的中心处,使用四边形网格对自激振荡腔室计算域进行网格划分,对上、下游流道壁面进行网格加密,如图 5-4 所示,Y^+ 的值大约为 1,基于压力的有限体积法对控制方程进行求解,分别计算 0.5 s 后三种结构化网格数(150035、195326、248732)下腔体中心线位置的速度变化。

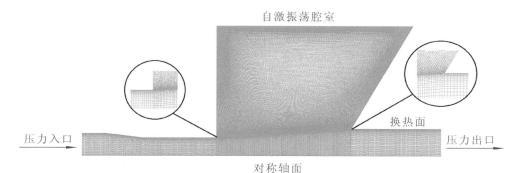

图 5-4　模型网格划分

图 5-5 所示为网格无关性检验,网格数量的增加对计算结果影响较小,在考虑计算耗时和求解精度的情况下,确定 195326 网格数为最终网格模型。

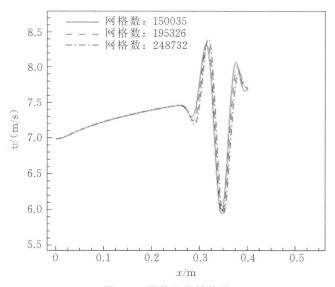

图 5-5　网格无关性检验

自激振荡脉冲喷嘴必须满足一定边界条件才能够在下游管道产生脉动效果,选用常温常压下的水作为工作流体。确定入口压力为 5000 Pa,下游出口为压力出口,相对压力为 0,入口温度为 300 K,壁面温度为 375 K,出口温度为 320 K,壁面选择无滑移边界条件。在各计算条件下,压力和速度分量通过 SIMPLE 算法耦合,对于控制方程的离散化,使用二阶迎风扩散方案,收敛残差为 10^{-6},各物理量残差稳定波动。

5.2.4　湍流模型验证

在湍流模型的验证过程中,入口压力设为 12000 Pa,出口相对压力设为 0,将本节研究的努塞尔曲线与经验公式(见式(3.11))曲线在不同雷诺数下的结果进行比较。从图 5-6 中可以看出,两者有较好的一致性,误差在 0.65%～1.48% 范围之内,小于 2%,说明数值模拟结果是合理的。通过大涡模拟,能够捕捉到腔室内涡旋的演变过程,验证了本节研究的可行性。

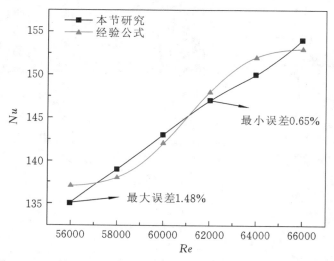

图 5-6　不同雷诺数下本节研究的努塞尔曲线与经验公式曲线比较

5.3　换热管流道涡结构分析

涡结构影响热传递效率和流体的混合程度,研究涡结构需要考虑不同方向流向涡、流体流动特性、管道几何和壁面特性等因素,分析涡结构有助于优化换热管设计,提高能源利用效率,并推动热传递技术发展。

5.3.1　换热管流向涡

自激振荡脉冲射流进入下游管道,由于管道的扩张,高速脉动流与下游管道内静止流体产生湍流混合,发生能量与动量交换,形成湍流剪切层,在脉动流高速位置产生轴对称离散大涡环,大涡环随脉动流向下游运动引起流动边界层的分离。下游扩展管管径与腔室出口直径的比值为 $L^* = d_3/d_2$,确定其取值范围为 1～2.6,分别研究 $L^* = 1$、1.4、1.8、2.2、2.6 时下游流道的流动状态。

图 5-7 所示为下游管道 $x=0.1\sim0.18$ m 处不同 L^* 的瞬态流向涡,可以看出,
L^* 对剪切层形成过程有明显的影响,当 $L^*=1$ 时,未出现回流涡旋(负涡),且近壁
面处流向速度较小,由于高速脉动流与壁面间隔较近,纵向速度梯度过小,抑制了剪
切层的生成;当 $L^*=1.4$ 时,在近壁面处产生轴对称的回流涡旋,由于空间有限,剪
切层的发展受到限制,回流涡旋的区域与强度较小;当 $L^*=1.8$ 时,回流涡旋的密度
较集中,且回流涡旋的强度较大;当 $L^*=2.2$、2.6 时,回流涡旋运动区域较大,但涡
旋强度较小,回流涡旋中心向轴向偏移,对近壁面处层流边界层破坏有限。

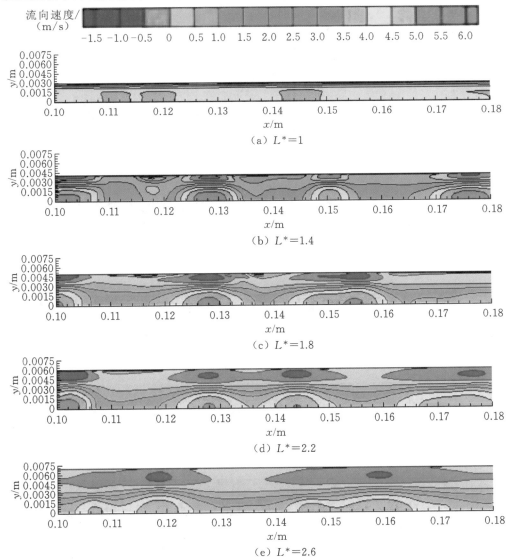

图 5-7　不同 L^* 的瞬态流向涡

5.3.2　换热管法向涡

图 5-8 所示为下游管道 $x=0.1\sim0.18$ m 处不同 L^{*} 的瞬态法向涡，法向涡是影响换热的一个重要因素，增加靠近壁面的法向速度能够促进主流区域与近壁面流体的掺混，提高换热效率，但同时增加了近壁面处的剪切应力以及流动阻力。从图中可以看出，L^{*} 对法向涡的生成有显著的影响，当 $L^{*}=1$ 时，没有法向涡的生成，主流区域近壁面区的混合受到抑制；当 $L^{*}=1.4$、1.8 时，法向涡靠近壁面，强度较大；当 $L^{*}=2.2$、2.6 时，法向涡向远离近壁面处移动，不利于换热；随着 L^{*} 的增加，法向涡强度先增大后减小，并向远离壁面方向发展。

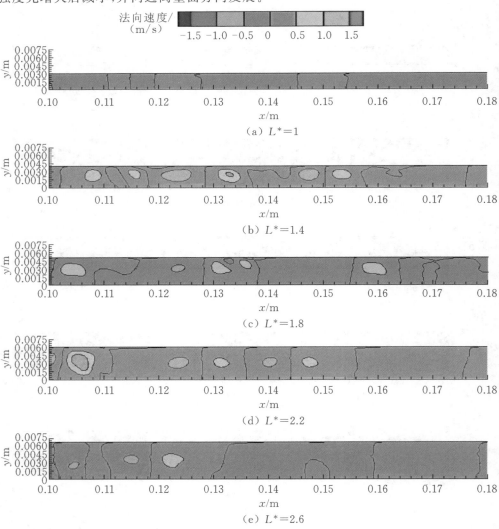

（a）$L^{*}=1$

（b）$L^{*}=1.4$

（c）$L^{*}=1.8$

（d）$L^{*}=2.2$

（e）$L^{*}=2.6$

图 5-8　不同 L^{*} 的瞬态法向涡

5.4　换热管涡结构与换热性能的关系

流体流经自激振荡腔室后,周期性形成边界涡流圈,并在管道中逐渐发展演变,持续分散成多个边界涡流圈。涡流边界特征及边界涡流圈周期性演变影响流体流动的速度和方向,从而影响热量的传递和分布,使得下游管道壁面的换热性能发生变化。

5.4.1　涡流边界特征对换热的影响

图 5-9 所示为自激振荡脉动管道不同 x 向位置的速度云图及边界涡环流线分布。区域 1($x=0.09\sim0.115$ m 位置)为下游管道入口段,中心主流形成倾向于壁面的脉动挤压高速区,边界涡环紧贴脉动挤压高速区,两区域发生强剪切作用,使得边界涡环近中心主流侧形成低速区。区域内平均流速为 2.75 m/s,取区域 1 平均流速为中心主流区域边界界定指标,其区域宽度为 12.5 mm。区域 2 为 $x=0.125\sim$ 0.16 m 位置,此时边界涡环由于管侧及低速的剪切作用逐渐与脉动挤压高速区分离,脉动挤压高速区向中心轴方向偏移,因为边界涡环的促进作用,流速集中区域居于对应边界涡流前方,整体区域内流速明显增大,平均流速达 3.96 m/s,中心主流区域宽度达 25 mm。区域 3 为 $x=0.19\sim0.23$ m 位置,此时边界涡环紧贴壁面且趋于消散,其与脉动挤压高速区之间的作用进一步减小,此时脉动挤压高速区逐渐融于中心主流区域且位于中心轴线附近,管道内流速提高,平均流速达 4.32 m/s,中心主流区域宽度达 33 mm。

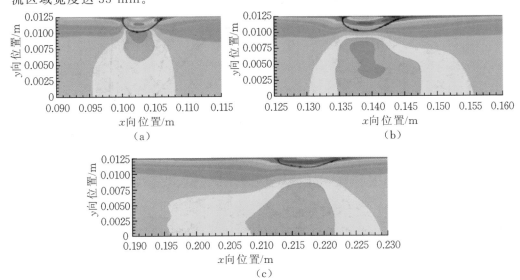

图 5-9　自激振荡脉动管道不同 x 向位置的速度云图及边界涡环流线分布

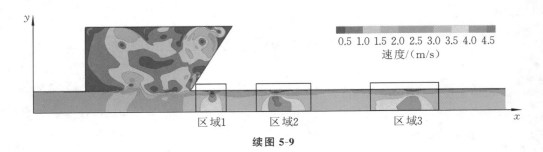

续图 5-9

　　自激振荡脉动管道不同 x 向位置流速径向分布如图 5-10 所示，x 取值为图 5-9 中三个区域中心位置，截取距壁面 0.085 m 处的数据进行分析。由图 5-10 可知：流体沿下游管道流动过程中，近管壁流体速度减小，且流体速度梯度①＞③＞②，近壁面速度变化趋势为先增大后减小；边界涡环外区域流体速度梯度①′＞②′＞③′，边界涡环近中心主流侧流体流速变化逐步减小。在 $x=0.102$ m 处，流速在近管壁位置波动明显，幅值达 2.88 m/s，其中脉动挤压高速区平均流速为 3.78 m/s；在 $x=0.138$ m 处，流速在近管壁位置波动减弱，幅值仅为 1.47 m/s，其中脉动挤压高速区平均流速为 4.42 m/s；在 $x=0.216$ m 处，流速在近管壁位置波动进一步减弱且波动幅值降至 0.76 m/s，其中脉动挤压高速区平均流速为 4.34 m/s。可见边界涡环沿管壁流动时，近壁面流速持续降低，边界涡环对脉动挤压高速区的促进作用逐步减弱。

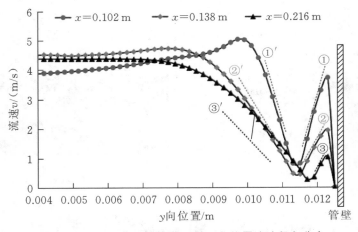

图 5-10　自激振荡脉动管道不同 x 向位置流速径向分布

　　管内瞬时流动特性决定了管壁的换热性能，取脉动管道 $x=0.18$ m 处某一周期的流体流动进行分析，得到图 5-11 所示的瞬时边界厚度及管壁换热系数变化曲线，由上游管道发展的边界涡环逐渐接近监测线，层流边界层逐渐不稳，边界层厚度 δ 受边界涡环前端挤压作用逐渐减小，管壁换热系数 h 亦随之减小；边界涡环流入监测区域后，边界层由层流变为紊流，取边界涡环外边界作为边界层厚度取值界限，即紊流层厚度,此时,δ 和 h 均随边界涡环中心区域的趋近而增大;当边界涡环完全流出时,由于边界涡环流动方向以及中心主流的影响,边界涡环尾部发生变形,出现涡尾扰流现象,边界层厚度维稳一段时间后恢复至层流水平,边界层流动状态交替变化,管壁换热系数减小。

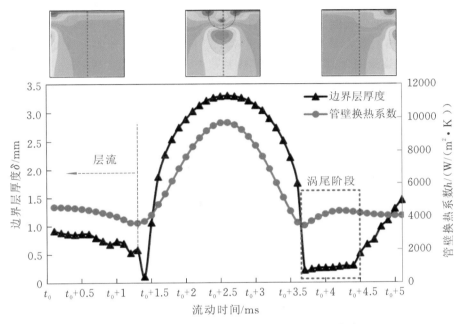

图 5-11　瞬时边界厚度及管壁换热系数变化曲线

5.4.2　边界涡流圈周期演变及管壁换热特性变化

流体流经自激振荡腔室后,形成周期性脉动流,持续分散多个边界涡流圈,使得下游管道壁面换热特性发生变化。图 5-12 所示为单周期自激振荡脉动圆管内流体流动及管壁换热系数 h 的变化,边界涡流圈紧贴管壁的高涡流强度区域,即边界涡环区域。观察图 5-12 发现,边界涡环两侧形成对称低速区,两区域中心位置为管壁换热系数变化最大处,中心主流内脉动挤压高速区与边界涡环流动及演变具有同步性。

对于完整结构的边界涡流圈,$t = T/4$ 时,管道入口段边界涡流圈 a 初步形成,受上游腔室内剪切层及中心主流影响,边界涡流圈两侧流体扰动较大,管壁换热系数均得到提高,其中边界涡流圈区域换热系数 h 最高达 17875.9 W/(m² · K);位于中部的边界涡流圈 b 已充分发展,但沿着管道流动过程中,两侧扰流被吸收,其管壁换热系数 h 较前端边界涡流圈 a 小,边界涡环向中心轴移动,中心管壁换热系数 h 最高达 9855.7 W/(m² · K);边界涡流圈 c 处的边界涡环完全脱离管壁,管壁两低速区间距变大,中心管壁换热系数 h 最高达 8588.4 W/(m² · K)。$t = T/2$ 时,边界涡流圈 a 两侧扰流减小,且入口处初生边界涡吸收下游扰流,边界涡流圈区域换热系数 h 最高达 17183.5 W/(m² · K);边界涡流圈 b 流动状态变化较小,低速区间距无变化,其中心管壁换热系数 h 最高达 9297.8 W/(m² · K);边界涡流圈 c 流动状态亦变化较小,低速区间距无变化,中心管壁换热系数 h 最高达 8421.7 W/(m² · K)。$t=3T/4$ 时,初生边界涡流圈 a′完全流入下游管道,其管壁换热系数 h 最高达 21024.2 W/(m² · K),边界涡流圈 a 能量降低,中心主流区域向初生边界涡流区域偏移,边界涡流圈区域换热系数 h 最高达 13436.9 W/(m² · K);边界涡流圈 b 流动状态变化较小,低速区间距逐渐变大,其中心管壁换热系数 h 最高达 8012.0 W/(m² · K);边界涡流圈 c 流动状态亦变化较小,低速区间距增大,中心管壁换热系数 h 最高达 8173.5 W/(m² · K)。$t=T$ 时,随着边界涡流圈 a 逐步远离入口,初生边界涡流圈 a′能量回落,其管壁换热系数 h 最高达 20716.9 W/(m² · K),边界涡流圈 a 能量回升,中心主流偏移状态逐步恢复,其管壁换热系数 h 最高达 15116.6 W/(m² · K);边界涡流圈 b 流动状态变化较小,低速区间距逐渐变大,其中心管壁换热系数 h 最高达 7581.4 W/(m² · K),

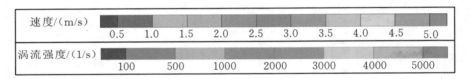

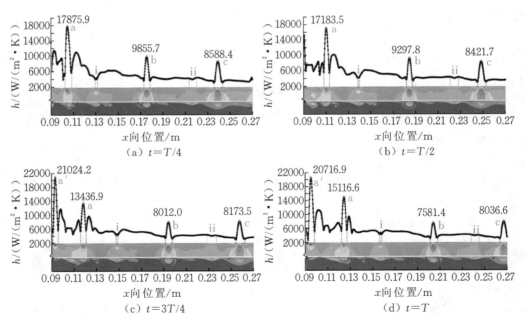

图 5-12　单周期自激振荡脉动圆管内流体流动及管壁换热系数 h 的变化

持续降低;边界涡流圈 c 部分流出,低速区间距变小,中心管壁换热系数 h 最高达 8036.6 W/(m² • K)。

图 5-12 中 i 和 ii 为结构残缺的边界涡流圈,其分布位置均为相邻边界涡流圈之间。边界涡流圈 i 靠近入口,边界涡环与中心主流内脉动挤压高速区存在但强度不足,对应区域管壁换热受抑制,管壁换热系数降低,随着时间变化抑制作用减小;边界涡流圈 ii 不存在脉动挤压高速区,边界涡环强度低,对管壁换热抑制作用较小。

5.5　换热管换热性能

换热管的换热性能评估涉及多个方面,热流道温度特征直接反映换热过程中的温度分布和传递效率;壁面剪切应力分布则关乎流体对管壁的作用程度,影响换热效果;壁面努塞尔数表明流体在管壁的传热能力,是评估传热效率的重要指标。通过以上指标,可以全面了解和评估换热管的换热性能,进而对换热管进行优化设计,提高能源利用效率。

5.5.1　热流道温度特征

当剪切层到达下游碰撞壁时,部分流体进入下游管道并在壁面形成回流涡。图 5-13 所示为出流管道一个周期内温度等值线图。当 $t = T/4$ 时,剪切层到达碰撞壁,在热流道入口形成初生回流涡,其附近温度在 300~310 K 范围内变化。当 $t = T/2$ 时,回流涡随着主流向下流动到达 $x = 0.1$ m 处,附近流体的温度为 305~315 K,温度有所增加且作用区域增大。当 $t = 3T/4$ 时,回流涡运动到 $x = 0.13$ m 处,其温度为 310~320 K,流体温度再次增加。原因是回流涡随主流运动过程中,大小和作用效果不断增强,使得近壁面流体与壁面换热增加,近壁面流体温度增加。当 $t = T$ 时,回流涡到达 $x = 0.15$ m 处,附近温度为 320 K,回流涡与主流融合在一起,随主流一起向下游流动。

边界层厚度 δ 与换热性能成反比,在 $t = 0.5$ s 时,对近壁面边界层厚度进行提取,得到出流管道壁面边界层厚度的变化,如图 5-14 所示。在普通水平圆管中,流体随主流流动时,由于黏性力的作用,速度梯度逐渐减小,边界层厚度平稳增加。自激振荡热流道中,当 $d_2/d_1 = 1$ 时,在 $x = 0.12$ m 和 $x = 0.17$ m 处管道近壁面生成较小的回流涡,边界层厚度最小为 1.12 mm;当 $d_2/d_1 = 1.2$ 时,在 $x = 0.115$ m 和 $x = 0.165$ m 处有回流涡生成,边界层厚度最小为 0.70 mm,较 $d_2/d_1 = 1$ 时有所减小,换热效果有所提高;当 $d_2/d_1 = 1.5$ 时,边界层厚度再次减小,最小为 0.38 mm,热流道中生成的回流涡作用效果增强,使得近壁面流体间扰动更加明显;当 $d_2/d_1 = 1.8$ 时,边界层厚度最小为 0.50 mm,边界层厚度有所增加,回流涡作用效果减弱。综上所述:随着 d_2/d_1 的增加,边界层厚度呈现出先减小后增大的趋势,换热效果先增强后减弱,当 $d_2/d_1 = 1.5$ 时,此时的边界层厚度最小为 0.38 mm,换热效果最佳。

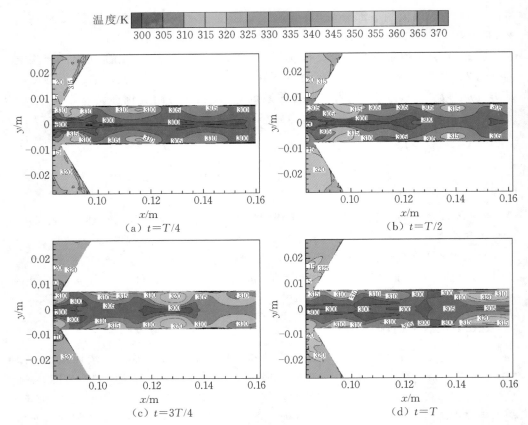

（a）$t=T/4$　　　　　　　　　　（b）$t=T/2$

（c）$t=3T/4$　　　　　　　　　　（d）$t=T$

图 5-13　出流管道一个周期内温度等值线图

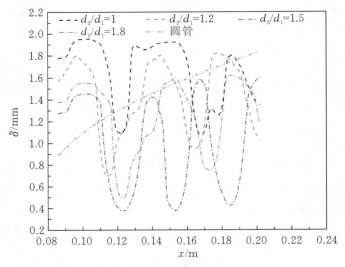

图 5-14　出流管道壁面边界层厚度的变化

5.5.2　换热管壁面剪切应力分布

图 5-15 所示为不同上下游管径比的壁面剪切应力 τ 变化曲线,在普通水平圆管中,流体随主流流动时,由于黏性力的作用,速度梯度逐渐减小,壁面剪切应力不断下降。当 $d_2/d_1=1$ 时,壁面剪切应力为 26～43 Pa,壁面剪切应力呈现周期性波动,产生脉动流,在热流道流动前期,壁面剪切应力低于圆管剪切应力,换热效果较差;当 $d_2/d_1=1.2$ 时,壁面剪切应力先增加后趋于波动,呈现周期性,剪切应力为 40～56 Pa,壁面剪切应力有所增加;当 $d_2/d_1=1.5$ 时,壁面剪切应力先增加后趋于周期性波动,最大达到 77 Pa,热流道中回流涡效应和脉动流效果较好,使得换热增加;当 $d_2/d_1=1.8$ 时,壁面剪切应力有所下降,这是由于此结构下回流涡形成效果较差,换热效率低。综上所述:随着 d_2/d_1 的增加,壁面剪切应力先增大后减小,壁面换热效率亦先增大后减小,当 $d_2/d_1=1.5$ 时,壁面剪切应力达到最大,为 77 Pa,此时换热效果最佳。

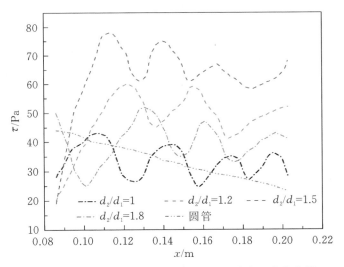

图 5-15　不同上下游管径比的壁面剪切应力 τ 变化曲线

5.5.3　换热管壁面努塞尔数

在下游热流道中,壁面努塞尔数(Nu)能够有效地表征流体与壁面的换热效果,图 5-16 所示为不同上下游管径比下壁面 Nu 变化曲线。在流体随主流流动过程中,黏性力的作用导致速度梯度逐渐减小,同时壁面边界层厚度不断增加,流体与壁面的换热效果较差,Nu 持续下降且整体上呈现周期性波动。当 $d_2/d_1=1$ 时,随着中心轴线位置的移动,Nu 逐渐减小,最小为 105。在流动后期,可以看出 Nu 明显低于水平直圆管 Nu,说明此时结构不利于换热。当 $d_2/d_1=1.2$ 时,Nu 有所增加,最大达到 148,随着中心轴线位置的移动,Nu 有所减小。当 $d_2/d_1=1.5$ 时,Nu 再次增加,最大达到 156,Nu 呈现周期性波动,此时结构换热效果最佳。当 $d_2/d_1=1.8$ 时,Nu 有所减小,说明上下游管径比过大,导致剪切层到达壁面时未能形成回流涡,近壁面流体与壁面换热效率降低。综上所述:换热效率跟上下游管径比有关,随着上下游管径比的增加,Nu 先增大后减小,换热效率先增大后减小,说明存在一个最佳的结构 $d_2/d_1=1.5$,使得 Nu 最大为 156,此时换热效果最好。

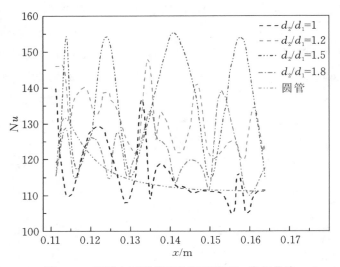

图 5-16　不同上下游管径比下壁面 Nu 变化曲线

5.5.4　换热管综合性能

当腔室结构改变时,流体在流过管道时引起换热和阻力的变化,通过定义综合评价因子 PI,表征自激振荡管道的综合换热效果。PI>1 表明换热增加大于流动阻力的增加,换热效率总体上得到提高,PI<1 表明换热增加小于流动阻力的增加,此时换热效率总体上降低。图 5-17 所示为不同上下游管径比下 PI 的变化曲线,可以看出,PI 随着 d_2/d_1 的增加呈现先增大后减小的趋势,这是因为流体进入腔室后形成剪切层,剪切层到达壁面时在下游碰撞角分离,使得下游近壁面出现回流涡。回流涡能够加强近壁面的流体扰动,使得近壁面流体掺混加剧,换热效率提高。当 $d_2/d_1=1.2$、1.5、1.8 时,PI 都大于 1,说明换热效果较好;当 $d_2/d_1=1.5$ 时,PI 最大,达到 1.24,换热效率相比普通水平圆管提高 24%。

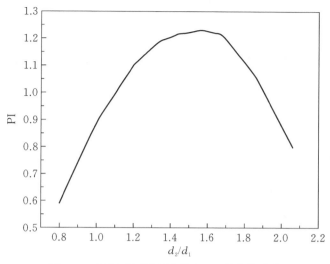

图 5-17　不同上下游管径比下 PI 的变化曲线

5.6　本 章 小 结

本章采用 LES 方法对自激振荡腔室下游热流道回流涡的运动和周期性演变进行数值计算,深入研究回流涡演变对换热的影响,研究不同上下游管径比的热流道换热特性,主要结论如下。

(1) 扩展管的直径是影响回流涡生成的主要因素,扩展管管径与腔室出口直径比值 $L^* = d_3/d_2$ 的变化能够控制下游流道脉动剪切层的发展,对下游流道的流动结构有显著影响。当 $L^* = 1$ 时,受空间的限制,脉动剪切层无法形成且近壁面无回流产生;随着 L^* 的增加,脉动剪切层发展区间增加,流向涡的运动范围逐渐增大,且强度先增加后减小,法向涡逐渐往中心轴扩展;当 $L^* = 1.8$ 时,剪切层流向涡与法向涡的强度较好。

(2) 边界涡环对脉动挤压高速区的促进作用逐步减弱,而中心主流区强度逐步增加,使得管内流速提高。近壁区边界层受边界涡环影响,流体流动形态交替变化,管壁换热系数随边界层厚度同步变化。边界涡流圈的流动状态决定下游管道的壁面换热特性,残缺边界涡流圈对管壁换热起抑制作用,而完整边界涡流圈可提高管壁换热系数。

(3) 当自激振荡腔室上下游管径比为 1～1.8 时,近壁面边界层厚度在 0.38～1.945 mm 范围内呈周期性变动;上下游管径比为 1.5 时,边界层厚度最小为 0.38 mm,壁面剪切应力和 Nu 均达到最大,综合评价因子最大为 1.24,换热效率相比普通水平圆管提高 24%。

参考文献

[1] 高虹. Helmholtz 共振的机理研究及应用[D]. 重庆：重庆大学, 2003.

[2] DAVLETSHIN I A, MIKHEEV N I, PAERELIY A A, et al. Convective heat transfer in the channel entrance with a square leading edge under forced flow pulsations[J]. International Journal of Heat and Mass Transfer, 2019, 129：74-85.

第6章 自激振荡腔室换热特性多目标优化设计

6.1 引　　言

脉动流强化传热技术利用流体的周期性变化打破温度边界层的稳定性,增强流体与壁面的热交换性能,从而提高传热系数。然而,传热性能的提高往往伴随流阻性能的降低,这是一个典型的多目标优化问题。为了保证传热效率的同时降低流阻损失,需要对换热器的结构参数进行优化设计。

自激振荡换热器的结构参数对脉动流的形成和传热性能有重要影响,如何确定最佳的结构参数是本研究的关键点。为了得到最优的传热和流阻性能,本章采用理论研究与数值分析相结合的方法,揭示自激振荡瞬时涡量脉动传热机理,探究自激振荡换热管无量纲结构参数对其传热和流阻性能的影响规律,并对自激振荡换热管进行多目标优化设计,以获得最佳综合传热性能。

本章主要考虑了三个无量纲结构参数,分别是腔室碰撞壁夹角 α、腔室出入口直径比 d_2/d_1、腔室长径比 L/D,通过正交试验设计和响应面法建立努塞尔数、阻力系数和结构参数之间的回归模型,然后利用 NSGA-II 算法求解多目标优化问题,得到一组 Pareto 最优解,最后采用优劣解距离决策法(technique for order preference by similarity to an ideal solution,TOPSIS)选取最优折中解,对比优化前后的传热和流阻性能,进而验证优化效果。

6.2 模型构建及验证

本节介绍了自激振荡腔室的物理模型及 LES 方法的控制方程,对自激振荡腔室模型进行结构化网格划分及边界条件设置。为保证数值计算结果的可行性,对网格无关性进行检验并验证湍流模型的适用性。

6.2.1 物理模型

自激振荡换热管二维几何结构示意图如图 6-1 所示,自激振荡换热管由上游管道、自激振荡腔室和下游管道三部分组成,主要尺寸分别为:腔室入口直径 d_1;腔室出口直径 d_2;换热管上游流道长度 l_1;换热管下游流道长度 l_2;自激振荡腔室长度 L;自激振荡腔室直径 D;自激振荡腔室碰撞壁夹角 α。需要说明的是,该换热管的结构在 Liu 等人[1]所设计的亥姆霍兹喷嘴的基础上进行了参数调整。

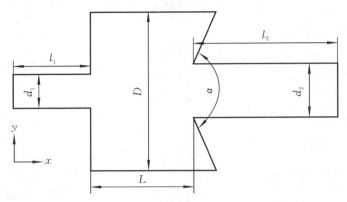

图 6-1　自激振荡换热管二维几何结构示意图

　　自激振荡换热管的结构参数如表 6-1 所示,由于换热管整个计算域的上半部分和下半部分是对称的,为了节省计算资源,利用自激振荡换热管上半部分进行数值模拟。

表 6-1　自激振荡换热管的结构参数

参数名称	数值/mm
腔室入口直径 d_1	10
腔室出口直径 d_2	12
换热管上游流道长度 l_1	80
换热管下游流道长度 l_2	150
自激振荡腔室直径 D	70
自激振荡腔室长度 L	35

6.2.2　控制方程

　　基于上述假设,采用 Navier-Stokes 方程组对大尺度涡进行计算,采用亚格子模型对小尺度涡进行模拟。流体流动不可压缩的连续性方程、动量方程和能量方程的表述如下[2]。

　　连续性方程:

$$\frac{\partial \overline{u_i}}{\partial \overline{x_i}} = 0 \tag{6.1}$$

动量方程:

$$\frac{\partial}{\partial t}\left(\rho \, \overline{u_i}\right) + \frac{\partial}{\partial x_j}\left(\rho \, \overline{u_i} \, \overline{u_j}\right) = -\frac{\partial \overline{p}}{\partial x_j} + \mu \frac{\partial^2 \overline{u_i}}{\partial x_j \partial x_j} - \frac{\partial \tau_{ij}}{\partial x_j} \tag{6.2}$$

能量方程:

$$\frac{\partial \overline{T}}{\partial t} + \frac{\partial \left(\overline{u_j} \, \overline{T}\right)}{\partial x_j} = \frac{\mu}{\rho Pr} \frac{\partial^2 \overline{T}}{\partial x_j \partial x_j} - \frac{\partial q_j}{\partial x_j} \tag{6.3}$$

式中: i, j——张量指数;

　　　t——时间, s;

　　　ρ——流体密度, kg/m³;

　　　$\overline{p}$——滤波后的压力, Pa;

　　　μ——流体的动力黏度, Pa·s;

　　　$\overline{T}$——滤波后的温度, K;

　　　Pr——流体普朗特数。

亚格子尺度应力 τ_{ij} 定义为[3]

$$\tau_{ij} = \overline{u_i u_j} - \overline{u_i} \, \overline{u_j} \tag{6.4}$$

标量温度 T 下的未解析热通量 q_j 定义为

$$q_j = \overline{u_j T} - \overline{u_j} \, \overline{T} \tag{6.5}$$

根据 Smagorinsky 提出的亚格子应力模型对小尺度涡进行建模:

$$\tau_{ij} = -2\mu_t \, \overline{S_{ij}} + \frac{1}{3}\tau_{kk}\delta_{ij} \tag{6.6}$$

式中: δ_{ij}——Kronecker 符号;

　　　τ_{kk}——各向同性的亚格子尺度应力, Pa;

　　　μ_t——亚格子尺度湍流黏度, Pa·s。

亚格子尺度湍流黏度 μ_t 由下式表示:

$$\mu_t = \left(C_{\mathrm{S}}^2 \Delta\right)^2 \left| \, \overline{S} \, \right| \tag{6.7}$$

其中:

$$\overline{S_{ij}} = \frac{1}{2}\left(\frac{\partial \overline{u_i}}{\partial x_j} + \frac{\partial \overline{u_j}}{\partial x_i}\right), \quad \Delta = \left(\Delta_x \Delta_y \Delta_z\right)^{\frac{1}{3}}, \quad \left| \, \overline{S} \, \right| = \sqrt{2 \, \overline{S_{ij}} \, \overline{S_{ij}}} \tag{6.8}$$

式中: $\Delta_x, \Delta_y, \Delta_z$——沿 x, y, z 轴方向的网格尺寸大小;

　　　C_{S}——Smagorinsky 常数, 数值取 0.1。

6.2.3　网格划分及无关性检验

本章采用双精度压力求解器进行数值模拟, 流动介质为水, 湍流模型为二维 LES 模型。压力-速度耦合采用 SIMPLE 算法进行求解, 压力项采用二阶格式, 动量项和能量项均采用二阶迎风格式, 时间项采用二阶隐式格式, 将能量方程的收敛残差设置为 1×10^{-6}, 其他残差设置为 1×10^{-4}, 为获取自激振荡换热管时间解析的流场和传热结果,将时间步长设置为 1×10^{-4} s。此外,为了评估解的收敛性,进行整个计算域的净流量通量平衡检查,数值模拟的边界条件如下:

(1) 压力入口,大小为 5000 Pa,温度为 293.15 K;

(2) 压力出口,标准压力;

(3) 无滑移壁面,温度设置为固定温度 343.15 K。

基于四边形网格结构生成基本的网格拓扑,考虑管壁附近流体流动和传热特性的影响,对近壁面的网格进行细化并反复调整,使管壁距近壁面第一个网格单元中心的无量纲距离 y^+ 约为 1,自激振荡换热管模型网格划分如图 6-2 所示。

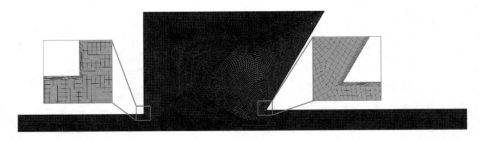

图 6-2　自激振荡换热管模型网格划分

Liu 等人[1]认为网格收敛指数的计算至少需要三种不同尺寸的网格,网格越密,数值解越接近精确解。本节采用四种不同尺寸的网格对自激振荡换热管进行网格无关性测试,分别为 42741 个网格、75304 个网格、131400 个网格、223275 个网格。网格无关性测试结果如图 6-3 所示,当网格数量为 131400 个时,平均速度和压降的变化趋于平缓。综合考虑计算耗时和求解精度,数值模拟采用 131400 个网格。

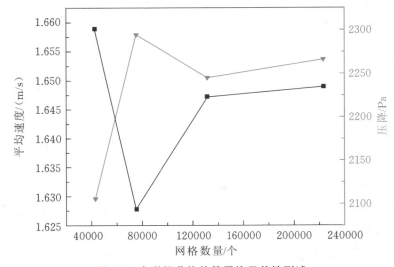

图 6-3　自激振荡换热管网格无关性测试

为验证湍流模型的传热可靠性,将不同雷诺数下的数值模拟努塞尔数与文献[4]中的 Dittus-Boelter 经验公式努塞尔数进行比较,经验公式的数学表达式如式(3.11)所示。

湍流模型的验证结果如图 6-4 所示,数值模拟和经验公式得到的努塞尔数基本一致,最小误差为 1.41%,最大误差为 4.97%,平均误差为 2.57%。根据文献[5]的研究结果,当数值模拟和经验公式得到的努塞尔数之间的绝对误差小于 10% 时,可认为湍流模型验证有效。可以得出结论,采用的 LES 方法是可靠的,通过该方法能够模拟自激振荡换热管的流动传热过程。

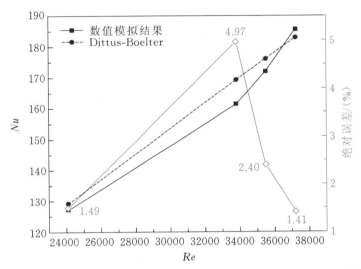

图 6-4　不同雷诺数下的数值模拟努塞尔数与经验公式努塞尔数比较

6.3　无量纲结构参数对传热和流阻性能的影响

本节基于前文的数值模拟方法,对自激振荡换热管进行正交试验设计,通过极差分析和矩阵分析得到设计变量对评价指标影响的主次关系,采用正交试验方法研究了腔室碰撞壁夹角 α、腔室出入口直径比 d_2/d_1 和腔室长径比 L/D 三个无量纲结构参数对其传热和流阻性能的影响规律。

6.3.1　正交试验设计

正交试验方法可以减少试验次数、提高工作效率,并且能够从全面试验里选出具有代表性的试验点,是"分式析因"设计的主要方法[6]。自激振荡换热管的无量纲结构参数直接影响传热和流阻性能,为了分析无量纲结构参数对传热和流阻性能的影响规律,本节以腔室碰撞壁夹角 α、腔室出入口直径比 d_2/d_1 和腔室长径比 L/D 作为设计变量,选取努塞尔数 Nu 作为传热性能评价指标,选取阻力系数 f 作为流阻性能评价指标。为了使表述更加直观方便,利用符号 A、B、C 分别表示腔室碰撞壁夹角 α、腔室出入口直径比 d_2/d_1、腔室长径比 L/D。根据以往研究结果,确定设计变量的取值范围分别为:$\alpha \in [100°,140°]$,$d_2/d_1 \in [0.8,1.6]$,$L/D \in [0.4,0.6]$。正交试验设计的因素水平如表 6-2 所示,由于正交试验设计的因素个数为 3,每个因素的水平数为 5,因此通过构建三因素五水平正交试验设计表可以得到 25 组试验方案。

表 6-2 正交试验设计的因素水平

水平	因素		
	A/(°)	B	C
1	100	0.8	0.4
2	110	1.0	0.45
3	120	1.2	0.5
4	130	1.4	0.55
5	140	1.6	0.6

6.3.2 正交试验极差分析法

正交试验设计的极差分析法又称 R 法,如果在正交试验设计的极差结果分析中某因素的 R 值越大,则说明该因素对评价指标的影响越显著,因此,可以根据 R 值来判断各个因素对评价指标的影响程度。其中,极差 R 的计算公式为

$$K_{mn} = \frac{1}{N} \sum_{i=1}^{N} T_i \tag{6.9}$$

$$R_m = \max(K_{m1}, K_{m2}, \cdots, K_{mn}) - \min(K_{m1}, K_{m2}, \cdots, K_{mn}) \tag{6.10}$$

式中:K_{mn}——第 m 个因素在第 n 个水平上所得评价指标结果的算数平均值;

T_i——评价指标的结果值;

N——因素的水平数;

R_m——第 m 个因素的极差值。

极差分析法可以求得因素对单一指标的影响规律,对于多指标之间的差异和相互联系,可以采用多目标正交试验矩阵分析方法求得因素对综合性能的影响关系。根据正交试验设计得到的方案组合和各评价指标的数值模拟结果,建立自激振荡换热管的多目标正交试验矩阵分析模型,初步探究努塞尔数 Nu 和阻力系数 f 两个评价指标综合最优方案,如表 6-3 所示。

表 6-3　自激振荡换热管正交试验矩阵分析模型

递阶结构	目标模型
目标层	努塞尔数 Nu、阻力系数 f
因素层	A；B；C
水平层	$A_1 \sim A_5$；$B_1 \sim B_5$；$C_1 \sim C_5$

建立自激振荡换热管综合传热效果的目标层、因素层以及水平层的多目标矩阵，定义 K_{mn} 为第 m 个因素在第 n 个水平上所得评价指标结果的算术平均值，若评价指标越大越好，则 $K_{mn} = K_{mn}$，反之，则 $K_{mn} = 1/K_{mn}$。目标层矩阵为 $\boldsymbol{M} = (\boldsymbol{M}_{Nu}, \boldsymbol{M}_f)$，表示如下[7]：

$$\boldsymbol{M} = \begin{pmatrix} K_{11} & 0 & 0 \\ \vdots & \vdots & \vdots \\ K_{15} & 0 & 0 \\ 0 & K_{21} & 0 \\ \vdots & \vdots & \vdots \\ 0 & K_{25} & 0 \\ 0 & 0 & K_{31} \\ \vdots & \vdots & \vdots \\ 0 & 0 & K_{35} \end{pmatrix} \qquad (6.11)$$

令 $T_m = \dfrac{1}{\sum\limits_{n=1}^{5} K_{mn}}$，定义因素层矩阵为 $\boldsymbol{T} = (\boldsymbol{T}_{Nu}, \boldsymbol{T}_f)$，如下所示：

$$\boldsymbol{T} = \begin{pmatrix} T_1 & 0 & 0 \\ 0 & T_2 & 0 \\ 0 & 0 & T_3 \end{pmatrix} \qquad (6.12)$$

令 $S_m = \dfrac{R_m}{\sum\limits_{m=1}^{3} R_m}$，定义水平层矩阵为 $\boldsymbol{S} = (\boldsymbol{S}_{Nu}, \boldsymbol{S}_f)$，如下所示：

$$\boldsymbol{S} = (S_1 \quad S_2 \quad S_3)^{\mathrm{T}} \qquad (6.13)$$

定义自激振荡换热管目标值的总权重矩阵为

$$\boldsymbol{\omega} = \boldsymbol{MTS} = (\omega_{A_1}, \omega_{A_2}, \omega_{A_3}, \omega_{A_4}, \omega_{A_5}, \omega_{B_1}, \cdots, \omega_{C_5})^{\mathrm{T}} \qquad (6.14)$$

式中：$\omega_{mn} = K_{mn} T_m S_m$——第 m 个因素在第 n 个水平上影响该目标函数的权重值大小；

$\boldsymbol{\omega}_{Nu}$——努塞尔数的权重矩阵；

$\boldsymbol{\omega}_f$——阻力系数的权重矩阵；

$\boldsymbol{\omega}$——总权重矩阵。

$$\omega_{Nu} = K_{Nu}T_{Nu}S_{Nu} \tag{6.15}$$

$$\omega_f = K_f T_f S_f \tag{6.16}$$

$$\omega = (\omega_{Nu} + \omega_f)/2 \tag{6.17}$$

6.3.3　正交试验设计结果

对 25 组正交试验设计方案进行数值模拟分析,得到的结果如表 6-4 所示。基于表 6-4 的数值模拟结果,根据式(6.9)和式(6.10)计算出各因素对努塞尔数 Nu 和阻力系数 f 的极差值大小,如表 6-5 所示。

表 6-4　正交试验设计方案及结果

试验方案	设计变量			评价指标	
	A/(°)	B	C	Nu	f
1	100	0.8	0.4	97.4386	0.2736
2	100	1.0	0.45	146.9714	0.1667
3	100	1.2	0.5	160.7177	0.1785
4	100	1.4	0.55	133.0369	0.2375
5	100	1.6	0.6	172.0324	0.2322
6	110	0.8	0.45	112.5034	0.2983
7	110	1.0	0.5	150.3285	0.1663
8	110	1.2	0.55	162.8245	0.1877
9	110	1.4	0.6	145.3324	0.2252
10	110	1.6	0.4	175.8477	0.2910
11	120	0.8	0.5	127.2357	0.2924
12	120	1.0	0.55	144.9563	0.1860
13	120	1.2	0.6	168.7335	0.1917
14	120	1.4	0.4	162.7878	0.1980
15	120	1.6	0.45	171.0122	0.3066
16	130	0.8	0.55	117.4945	0.3384
17	130	1.0	0.6	168.0467	0.2241
18	130	1.2	0.4	143.2214	0.1198
19	130	1.4	0.45	150.7740	0.1415
20	130	1.6	0.5	194.5101	0.2890

试验方案	设计变量			评价指标	
	A/(°)	B	C	Nu	f
21	140	0.8	0.6	121.0765	0.3742
22	140	1.0	0.4	131.9432	0.1242
23	140	1.2	0.45	155.1315	0.1238
24	140	1.4	0.5	147.6197	0.2043
25	140	1.6	0.55	154.0114	0.2595

表 6-5　正交试验设计各因素极差值

评价指标	等级	A	B	C
Nu	K_1	142.0394	115.1497	142.2477
	K_2	149.3673	148.4492	146.2785
	K_3	154.9451	158.1257	156.0823
	K_4	154.8093	147.9102	142.4647
	K_5	141.9565	173.4828	155.0443
	R	12.9886	58.3331	13.8346
f	K_1	0.2177	0.3154	0.2013
	K_2	0.2337	0.1735	0.2074
	K_3	0.2349	0.1603	0.2261
	K_4	0.2225	0.2013	0.2418
	K_5	0.2172	0.2756	0.2495
	R	0.0177	0.1551	0.0482

　　从表 6-5 中可以看出，当以 Nu 为评价指标时，$R_A = 12.9886$，$R_B = 58.3331$，$R_C = 13.8346$，$R_B > R_C > R_A$，则影响 Nu 的因素主次顺序为 B(腔室出入口直径比)>C(腔室长径比)>A(腔室碰撞壁夹角)，由于 Nu 越大，传热性能越好，因此根据 K 值大小选取最优解为 $A_3 B_5 C_3$，各结构参数分别为 $\alpha = 120°$、$d_2/d_1 = 1.6$、$L/D = 0.5$；当以 f 为评价指标时，$R_A = 0.0177$，$R_B = 0.1551$，$R_C = 0.0482$，$R_B > R_C > R_A$，影响 f 的因素主次顺序为 B(腔室出入口直径比)>C(腔室长径比)>A(腔室碰撞壁夹角)，由于 f 越小，流阻性能越好，根据 K 值大小(此时取小)选取最优解为 $A_5 B_3 C_1$，各结构参数分别为 $\alpha = 140°$、$d_2/d_1 = 1.2$、$L/D = 0.4$。

　　根据正交试验表以及式(6.11)~式(6.17)计算不同设计变量的各水平总权重矩

阵,结果如表 6-6 所示。

表 6-6　自激振荡换热管权重矩阵数值

权重矩阵	数值	权重矩阵	数值	权重矩阵	数值
ω_{A_1}	0.0319	ω_{B_1}	0.0902	ω_{C_1}	0.0453
ω_{A_2}	0.0318	ω_{B_2}	0.1375	ω_{C_2}	0.0450
ω_{A_3}	0.0322	ω_{B_3}	0.1481	ω_{C_3}	0.0414
ω_{A_4}	0.0351	ω_{B_4}	0.1275	ω_{C_4}	0.0382
ω_{A_5}	0.0347	ω_{B_5}	0.1223	ω_{C_5}	0.0389

由表 6-6 可以得到如下结论。

(1) 第 m 个因素的总权重矩阵算术平均值用 ω_m 表示,通过计算可得 $\omega_A = 0.0331$、$\omega_B = 0.1251$、$\omega_C = 0.0418$,即 $\omega_B > \omega_C > \omega_A$,表明因素对自激振荡换热管综合传热性能的影响由高到低依次为腔室出入口直径比 d_2/d_1、腔室长径比 L/D、腔室碰撞壁夹角 α。

(2) $\omega_{A_1} > \omega_{A_2} < \omega_{A_3} < \omega_{A_4} > \omega_{A_5}$,表明腔室碰撞壁夹角对换热管的综合传热性能影响较为复杂,随着自激振荡腔室碰撞壁夹角的增大,自激振荡换热管的综合传热性能先减弱后增强再减弱;$\omega_{B_1} < \omega_{B_2} < \omega_{B_3} > \omega_{B_4} > \omega_{B_5}$,表明随着腔室出入口直径比的增大,换热管综合传热性能先增强后减弱;$\omega_{C_1} > \omega_{C_2} > \omega_{C_3} > \omega_{C_4} < \omega_{C_5}$,表明随着腔室长径比的增大,换热管综合传热性能先减弱后增强。

(3) 各因素在 5 个水平下的总权重矩阵最大值分别为 $\omega_{A_4} = 0.0351$、$\omega_{B_3} = 0.1481$、$\omega_{C_1} = 0.0453$,由此可得自激振荡换热管传热和流阻性能综合最优的无量纲结构参数组为:$\alpha = 130°$、$d_2/d_1 = 1.2$、$L/D = 0.4$。

6.3.4　自激振荡腔室碰撞壁夹角 α 的影响

当射流进入自激振荡腔室时,在腔室入口处形成一层不稳定的剪切层,剪切层对射流中的不稳定扰动波进行选择放大,从而导致离散涡产生。离散涡随射流向下运动至碰撞壁时,与碰撞壁碰撞分成两部分:一部分向下游管道运动形成壁面涡;另一部分沿壁面向上运动至壁面某一位置时隆起向腔室入口剪切层处回弹,并汇聚在腔室中央形成大涡环。自激振荡腔室碰撞壁夹角 α 决定了离散涡碰撞后的运动方向,当 α 过小时,离散涡发生碰撞后沿壁面运动的距离延长,更容易形成次生涡,造成能量的损耗;当 α 过大时,离散涡发生碰撞后移动的方向与碰撞时的瞬时速度方向夹角变大,从而消耗更多能量。因此,合适的 α 可以提高换热管的传热和流阻性能。

图 6-5 所示为不同 α 下的自激振荡换热管速度场及涡量场云图,当 $\alpha = 100°$ 时,自激振荡腔室右上角区域有较多次生涡产生,此时壁面涡的流速为 1.52～2.28 m/s,流体与壁面涡的热交换效率低;当 $\alpha = 120°$ 时,自激振荡腔室右上角区域次生涡较

少,壁面涡流速为 $1.56\sim2.29$ m/s,此时传热性能较好;当 $\alpha=140°$ 时,腔室右上角区域也有较多次生涡产生,壁面涡流速为 $1.48\sim2.23$ m/s,此时不利于传热。

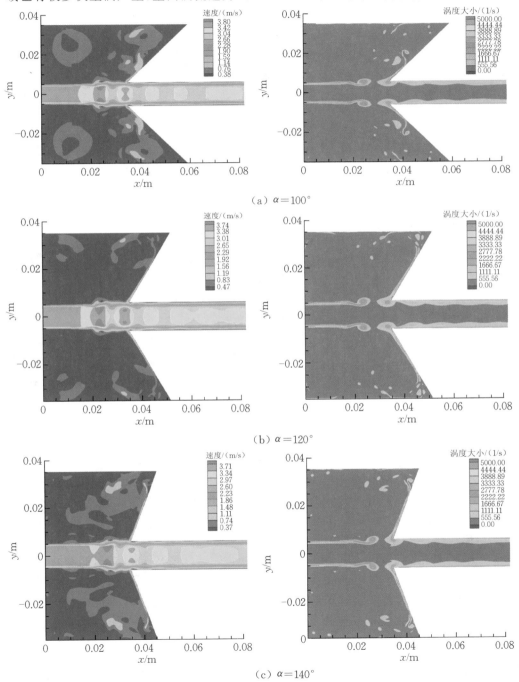

（a）$\alpha=100°$

（b）$\alpha=120°$

（c）$\alpha=140°$

图 6-5　不同 α 下的自激振荡换热管速度场及涡量场云图

　　腔室出入口直径比 $d_2/d_1=1.2$ 时,不同腔室长径比 L/D 下的腔室碰撞壁夹角 α 对努塞尔数 Nu 和阻力系数 f 的影响规律如图 6-6 所示。由图 6-6(a)可知,Nu 随着 α 的增加先增大后减小,原因是过大或者过小的腔室碰撞壁夹角均会导致自激振荡腔室离散涡的回流运动受到阻碍。由图 6-6(b)可知,f 随着 α 的增加逐渐减小,这是由于碰撞壁夹角增大会导致湍流强度降低,从而导致流动阻力减小。总之,较大的腔室碰撞壁夹角有利于流动,但不利于传热。

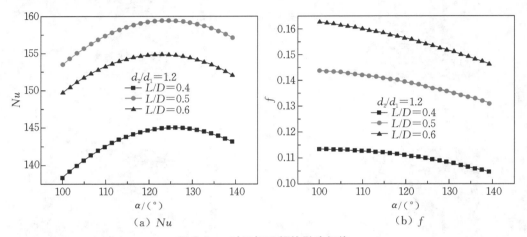

（a）Nu　　　　　　　　（b）f

图 6-6　α 对目标函数的影响规律

6.3.5　自激振荡腔室出入口直径比 d_2/d_1 的影响

　　当射流进入自激振荡腔室时,在腔室入口处形成一层不稳定的剪切层,剪切层将对射流中的不稳定扰动波进行选择性放大,从而导致离散涡的产生。离散涡随射流向下运动至碰撞壁发生碰撞后,部分随主流向下运动形成壁面涡。腔室出入口直径比对离散涡的碰撞效果有较大的影响,保持自激振荡腔室入口直径不变,通过调节出口直径控制 d_2/d_1 的值,当 d_2/d_1 过小时,出口直径过小导致离散涡发生碰撞时大部分沿壁面运动,只有少部分沿主流向下运动,壁面涡生成的数量过少;当 d_2/d_1 过大时,出口直径过大,下游管道不能形成良好的脉动流。因此,需要选择合适的 d_2/d_1 提高换热管的传热性能。

　　图 6-7 所示为不同 d_2/d_1 下的自激振荡换热管速度场及涡量场云图,随着 d_2/d_1 的增大,管内流体速度逐渐增大。当 $d_2/d_1=0.8$ 时,管内流体速度为 $0.46\sim3.70$ m/s,由于此时腔室出口直径较小,离散涡在发生碰撞时大部分沿碰撞壁壁面运动,只有少部分随主流运动至下游管道,因此下游管道壁面涡的生成数量较少;当 $d_2/d_1=1.2$ 时,流体速度为 $0.47\sim3.74$ m/s,此时离散涡碰撞效果好且腔室内次生涡的数量较少;当 $d_2/d_1=1.6$ 时,流体速度为 $0.49\sim4.92$ m/s,此时由于腔室出口直径较大,离散涡在发生碰撞时大部分直接流入下游管道生成大量壁面涡,只有少部

分沿碰撞壁运动至腔室入口剪切层处,诱发产生新的涡量扰动以及大量次生涡。

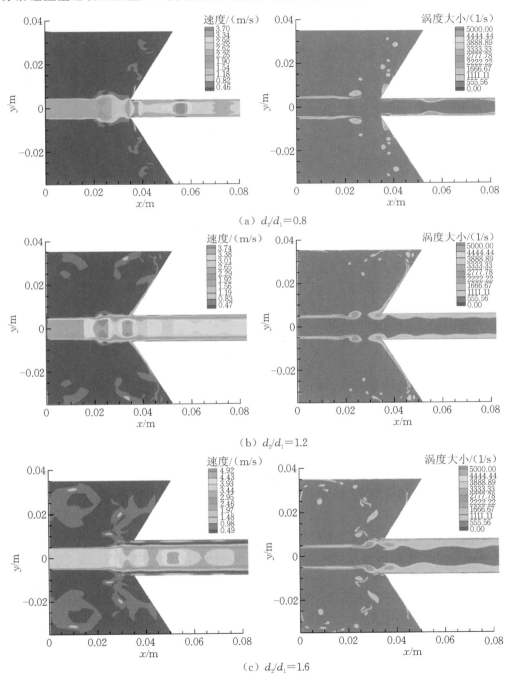

（a）$d_2/d_1 = 0.8$

（b）$d_2/d_1 = 1.2$

（c）$d_2/d_1 = 1.6$

图 6-7　不同 d_2/d_1 下的自激振荡换热管速度场及涡量场云图

当腔室碰撞壁夹角 $\alpha = 120°$ 时,不同腔室长径比 L/D 下的腔室出入口直径比 d_2/d_1 对努塞尔数 Nu 和阻力系数 f 的影响规律如图 6-8 所示。从图 6-8(a) 中可以看到,随着 d_2/d_1 的增加,Nu 逐渐增大,这是由于 d_2/d_1 的增加导致换热管下游壁面涡数量显著增加,从而导致壁面换热系数变大。从图 6-8(b) 中可以看到,随着 d_2/d_1 的增加,f 先减小后增大,较多的壁面涡使得湍流强度增大,从而导致流动阻力增加。总之,较大的 d_2/d_1 有利于传热,但不利于流动。

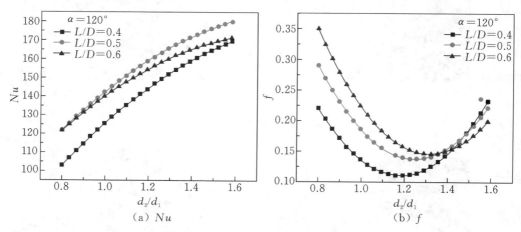

图 6-8　d_2/d_1 对目标函数的影响规律

6.3.6　自激振荡腔室长径比 L/D 的影响

保持自激振荡腔室直径不变,通过调节腔室长度控制 L/D。当 L/D 过小时,离散涡在向下游运动过程中未达到尺寸幅值便与碰撞壁发生碰撞,从而导致下游壁面涡强度低且脉动流性能差;当 L/D 过大时,腔室内部流动阻力变大,增加离散涡的运动行程,造成能量损耗,因此,需要选择合适的 L/D。

图 6-9 所示为不同 L/D 下的自激振荡换热管速度场及涡量场云图。如图 6-9(a) 所示,当 $L/D = 0.4$ 时,腔室脉动流速度为 $2.80 \sim 3.49$ m/s,此时由于腔室长度过小,离散涡的运动发展受到影响,脉动幅值较低,同时,腔室右上角区域产生大量次生涡,损耗了腔室内的能量;如图 6-9(b) 所示,当 $L/D = 0.5$ 时,腔室脉动流速度为 $3.01 \sim 3.74$ m/s,腔室右上角次生涡数量少,下游脉动效果较好,离散涡运动至碰撞壁分成两部分;如图 6-9(c) 所示,当 $L/D = 0.6$ 时,腔室脉动流速度为 $2.89 \sim 3.61$ m/s,由于此时腔室长度过大,离散涡在腔室内运动发展到尺寸幅值时脱落,运动一段距离后到达碰撞壁发生碰撞导致能量耗散。

当腔室出入口直径比 $d_2/d_1 = 1.2$ 时,不同腔室碰撞壁夹角 α 下的腔室长径比 L/D 对努塞尔数 Nu 和阻力系数 f 的影响规律如图 6-10 所示。从图 6-10(a) 中可

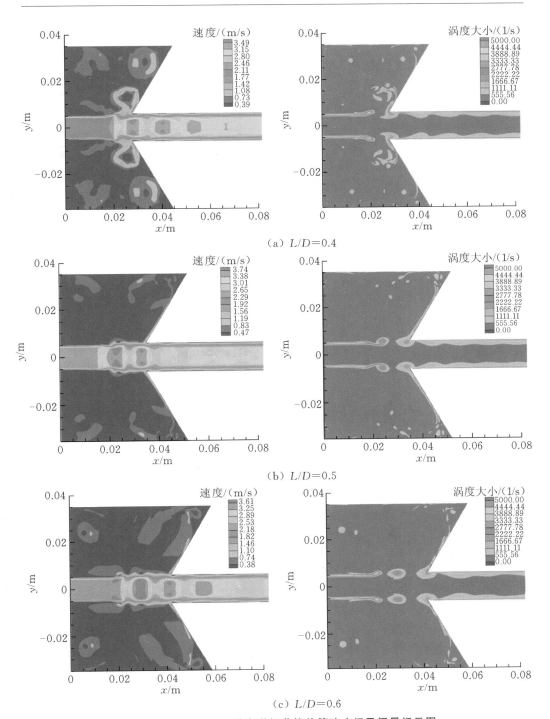

(a) $L/D=0.4$

(b) $L/D=0.5$

(c) $L/D=0.6$

图 6-9　不同 L/D 下的自激振荡换热管速度场及涡量场云图

以看到,随着 L/D 的增加,Nu 先增大后减小,这是由于过小和过大的 L/D 均会使离散涡无法达到尺寸幅值,导致 Nu 减小。从图 6-10(b)中可以看到,随着 L/D 的增加,f 逐渐增大。根据图 6-9 的分析结果,这是由于 L/D 增加会导致换热管沿程压力损失增加,从而导致阻力系数增大。总之,较小的 L/D 有利于流动,但不利于传热。

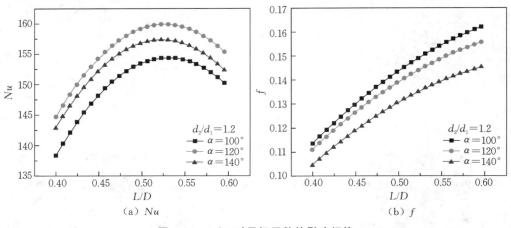

图 6-10　L/D 对目标函数的影响规律

6.4　自激振荡腔室结构的多目标优化方法

本节主要介绍了自激振荡换热管的多目标优化设计方法,并对其中涉及的关键方法,如中心复合设计、响应面法、NSGA-Ⅱ算法和 TOPSIS 决策法进行了详细的说明与解释。

6.4.1　多目标优化流程

多目标优化流程主要包含三个方面,图 6-11 所示为自激振荡换热管多目标优化流程图。首先通过中心复合设计(central composite design,CCD)和数值模拟获取样本点,然后通过响应面法建立设计变量与目标函数之间的近似模型,并使用方差分析和交叉验证确定模型是否满足要求。响应面法能够分析因素对目标函数的敏感性和因素之间的相互作用,为换热管的优化提供设计依据。换热管的评价标准包括最大化热传递和最小化压力损失,由于不是单一因素,因此需要利用多目标优化方法。最终采用 NSGA-Ⅱ算法来解决多目标优化问题,并对得到的 Pareto 前沿解进行 CFD 验证,通过 TOPSIS 决策法得到最优的折中解。

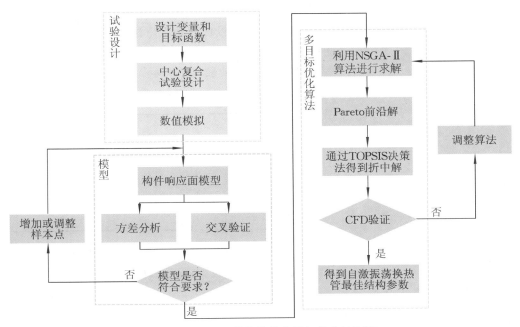

图 6-11　自激振荡换热管多目标优化流程图

6.4.2　中心复合设计

中心复合设计不仅能够保证试验的可旋转性和连贯性,还能通过合适的试验次数使中心复合设计趋于正交试验设计,从而更易得到最优点的位置。基于此,采用中心复合设计进行样本点的获取。

自激振荡换热管的结构参数包括腔室入口直径 d_1、腔室出口直径 d_2、腔室直径 D、腔室碰撞壁夹角 α 和腔室长度 L。腔室的大小由腔室直径 D 和腔室长度 L 确定,其中 D 固定不变,通过改变 L 控制腔室大小,腔室入口直径 d_1 固定以便作为其他参数的参考,选取无量纲结构参数 d_2/d_1、L/D、α 作为设计变量。三变量中心复合设计试验点分布如图 6-12 所示,图中表示的是三个变量的试验点,每条轴线表示一个设计变量,从图中可以看到有 8 个立方点、6 个轴向点、6 个中心点,总共 20 个试验点。

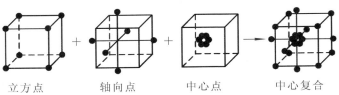

立方点　　　　轴向点　　　　中心点　　　　中心复合

图 6-12　三变量中心复合设计试验点分布

根据文献[8]，确定自激振荡腔室的初始无量纲结构参数为 $\alpha=120°, d_2/d_1=1.2, L/D=0.55$。在此基础上，通过数值模拟对设计变量上下边界进行探索，基于文献和数值模拟结果，确定设计变量的取值范围分别为 $\alpha\in[100°,140°], d_2/d_1\in[0.8,1.6], L/D\in[0.4,0.6]$，设计变量的水平及取值如表 6-7 所示。

表 6-7　设计变量的水平及取值

水平	设计变量		
	$\alpha/(°)$	d_2/d_1	L/D
-1	100	0.8	0.4
0	120	1.2	0.5
$+1$	140	1.6	0.6

多目标优化的目标函数为努塞尔数 Nu 和阻力系数 f，分别表征自激振荡换热管的传热和流阻，其中努塞尔数 Nu 的数学表达式如式(5.6)所示；表征流体流阻特性的 Darcy-Weisbach 系数 f 定义为

$$f=\frac{2\Delta p D_e}{\rho u^2 l} \tag{6.18}$$

式中：D_e——当量直径，m；

　　ρ——密度，kg/m³；

　　l——管道长度，m；

　　Δp——进出口压降，Pa；

　　u——进口速度，m/s。

这两个目标函数是相互冲突的，当一种性能提高时，另一种性能会下降。根据以上描述，多目标优化问题可以描述为

$$\begin{cases} \text{Maximize：} & Nu=f_1(\alpha,d_2/d_1,L/D) \\ \text{Minimize：} & f=f_2(\alpha,d_2/d_1,L/D) \\ & 100°\leqslant\alpha\leqslant140° \\ \text{Subject：} & 0.8\leqslant d_2/d_1\leqslant1.6 \\ & 0.4\leqslant L/D\leqslant0.6 \end{cases} \tag{6.19}$$

根据设计变量的个数和水平，通过数值计算得到目标函数值，建立中心复合设计表，如表 6-8 所示。

表 6-8　中心复合设计表

试验方案	设计变量			目标函数	
	$\alpha/(°)$	d_2/d_1	L/D	Nu	f
1	100	1.2	0.5	153.2383	0.1453

试验方案	设计变量			目标函数	
	$\alpha/(°)$	d_2/d_1	L/D	Nu	f
2	120	1.2	0.5	159.6587	0.1389
3	120	1.2	0.5	159.6587	0.1389
4	120	1.2	0.5	159.6587	0.1389
5	100	1.6	0.6	172.0324	0.1968
6	140	0.8	0.4	101.9133	0.1975
7	100	0.8	0.4	97.4386	0.2444
8	120	1.2	0.5	159.6587	0.1389
9	140	0.8	0.6	127.2755	0.3270
10	140	1.2	0.5	155.8229	0.1301
11	120	1.2	0.4	147.3851	0.1111
12	120	1.2	0.5	159.6587	0.1389
13	120	0.8	0.5	115.2176	0.2835
14	100	1.6	0.4	161.4052	0.2241
15	140	1.6	0.4	166.3808	0.2539
16	120	1.6	0.5	185.5969	0.2380
17	100	0.8	0.6	112.7606	0.3697
18	120	1.2	0.5	159.6587	0.1389
19	120	1.2	0.6	150.7745	0.1569
20	140	1.6	0.6	161.9810	0.2066

6.4.3　响应面法

为了寻找设计变量和目标函数之间的近似关系,通过响应面法构造目标函数和设计变量之间的近似数学模型。为了得到目标函数与设计变量之间的非线性函数关系,并且考虑线性项、平方项和相互作用项的影响,采用二阶多项式函数作为响应面模型,表述如下:

$$y = c_0 + \sum_{i=1}^{n} c_i x_i + \sum_{i=1}^{n} c_{ii} x_i^2 + \sum_{i<j}^{n} c_{ij} x_i x_j + \varepsilon \qquad (6.20)$$

式中:y——响应目标;

　　c_0——常数项;

c_i——模型的线性系数；

c_{ii}——模型的二次项系数；

c_{ij}——模型的交互项系数；

ε——近似值和真实值之间的残差。

6.4.4　NSGA-Ⅱ算法

NSGA-Ⅱ算法是 Deb 等人[9]在 2002 年提出的，由于其具有鲁棒性和准确描述 Pareto 前沿的能力，被广泛用于工业领域中热和流体流动的研究。其原理为：首先，随机生成初始种群，通过遗传算法的选择、交叉和变异操作，得到第一代子代种群；其次，从第二代开始，将子代种群与上一代的父代种群合并，对合并后的总体种群进行快速非支配排序操作，同时计算每个非支配层个体的拥挤距离，将非支配关系以及个体的拥挤度作为评判标准，选择优秀个体组成新的父代种群；最后，再次通过遗传算法的选择、交叉和变异操作生成下一代种群。当达到一定的进化代数或算法收敛时，整个优化过程结束。

NSGA-Ⅱ算法的特点在于：在快速非支配排序算法中引入精英策略使得最优秀的个体能够保存下来，拥挤度算法无须设定共享半径参数，可以改善同一支配层的种群多样性，基于非支配 Rank 值和拥挤度选择算子识别出一组有希望的非支配解并进行分析和选择[10]。这些特点使得 NSGA-Ⅱ算法既能实现 Pareto 前沿解集的收敛，又能提高算法的运行速度并保持解的多样性。

6.4.5　TOPSIS 决策法

在多目标优化问题中，从 Pareto 前沿中选择最优解对于工业应用是非常重要的，因此，采用 TOPSIS 决策法从 Pareto 前沿中选取折中解方案[11,12]。该方法的原理是折中解与正理想解之间的距离最短，而与负理想解之间的距离最长。TOPSIS 决策法的具体操作步骤如下。

创建一个具有 m 个解决方案和 n 个目标函数的决策矩阵：
$$\boldsymbol{X}=(x_{ij})_{m\times n},\quad i=1,2,\cdots,m;j=1,2,\cdots,n \tag{6.21}$$

规范化初始决策矩阵：
$$\tau_{ij}=\frac{x_{ij}}{\sqrt{\sum_{i=1}^{m}x_{ij}^2}} \tag{6.22}$$

设置一个加权因子 w_j 将上述规范化矩阵加权：
$$a_{ij}=w_j\times\tau_{ij} \tag{6.23}$$

设置正、负理想解 $\boldsymbol{A}^+$ 和 $\boldsymbol{A}^-$：
$$\boldsymbol{A}^+=(\max(a_{11},a_{21},\cdots,a_{m1}),\max(a_{12},a_{22},\cdots,a_{m2}),\cdots,\max(a_{1n},a_{2n},\cdots,a_{mn})) \tag{6.24}$$

$$A^- = (\min(a_{11}, a_{21}, \cdots, a_{m1}), \min(a_{12}, a_{22}, \cdots, a_{m2}), \cdots, \min(a_{1n}, a_{2n}, \cdots, a_{mn}))$$

$$(6.25)$$

计算所选方案到正、负理想解的距离：

$$d_i^+ = \sqrt{\sum_{j=1}^{n} (a_{ij} - A_j^+)^2} \tag{6.26}$$

$$d_i^- = \sqrt{\sum_{j=1}^{n} (a_{ij} - A_j^-)^2} \tag{6.27}$$

计算相对亲密度 c_i：

$$c_i = \frac{d_i^-}{d_i^+ + d_i^-} \tag{6.28}$$

对所有方案进行排名，最优折中解 A_{best} 为

$$A_{\text{best}} = \max(c_i) \tag{6.29}$$

6.5　自激振荡腔室结构的多目标优化结果

本节将基于响应面法（RSM）和 NSGA-Ⅱ 算法对自激振荡换热管进行多目标优化设计，以在传热性能和流阻性能之间寻求最佳的平衡。本节利用中心复合设计建立传热和流阻的响应面模型，采用 NSGA-Ⅱ 算法求解 Pareto 最优解集，最后运用 TOPSIS 决策法从 Pareto 最优解集中选取最优折中解，以实现自激振荡换热管的综合性能优化。

6.5.1　方差分析

回归模型中系数的准确性和显著性可以通过方差分析确定，进行方差分析之前，对样本点的正态分布和方差齐性进行检验，努塞尔数 Nu 和阻力系数 f 的残差图分别如图 6-13 和图 6-14 所示。Nu 和 f 的正态概率图大致为直线，说明所有样本点均服从正态分布[13]。此外，从残差拟合图中可以看出，Nu 和 f 的最大残差绝对值分别为 6.55 和 0.008，残差在零线附近大致形成一个水平带，说明误差项的方差相等。从观察序列图中可以看出，Nu 和 f 的残差在零线附近随机跳动，残差之间没有相关性，因此，回归模型满足方差分析的必要要求。

Nu 和 f 的方差分析结果分别如表 6-9 和表 6-10 所示，SS 表示各种因素的变化；Adj.SS 表示调整后的 SS；MS 是平方和与自由度的比值，Adj.MS 代表调整后的 MS；F 值是组间平均方差与组内平均方差的比值，F 值越大则说明影响越显著；P 值是衡量控制组与试验组差异大小的指标，通常来讲，P 值小于 0.05 表示两组之间存在显著性差异，P 值小于 0.01 表示两组之间的差异性极其显著；R^2 是决定系数，

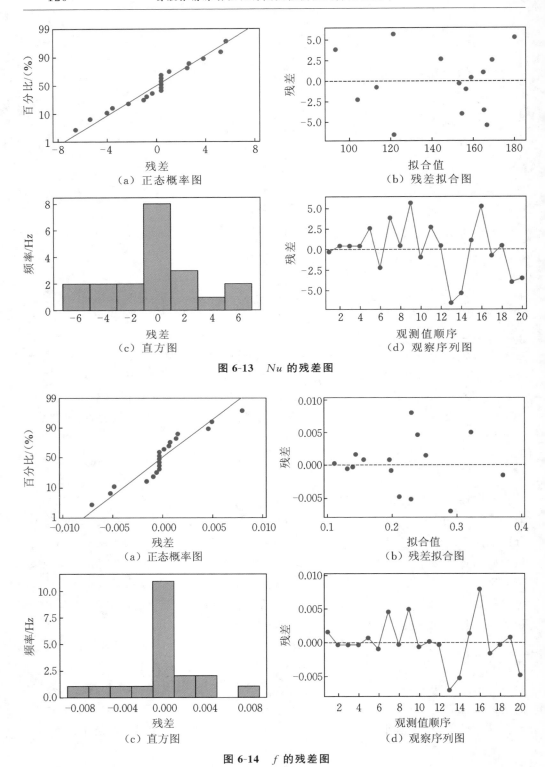

（a）正态概率图

（b）残差拟合图

（c）直方图

（d）观察序列图

图 6-13　Nu 的残差图

（a）正态概率图

（b）残差拟合图

（c）直方图

（d）观察序列图

图 6-14　f 的残差图

数值越大且越接近于 1,则表示拟合的模型精度越高,工程上一般要求 R^2 大于 0.9;R^2(调整)表示调整后的决定系数,R^2(预测)表示预测集的决定系数,关于方差分析的更多细节可以在文献[14]中找到。从表 6-9 和表 6-10 中可以看出,F 值分别为 60.90 和 496.21,说明 Nu 和 f 的二阶多项式模型非常重要。P 值小于0.05表示该模型项是重要的,其中 d_2/d_1、L/D、$(d_2/d_1) \times (L/D)$、$(d_2/d_1)^2$、$(L/D)^2$ 是 Nu 多项式模型的重要模型项,d_2/d_1、L/D、$\alpha \times (d_2/d_1)$、$(d_2/d_1) \times (L/D)$、$(d_2/d_1)^2$ 是 f 多项式模型的重要模型项,进一步,对 Nu 显著性水平的影响程度由低到高分别为交互项、平方项和线性项,而影响 f 的显著性水平由低到高分别为交互项、线性项和平方项,影响 Nu 和 f 的最重要因素都是 d_2/d_1。Nu 和 f 模型的 R^2 分别为 0.9821 和 0.9978,R^2(调整)分别为 0.9660 和 0.9958,均接近于 1,因此可以得出结论,即 Nu 和 f 的二阶多项式模型能充分表示设计变量与目标函数之间的关系。

表 6-9　Nu 的方差分析结果

来源	自由度	Adj.SS	Adj.MS	F 值	P 值
模型	9	10842.46	1204.72	60.90	0.0000
线性	3	1788.38	596.13	30.14	0.0000
α	1	68.80	68.80	3.48	0.0918
d_2/d_1	1	668.20	668.20	33.78	0.0002
L/D	1	323.93	323.93	16.38	0.0023
平方	3	1765.70	588.57	29.76	0.0000
α^2	1	45.25	45.25	2.29	0.1614
$(d_2/d_1)^2$	1	183.97	183.97	9.30	0.0123
$(L/D)^2$	1	248.56	248.56	12.57	0.0053
双因子交互作用	3	223.90	74.63	3.77	0.0479
$\alpha \times (d_2/d_1)$	1	72.38	72.38	3.66	0.0848
$(L/D)^2$	1	3.11	3.11	0.16	0.7001
$(d_2/d_1) \times (L/D)$	1	148.41	148.41	7.50	0.0209
误差	10	197.80	19.78	—	—
失拟	5	197.80	39.56	—	—
纯误差	5	0.00	0.00	—	—
合计	19	11040.26	—	—	—

注:$R^2 = 0.9821$,R^2(调整)$= 0.9660$,R^2(预测)$= 0.7511$。

表 6-10　f 的方差分析结果

来源	自由度	Adj.SS	Adj.MS	F 值	P 值
模型	9	0.098302	0.010922	496.21	0.0000
线性	3	0.021436	0.007145	324.61	0.0000
α	1	0.000008	0.000008	0.35	0.5677
d_2/d_1	1	0.020143	0.020143	915.12	0.0000
L/D	1	0.001098	0.001098	49.89	0.0000
平方	3	0.067923	0.022641	1028.59	0.0000
α^2	1	0.000011	0.000011	0.50	0.4938
$(d_2/d_1)^2$	1	0.040297	0.040297	1830.69	0.0000
$(L/D)^2$	1	0.000089	0.000089	4.05	0.0719
双因子交互作用	3	0.015677	0.005226	237.40	0.0000
$\alpha \times (d_2/d_1)$	1	0.002083	0.002083	94.63	0.0000
$\alpha \times (L/D)$	1	0.000032	0.000032	1.43	0.2587
$(d_2/d_1) \times (L/D)$	1	0.013562	0.013562	616.14	0.0000
误差	10	0.000220	0.000022	—	—
失拟	5	0.000220	0.000044	—	—
纯误差	5	0.000000	0.000000	—	—
合计	19	0.098522	—	—	—

注：$R^2 = 0.9978$，R^2（调整）$= 0.9958$，R^2（预测）$= 0.9710$。

　　Nu 和 f 的主效应图如图 6-15 所示，d_2/d_1 与 Nu 呈正线性相关，α 和 L/D 与 Nu 成非线性关系，随着 d_2/d_1 的增大，Nu 逐渐增大；而随着 α 和 L/D 的增大，Nu 呈现先增大后减小的趋势。α、d_2/d_1、L/D 与 f 呈非线性相关，随着它们的增加，f 先减小后增大。此外，当 d_2/d_1 在 -1 到 $+1$ 水平之间变化时，Nu 和 f 的变化范围最大，而当 L/D 和 α 在 -1 到 $+1$ 水平之间变化时，虽然 Nu 和 f 的变化范围大致相同，但前者的变化范围略大于后者。因此，影响 Nu 和 f 的因素主次顺序均为 d_2/d_1 $> L/D > \alpha$。

　　图 6-16 所示为相互作用项对 Nu 影响的二维等值线图，从图中可以看出，当 α 为 $100° \sim 140°$ 时，随着 d_2/d_1 的增大，Nu 始终逐渐增大；当 L/D 为 $0.4 \sim 0.6$ 时，随着 d_2/d_1 的增大，Nu 同样始终逐渐增大，因此 d_2/d_1 与 Nu 呈正线性相关。当 d_2/d_1 为 $0.8 \sim 1.2$ 时，Nu 随着 α 的增大而逐渐增大；当 d_2/d_1 为 $1.2 \sim 1.6$ 时，Nu 随着 α 的增大先增大后减小，因此 α 与 Nu 成非线性关系。类似地，L/D 与 Nu 则呈非

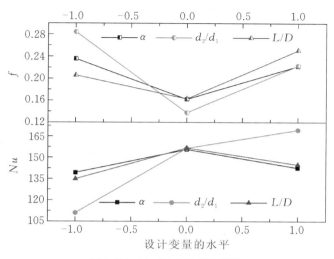

图 6-15　Nu 和 f 的主效应图

线性相关。在 d_2/d_1 达到最大值 1.6 和 $L/D = 0.45 \sim 0.55$、$\alpha = 110° \sim 130°$时，Nu 最大可达到 180。

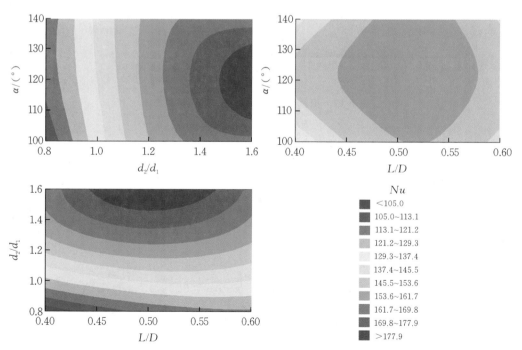

图 6-16　相互作用项与 Nu 的二维等值线图

图 6-17 所示为相互作用项对 f 影响的二维等值线图，从图中可以看出，α、d_2/d_1、L/D 与 f 均呈非线性相关，任意参数的变化都不会引起 f 的单调性变化。当 α 和 L/D 不变时，随着 d_2/d_1 的增大，f 呈现出先减小后增大的趋势，$d_2/d_1=$ 1.2～1.4时，f 具有最小值。

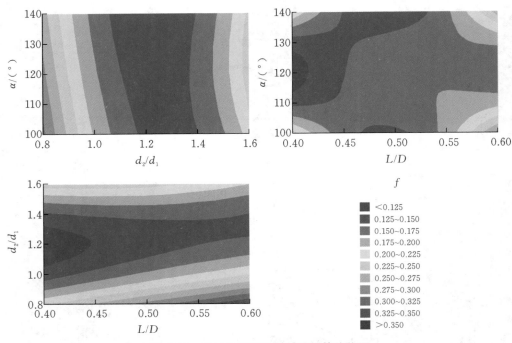

图 6-17　相互作用项与 f 的二维等值线图

6.5.2　回归模型建立

在使用 NSGA-Ⅱ算法生成 Pareto 前沿之前，通过响应面法得到 Nu 和 f 的二阶多项式模型的估计系数，并通过方差分析验证各模型项的显著性。Nu 和 f 的二阶多项式模型项系数是通过商业统计软件 MINITAB 19 得到的，并且以未编码的形式表示。Nu 和 f 的二阶多项式模型表示如下：

$$
\begin{aligned}
Nu =& -558.41372+3.12318\times\alpha+294.84985\times(d_2/d_1)\\
&+1167.59864\times(L/D)-0.376022\times\alpha\times(d_2/d_1)\\
&-0.311675\times\alpha\times(L/D)-107.6775\times(d_2/d_1)\\
&\times(L/D)-0.010140\times\alpha^2-51.12116\times(d_2/d_1)^2\\
&-950.68364\times(L/D)^2
\end{aligned} \tag{6.30}
$$

$$
\begin{aligned}
f = & 0.644178 - 0.001044 \times \alpha - 1.61884 \times (d_2/d_1) \\
& + 2.14985 \times (L/D) + 0.002017 \times \alpha \times (d_2/d_1) \\
& - 0.000993 \times \alpha \times (L/D) - 1.02934 \times (d_2/d_1) \\
& \times (L/D) - 0.00000502273 \times \alpha^2 + 0.756568 \\
& \times (d_2/d_1)^2 - 0.569409 \times (L/D)^2
\end{aligned}
\tag{6.31}
$$

Nu 和 f 的数值模拟值和预测值关系如图 6-18 所示,二阶响应面模型的预测值和数值模拟值基本吻合,两者之间具有较好的一致性。结合 6.5.1 节中方差分析的结论可以看出,对目标函数 Nu 和 f 所建立的二阶响应面模型具有较好的准确性。

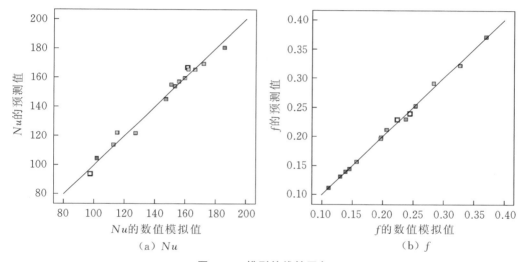

（a）Nu　　　　　　　　　　（b）f

图 6-18　模型的线性回归

此外,为了说明中心复合设计与响应面法相结合的优势,选择正交试验设计对回归模型进行交叉验证,在相同的设计变量和参数范围内,通过正交试验设计得到二阶多项式模型。中心复合设计与正交试验设计的模型精度对比如表 6-11 所示,可以看出,中心复合设计在 R^2 等指标上均优于正交试验设计,这说明在优化过程中,中心复合设计与响应面法结合有更好的表现。

表 6-11　两种设计方法的模型精度对比

名称	R^2		R^2（调整）		R^2（预测）	
	Nu	f	Nu	f	Nu	f
中心复合设计	0.9821	0.9978	0.9660	0.9958	0.7511	0.9710
正交试验设计	0.7435	0.8835	0.6152	0.8253	0.4089	0.6518

6.5.3　Pareto 前沿

采用 NSGA-Ⅱ算法解决多目标优化问题,该算法的参数设置如表 6-12 所示[15]。在 MATLAB R2019a 中运行 NSGA-Ⅱ算法的主程序得到 Nu 和 f 两个目标函数之间的 Pareto 前沿,每个前沿解均代表两个目标函数之间的权衡,需要注意的是, Pareto 前沿点均为最优点,这些点不被任意其他点支配,一个目标函数的有利变化必然会导致另一个目标函数的不利变化。为了从众多最优设计点中挑选出一个合适的设计点来满足实际工程应用的要求,采用 TOPSIS 决策法从 Pareto 前沿中选择折中解,如图 6-19 所示。图中 A 点表示 f 最小的点,此时流阻性能最优;B 点表示 Nu 最大的点,此时传热性能最优,TOPSIS 点代表折中解,折中解的 Nu 和 f 分别为 149.8528 和 0.1144,对应的自激振荡换热管无量纲结构参数组合为 $\alpha = 125.67°$、$d_2/d_1 = 1.2505$、$L/D = 0.4036$。

表 6-12　NSGA-Ⅱ算法参数

参数	数值
种群大小	30
进化代数	200
交叉概率	0.9
交叉分布指数	20.0
突变分布指数	20.0

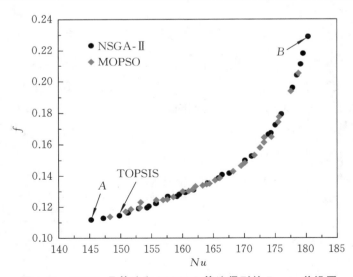

图 6-19　NSGA-Ⅱ算法和 MOPSO 算法得到的 Pareto 前沿图

　　为了说明 NSGA-Ⅱ算法的优越性,采用多目标粒子群优化(MOPSO)算法与 NSGA-Ⅱ算法进行比较,其中,MOPSO 算法的粒子规模和进化代数与 NSGA-Ⅱ算法设置一致,以确保得到的 Pareto 前沿解数量相同。图 6-19 显示了两个 Pareto 前沿的比较,可以看到,NSGA-Ⅱ算法得到的 Pareto 前沿与 MOPSO 算法得到的 Pareto 前沿几乎一致,这表明由两种算法得到的解都是非劣解,从而验证了这两种算法的有效性。然而,从图中可以看出,使用 NSGA-Ⅱ算法得到的 Pareto 前沿相比 MOPSO 算法分布更广,使用 NSGA-Ⅱ算法可为实际工程应用提供更多选择。另外,解 1(对应 A 点)和解 2(对应 B 点)的设计变量分别接近搜索区间的上下边界,表明在不降低精度的前提下 NSGA-Ⅱ算法具有更优越的全局搜索能力。

6.5.4　折中解

　　为了说明折中解的优越性,将目标函数的最优解与折中解进行比较,在图 6-19 中分别对应解 1 和解 2。折中解与解 1 进行比较,Nu 和 f 分别增大 3.14% 和 2.39%;同样地,与解 2 进行比较,Nu 和 f 分别减小 16.94% 和 50.00%,折中解能够以更小的压降获得更好的传热效果,因此,折中方案比其他方案具有更好的性能。此外,为了验证多目标优化方法的准确性,使用 CFD 模拟与 Pareto 前沿中三个点的目标函数值进行误差分析,将三组解的目标函数值与 CFD 计算结果进行对比,对比结果如表 6-13 所示。从表中可以看到,三组解的 Nu 和 f 最大相对误差分别为 5.74% 和 3.23%,平均误差分别为 4.24% 和 2.42%,说明这三种代表性解的预测值与 CFD 计算结果基本一致。可以得出结论,基于中心复合设计、响应面法、方差分析、NSGA-Ⅱ算法和 TOPSIS 决策法的多目标优化方法是有效的。

表 6-13　模拟值和算法值之间的比较

设计方案	A	TOPSIS	B
$\alpha/(°)$	121.74	125.67	119.06
d_2/d_1	1.1939	1.2505	1.6000
L/D	0.4040	0.4036	0.5039
算法求解结果			
Nu	145.2876	149.8528	180.4009
f	0.1117	0.1144	0.2288
数值模拟结果			
Nu	151.4854	154.2939	191.3917
f	0.1082	0.1120	0.2246
相对误差/(%)			
Nu	4.09	2.88	5.74
f	3.23	2.14	1.89

为直观了解自激振荡换热管强化传热的物理机制,需要通过 CFD 分析换热管内的速度场和温度场。图 6-20 显示了多目标优化得到的 Pareto 前沿中 A、TOPSIS 和 B 三种设计点下换热管的速度场和温度场。从图中可以看出,三种情况下管内的流体速度和近壁面处的温度梯度逐渐增大,流体速度增大有利于提高对流换热系数,但同时流体压降增大,阻力增加。此外,解 1 的下游管道中心主流区脉动团不明显,近壁面处流体做层流运动,且中心主流区流体温度基本不变,近壁面处有少量壁面涡生成,此时 Nu 和 f 均最小;折中解的中心主流区脉动团明显,流体温度在近壁处发生变化,生成大量高于中心主流区温度的壁面涡,此时 Nu 和 f 都为折中值;解 2 的中心主流区脉动团速度最大,此外,腔室内部流动情况最为紊乱,生成大量离散涡,此时 Nu 和 f 均最大。

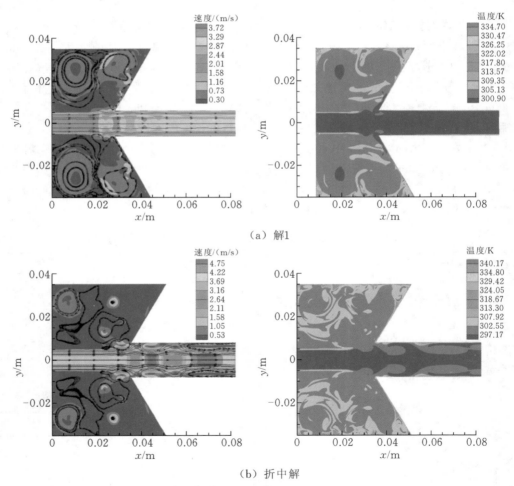

(a) 解1

(b) 折中解

图 6-20　不同方案下的自激振荡换热管速度场和温度场

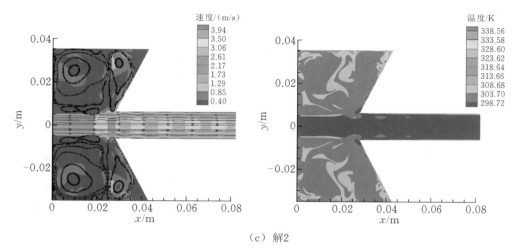

（c）解2

续图 6-20

通过分析得出,壁面涡破坏了热边界层,使壁面附近的流体能够更好地与中心主流混合,从而提高传热性能,但是过多壁面涡会导致阻力变大。此外,三种方案的 d_2/d_1 值相差较大,当离散涡向碰撞壁移动时,如果 d_2 过大,大部分离散涡将向下游移动,只有少部分沿碰撞壁向上游移动,如果 d_2 过小,大部分离散涡将沿碰撞壁向上游移动。因此,d_2/d_1 的取值对壁面涡的产生有较大影响,进而改变传热与流阻性能。折中解可以平衡传热和流阻的关系,使得自激振荡换热管在低压降情况下获得最佳的传热效果。

优化前后换热管结构参数及性能比较如表 6-14 所示,与原始设计方案相比,折中解方案的 Nu 提高 1.54%,f 降低 27.37%,传热和流阻性能均得到了提升。其中,折中解方案极大降低了 f,根据之前的分析,这是因为 L/D 的减小导致 f 降低。将得到的多目标最优折中解和正交试验矩阵分析得到的最优解进行比较,正交试验最优解的目标函数值分别为 148.9101 和 0.1144,可以看到,折中解的 Nu 较正交试验最优解的 Nu 大,折中解的 f 较正交试验最优解的 f 小,传热和流阻性能均优于正交试验最优解,原因是正交试验最优解的设计变量是根据自身设计水平得到的,无法保证其为整个设计空间的最优解,而多目标最优折中解是通过算法对整个设计空间的全局寻优。因此,通过响应面法和 NSGA-II 算法得到的多目标最优折中解比正交试验最优解更具科学性和合理性。

表 6-14 优化前后换热管结构参数及性能比较

方案	$\alpha/(°)$	d_2/d_1	L/D	Nu	f
原始设计	120	1.2	0.55	151.9497	0.1542
折中解	125.67	1.2505	0.4036	154.2939	0.1120

如图 6-21 所示,对优化前后自激振荡换热管的速度场进行定性对比,进一步突出优化效果。原始换热管的等效直径为 22.79 mm,而优化模型的等效直径为 20.89 mm,优化模型的等效直径较原始换热管的等效直径减小 8.34%。由图可知,优化后的换热管速度增大,等效直径的减小和流速的增大对 f 的影响较大,f 降低。

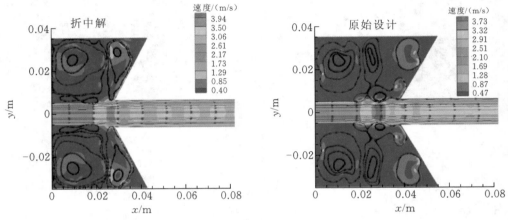

图 6-21　优化前后的自激振荡换热管速度场对比

6.6　本 章 小 结

本章基于正交试验设计方法,分析了自激振荡换热管中传热和流阻性能影响因素的主次顺序,分析了不同腔室碰撞壁夹角 α、腔室出入口直径比 d_2/d_1 和腔室长径比 L/D 下的速度场及涡量场云图,以及无量纲结构参数对努塞尔数 Nu 和阻力系数 f 的影响。对自激振荡换热管的无量纲结构参数进行多目标优化设计以改善传热性能,其中,设计变量为腔室碰撞壁夹角 α、腔室出入口直径比 d_2/d_1 和腔室长径比 L/D,目标函数为努塞尔数 Nu 和阻力系数 f。采用中心复合设计和 LES 方法得到样本点数据库,通过响应面法构建目标函数的二阶响应面模型,并对模型进行了方差分析和交叉验证,结合 NSGA-Ⅱ算法和 TOPSIS 决策法得到折中解,并对优化结果进行数值模拟分析与验证,主要结论如下。

(1)自激振荡换热管的正交试验设计结果表明,影响自激振荡换热管传热和流阻性能的因素主次顺序均为:腔室出入口直径比 d_2/d_1>腔室长径比 L/D>腔室碰撞壁夹角 α。随着 α 的增大,自激振荡换热管的综合传热性能先减弱后增强再减弱;随着 d_2/d_1 的增大,换热管综合传热性能先增强后减弱;随着 L/D 的增大,换热管综合传热性能先减弱后增强。传热和流阻性能综合最优时的无量纲结构参数组合为:$\alpha=130°$、$d_2/d_1=1.2$、$L/D=0.4$。

（2）本章分析了自激振荡换热管无量纲结构参数对其传热和流阻性能的影响。研究结果表明,随着 α 的增加,努塞尔数呈现先增大后减小的趋势,这是因为过大或过小的 α 均会导致离散涡的回流运动受到阻碍;随着 α 的增加,阻力系数先减小后增大。随着 d_2/d_1 的增加,努塞尔数逐渐增大,这是因为 d_2/d_1 的增加导致换热管下游壁面涡增加;随着 d_2/d_1 的增加,阻力系数呈现先减小后增大的趋势,这是因为较少的壁面涡导致换热管壁面边界层的破坏不足,而较多的壁面涡会增加湍流强度。随着 L/D 的增加,努塞尔数呈现先增大后减小的趋势,这是因为 L/D 过小或过大会导致离散涡在周期性运动时无法达到尺寸幅值;随着 L/D 的增加,阻力系数先减小后增大。

（3）自激振荡换热管 Nu 和 f 的方差和主效应分析结果表明,影响 Nu 和 f 的因素主次顺序均为 $d_2/d_1 > L/D > \alpha$,该研究结果与正交试验设计结果一致,充分说明自激振荡换热管因素主次顺序的可靠性。相互作用项的二维等值线图表明,d_2/d_1 与努塞尔数呈正线性相关,α 和 L/D 与努塞尔数则呈非线性相关;α、d_2/d_1 和 L/D 与阻力系数呈非线性相关。努塞尔数和阻力系数的响应面模型的 R^2 分别为 0.9821 和 0.9978,表明二阶响应面模型能够较好地表示自激振荡换热管目标函数与设计变量之间的数学关系,正交试验设计交叉验证结果表明,中心复合设计建立的模型具有更好的性能。

（4）由自激振荡换热管多目标优化设计的结果可知,折中解的努塞尔数和阻力系数分别为 154.2939 和 0.1120,对应的结构参数分别为 $\alpha = 125.67°$、$d_2/d_1 = 1.2505$ 和 $L/D = 0.4036$。与原始设计方案相比,折中解方案的努塞尔数提高 1.54%,阻力系数降低 27.37%,传热和流阻性能均得到了提升。此外,折中解的传热和流阻性能均好于正交试验最优解,通过响应面法和 NSGA-Ⅱ 算法得到的多目标最优折中解比正交试验最优解更具科学性和合理性。

参考文献

[1] LIU H L,LIU M M,BAI Y,et al.Effects of mesh style and grid convergence on numerical simulation accuracy of centrifugal pump[J].Journal of Central South University,2015,22(1):368-376.

[2] ZHANG F B,WANG S.Numerical analysis for jet impingement and heat transfer law of self-excited pulsed nozzle[J].ISIJ International,2020,60(11):2485-2492.

[3] ZHANG L T,LUO S M,ZHANG Y P,et al.Large eddy simulation on turbulent heat transfer in reactor vessel lower head corium pools[J].Annals of Nuclear Energy,2018,111:293-302.

[4] DAVLETSHIN I A,MIKHEEV N I,PAERELIY A A,et al.Convective heat transfer in the channel entrance with a square leading edge under forced flow pulsations[J].International Journal of Heat and Mass Transfer,2019,129:74-85.

[5] YUAN H M,WANG Z H,HU G Q,et al.Self-excited counterflow disturbance and heat

transfer characteristics of Al_2O_3-water nanofluids[J]. Journal of Thermophysics and Heat Transfer,2022,36(2):358-367.

[6] 高传昌,黄丹,马建娇,等.喷嘴几何参数对自激吸气脉冲射流性能影响的正交试验[J].排灌机械工程学报,2016,34(6):525-531.

[7] 赵凤文,胡建华,曾平平,等.基于正交试验的碱基-磷石膏胶结充填体配比优化[J].中国有色金属学报,2021,31(4):1096-1105.

[8] 高全杰,王永龙,汪朝晖.脉动剪切层涡流运动下换热特性研究[J].机械科学与技术,2019,38(5):691-697.

[9] DEB K,PRATAP A,AGARWAL S,et al. A fast and elitist multiobjective genetic algorithm: NSGA-Ⅱ[J].IEEE Transactions on Evolutionary Computation,2002,6(2):182-197.

[10] BORA T C,MARIANI V C,DOS SANTOS COELHO L.Multi-objective optimization of the environmental-economic dispatch with reinforcement learning based on non-dominated sorting genetic algorithm[J].Applied Thermal Engineering,2019,146:688-700.

[11] ARSHAD M H,ABIDO M A,SALEM A,et al. Weighting factors optimization of model predictive torque control of induction motor using NSGA-Ⅱ with TOPSIS decision making [J].IEEE Access,2019,7:177595-177606.

[12] RICHTER DO NASCIMENTO C A,MARIANI V C,DOS SANTOS COELHO L.Integrative numerical modeling and thermodynamic optimal design of counter-flow plate-fin heat exchanger applying neural networks[J].International Journal of Heat and Mass Transfer, 2020,159:120097.

[13] SHIRVAN K M,MIRZAKHANLARI S,KALOGIROU S A,et al. Heat transfer and sensitivity analysis in a double pipe heat exchanger filled with porous medium[J].International Journal of Thermal Sciences,2017,121:124-137.

[14] LEVY H,LEVY M.Prospect theory and mean-variance analysis[J].The Review of Financial Studies,2004,17(4):1015-1041.

[15] WU Z X,WANG X Y,SHA L,et al.Performance analysis and multi-objective optimization of the high-temperature cascade heat pump system[J].Energy,2021,223:120097.

第7章 基于交叉参考线方法的多目标进化算法

7.1 引　　言

多目标优化涉及同时优化多个相互冲突目标函数的问题,多目标优化问题的求解面临多方面的困难,如目标函数的非线性、非凸、非光滑等性质,目标函数之间的冲突和竞争;最优解集的无穷性、高维性和复杂形状等特点以及决策者的偏好和需求不同等因素。为了克服这些困难,许多基于启发式搜索的算法被提出,其中以进化算法为代表,进化算法利用种群和启发式搜索优势,适于解决多目标优化问题。多目标进化算法(multi-objective evolutionary algorithm,MOEA)是在进化算法的框架下,结合多目标优化的特点而设计的一类专门用于求解多目标优化问题的算法。

多目标进化算法的核心是如何平衡解集的收敛性和多样性,即如何使解集既能够靠近 Pareto 最优前沿,又能够在 Pareto 最优前沿上均匀分布。目前,已经有许多多目标进化算法被提出,并在实际问题中得到了好的效果,但这些算法也存在一定的局限性,例如,对某些复杂形状 Pareto 最优前沿的适应性不强,对某些具有欺骗性目标函数的搜索能力不足,对决策变量和目标函数数量的扩展性不佳等。

本章在分析 PBI(penalty-based boundary intersection)参考线方法的基础上,发现了 Pareto 不相容问题。为有效解决 Pareto 不相容问题,本章提出了一种基于交叉参考线方法的多目标进化算法,简称 MOEA-CRL,设计了新的参考线方法和评估指标。最后本章对所提算法进行了深入研究,探索了主导惩罚距离权重系数的敏感性以及该算法在不同类型 Pareto 前沿(PF)多目标问题下的性能。

7.2　基于参考线的多目标进化算法

多目标进化算法在处理多目标优化问题时有两个主要任务:①推动种群向 Pareto 前沿移动,保证收敛压力;②提高种群的多样性,确保个体均匀遍布 Pareto 前沿。现有进化算法在一般多目标优化问题上可以取得较为理想的结果,但面对复杂多目标优化问题时收敛性较弱,导致现有进化算法很难得到较为理想的结果。为了改善这种情况,增强多目标优化算法多样性的方法被提出,主要用于以下几类主要的 MOEA 中。

第一类是基于 Pareto 优势理论的 MOEA,这种 MOEA 以支配关系作为选择下一代种群的标准,优先选择非支配个体。由于支配关系本身并不能保证目标空间中多样性个体的保存,因此,为了获得目标空间的多样性,拥挤度、小生境等维护多样性的辅助策略被提出。在 NSGA-Ⅱ 中,通过拥挤距离分类机制来保持种群多样性[1],这种拥挤策略已经被拓展为多种策略[2]。Zitzler 等人[3] 提出了 SPEA(strength Pareto evolutionary algorithm)以及改进后的 SPEA2,利用外部文档保留非支配解,当非支配解集的尺寸超过外部文档的预定容量时,执行外部文档截断过程以维持外部文档种群的多样性。Corne 等人[4] 提出了 PESA-Ⅱ(Pareto envelope-based selection algorithm Ⅱ),基于区域选择策略提高种群多样性。Horn 等人[5] 提出了 NPGA(niched Pareto genetic algorithm),利用动态小生境更新策略来保持种群的多样性。还有研究人员[6,7] 基于细胞和动态种群策略来维持种群的多样性。

第二类是基于分解概念的 MOEA,文献[8] 提出的 MOEA/D 是基于分解概念的代表算法。在 MOEA/D 中,每个候选解都与子问题相关联,并且每个子问题都通过使用其领域的信息进行优化。基于分解概念的 MOEA 一般利用权重分布的均匀性增强多样性,这种 MOEA 有两种主要形式:一种是将初始多目标优化问题分解为一系列单目标优化(SOP)问题,另一种是把目标空间划分为多个子空间,将初始多目标优化问题转化为多个简化的多目标优化子问题。第一种形式包括 MOGLS、CMOGA、MSOPS-Ⅱ、MOEA/D 和 RVEA 等算法,第二种形式包括 MOEA/D-M2M、IM-MOEA、NSGA-Ⅲ 和 SPEA/R 等算法。分解方法包括加权和法、切比雪夫法以及边界交叉法。算法的种群多样性由权重分布均匀性保证,但采用均匀分布的权重策略时,某些特殊形式的 Pareto 前沿会导致该策略失效。因此,一些自适应调整权重以改善目标空间种群多样性的方法被提出[9]。此外,在 NSGA-Ⅲ[10] 中也采用了自适应权重方法来增强多样性。

第三类是基于指标的 MOEA,该算法将收敛性和多样性整合到单一指标中,通过该指标来指导选择过程。Sun 等人[11] 基于最低点估计法提出了优势比较方法,通过秩值和接近距离分配以及选择机制共同增强了基于反转世代距离(inverted generational distance,IGD)指标的进化算法的多样性。Liu 等人[12] 提出了一种比较算法,增强了基于 IGD 指标的进化算法的多样性。比较算法不受个体比较顺序的影响,使具有良好多样性的解更受重视。Li 等人[13] 采用自适应参考线方法,以成就标量函数(achievement scalarizing function,ASF)作为次要选择依据,有效地增强了种群的多样性。

本节将基于分解概念的 MOEA 中使用的参考向量、参考线、参考方向等方法统一称为参考线方法,这些方法在过去几年里被广泛应用于提高算法的多样性。最早,MOEA/D 使用一组预定义的参考线来维持种群多样性,用沿参考线的距离 d_1 和距参考线的垂直距离 d_2 来评估候选解,通过候选解距参考线的垂直距离 d_2 和候选

解沿参考线的距离 d_1 的加权来计算惩罚距离（PD）。与 NSGA-Ⅱ 相比，NSGA-Ⅲ 的主要优势是通过参考线提高了多样性。参考线是通过将原点连接到参考点的方式生成的，通过计算每个候选解与参考线的垂直距离，标记候选解具有最小垂直距离的参考点，然后将解分配给一组均匀分布的参考线。由于这些参考线是均匀分布的，因此被选择的候选解均匀地分布在可行搜索空间中。例如，Jiang 等人[14] 通过将 SPEA 结合一组预定义的参考线，提出了 SPEA/R，其将可行搜索空间划分为多个子空间，并且在每个子区域中候选解会被预定义的参考线吸引，从而将候选解引导到预定义的搜索方向，基于参考线方法，SPEA/R 实现了种群多样性的提升，并且提高了计算效率。

但是大多数基于参考线的算法鲁棒性较差，不足以同时解决具有凸、凹、退化或不连续 PF 的高维多目标优化问题。为了应对各种不规则 PF 的挑战，需要参考线能够自适应更新。近年来，许多学者开发了参考线的自适应更新方法作为辅助策略，Cheng 等人[15] 提出了一种自适应参考线策略，根据目标函数的尺度动态调整参考点的分布，从而调整参考线的分布，采用自适应更新方法调整参考线，以处理未归一化或者 PF 几何结构高度不对称的目标函数。

由于参考线一般通过参考点和理想点构建，诸多学者采用参考点的更新来实现参考线的自适应更新。Dai 等人[16] 基于参考点更新策略提出参考线的自适应更新方法，用于消除与 PF 不相交参考点的影响。一种利用拐点和参考线自适应策略的混合多目标优化算法——KnRVEA 被提出[17]，为了提升搜索能力，KnRVEA 基于参考线的自适应更新方法来均匀分布参考点，并通过参考点更新使参考线能够自适应更新。Zou 等人[18] 提出了一种基于超平面学习策略的参考线自适应更新策略，以处理具有凹或凸 PF 的多目标优化问题，这个策略基于每一代的邻居解来调整参考点的相对位置。

7.3　基于理想点的 PBI 参考线方法

本节主要介绍了基于参考线的多目标进化算法的原理和特点，分析了基于理想点的 PBI 参考线方法存在的 Pareto 不相容问题，即当 PF 非凸时，PBI 参考线方法会忽略一些非支配解，导致 PF 的不完整。

7.3.1　基于理想点的参考线方法

与基于参考点的 MOEA 相比，现有的参考线方法具有一定先进性，尤其在处理凸 PF 的多目标问题时，参考线方法可以有效维护靠近坐标轴候选解的多样性。图 7-1 给出了两个例子，即二维凹面 PF 的多目标问题和凸面 PF 的多目标问题。这两个示例包含的五个候选解位于凸 PF 和凹 PF 上，其中最靠近三个参考点的三个候选解被视为贡献解。如果存在某候选解最接近一个参考点并且该参考点也与该候选解的距离最近,则该候选解被定义为该参考点的贡献解。值得注意的是,如图 7-1 (b)所示,靠近坐标轴的两个极端解不能被确定为贡献解,并且贡献解集分布于可行搜索空间的中间区域。可见,基于参考点的 MOEA 对于凸 PF 多目标问题候选解的评估具有一定的局限性。

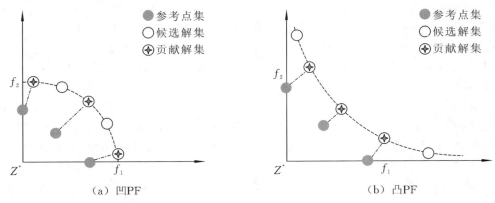

（a）凹 PF　　　　　　　　　　　　　　（b）凸 PF

图 7-1　凹 PF 和凸 PF 的最小化二维多目标优化示例

为了克服评估局限,基于参考点的方法发展为各种参考线方法。通过将候选解与参考线的距离代替评估指标中候选解与参考点的距离,参考线方法可以使靠近坐标轴的候选解被公平地评估为贡献解。如图 7-2 所示,参考线是基于理想点 Z^* 与每个参考点分别生成的。候选解 p 到参考线的距离可以表示为

$$\text{dis} = \| \boldsymbol{F}(p) \| \sin(\overrightarrow{Z^* r}, \boldsymbol{F}(p)) \tag{7.1}$$

式中:$\| \boldsymbol{F}(p) \|$——候选解到理想点的欧氏距离;

　　　$\boldsymbol{F}(p)$——候选解到理想点的向量;

　　　$\overrightarrow{Z^* r}$——理想点到参考点的向量。

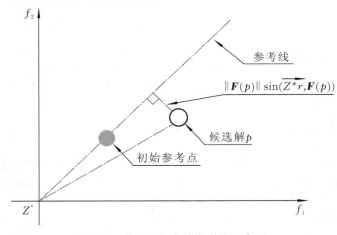

图 7-2　基于理想点的参考线示意图

7.3.2　PBI 聚合函数

采用聚合函数整体评估候选解的优劣,PBI 是基于边界相交方法的一种聚合函数,旨在发现 PF 与一组线之间的相交点。研究表明,具有适当惩罚参数的 PBI 聚合函数可以生成更统一的候选解集,但是,PBI 的性能取决于收敛性和多样性之间平衡惩罚参数的设置。

PBI 函数 g^{pbi} 的聚合优化公式为[19]

$$\text{Minimize } g^{pbi}(\boldsymbol{x}\,|\,\boldsymbol{\lambda}) = d_1 + \theta d_2 \tag{7.2}$$

其中:

$$d_1 = \frac{\|(\boldsymbol{f}(\boldsymbol{x}) - \boldsymbol{z})^{\mathrm{T}}\boldsymbol{\lambda}\|}{\|\boldsymbol{\lambda}\|} \tag{7.3}$$

$$d_2 = \left\| \boldsymbol{f}(\boldsymbol{x}) - \left(\boldsymbol{z} - d_1 \frac{\boldsymbol{\lambda}}{\|\boldsymbol{\lambda}\|}\right) \right\| \tag{7.4}$$

PBI 参考线方法通过获得的理想点 z 作为准则来分解目标空间,θ 是 PBI 的参数,其范围是 $\theta \geqslant 0$。图 7-3 显示了在二维目标空间中权重向量 $\boldsymbol{\lambda} = (0.5, 0.5)$ 解 x 的 d_1 和 d_2 问题。在 PBI 方法中,首先具有较小 d_1 的候选解被认为是接近 PF 的更优候选解,另外,考虑距权重向量 $\boldsymbol{\lambda}$ 的距离 d_2。最后,通过将 d_2 乘以 θ 的值与 d_1 相加来计算 g^{pbi},具有较小 d_1 和 d_2 的候选解被认为是更优的候选解,g^{pbi} 中 d_1 和 d_2 之间的平衡由参数 θ 控制。

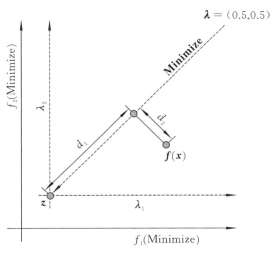

图 7-3　PBI 方法示意图

7.3.3　Pareto 不相容问题的提出

PBI 聚合函数的参考线方法通过增大参数 θ 值以使 d_2 的影响远大于 d_1 的影响,

可以有效地改善凸 PF 时坐标轴附近候选解的多样性。这种方法不仅维持了渐近区域内候选解的多样性,并且可以快速获得最小 g^{pbi} 指标的候选解 p。然而,仅采用基于理想点的参考线方法会导致 Pareto 不相容问题。图 7-4 展示了一个实例,用于说明 Pareto 不相容问题。

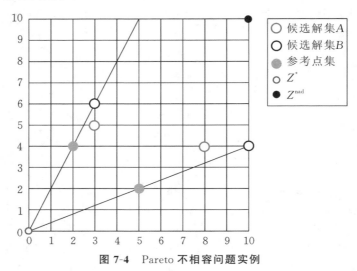

图 7-4　Pareto 不相容问题实例

　　由图 7-4 可知,该简单实例为两目标最小化问题,其中参考点集为 $\{(2,4),(5,2)\}$,候选解集 $A=\{(3,5),(8,4)\}$,候选解集 $B=\{(3,6),(10,4)\}$。候选解集 $B=\{(3,6),(10,4)\}$ 到参考线的距离 d_2 最小,因此,候选解集 B 是最佳的。然而,根据 Pareto 优势理论,候选解集 A 中的 $(3,5)$ 支配候选解集 B 中的 $(3,6)$,候选解集 A 中的 $(8,4)$ 支配候选解集 B 中的 $(10,4)$,因此,候选解集 A 优于候选解集 B。因此,PBI 聚合函数指标可能导致解集优劣的判断与 Pareto 优势理论相悖。

7.3.4　最低点与理想点的互补性

　　聚合函数中参考点的设置对 MOEA/D 性能起关键作用,实际上不同类型的参考点可能会对 MOEA/D 的探索行为产生不同的影响。大多数 MOEA/D 的改进是采用理想点作为参考点,如文献[20]所述,当多样性易于维持时,仅采用基于理想点的方法将是有效的,并且仅采用理想点更有助于推进候选解逼近 PF。在文献[21]中,MOEA/D 中采用了理想点和沿凸 PF 均匀分布的参考点集,确保良好的种群多样性。文献[19]提出了反向 PBI 函数,利用最低点求解反向 PBI 最大化聚合函数值,提高了 MOEA/D 的搜索性能。Wang 等人[22]研究了理想点和最低点对算法性能的影响差异,并表明二者之间可以互补。

　　Wang 等人[22]提出在 Tchebycheff 函数中使用理想点 Z^* 和最低点 Z^{nad} 对 PF 上最优解的分布有重要影响。特别是,在使用理想点 Z^* 作为参考点的情况下,凸 PF

和凹 PF 子问题的最优解分别如图 7-5(a)和(b)所示,凸 PF 中心部分的最优解密度
远大于凹 PF 的最优解密度,而在 PF 边界附近却相反。与使用理想点 Z^* 相比,如果
将最低点 Z^{nad} 作为参考点,则这些 PF 上最优解的分布方向相反,分别如图 7-5(c)和
(d)所示。由于使用理想点 Z^* 和最低点 Z^{nad} 得出的最终种群分布是互补的,因此,
同时使用它们作为参考点可以改善算法性能,使解集近似于凸 PF 和凹 PF。另外,
如果不将最低点 Z^{nad} 用作参考点,则在不易于维持多样性的情况下,优化结果可能面
临更大的多样性风险。

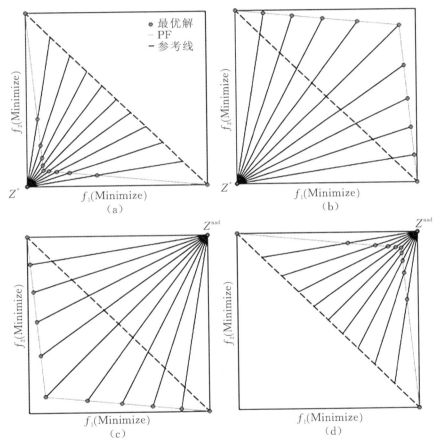

图 7-5　使用理想点 Z^* 和最低点 Z^{nad} 时 PF 上的最优解分布

7.4　交叉参考线方法的提出

本节提出了一种基于交叉参考线的方法,它综合了理想点和最低点的优势,同

时规避了它们的缺陷,实现了更好的收敛性和多样性。本节研究了最低点与理想点的互补性,并基于此提出了交叉参考线方法及其评估指标。

7.4.1　交叉参考线方法

交叉参考线是由理想点参考线和最低点参考线逐一匹配而构成的,如图 7-6 所示,基于最低点和每个参考点构建最低点参考线,同时,基于理想点和每个参考点构建理想点参考线。每个参考点所对应的理想点参考线和最低点参考线相交于该参考点,并在可行搜索区域形成一个夹角区域。由于交叉参考线方法被采用,随着每一代的计算,候选解倾向于向夹角区域迁移,该区域被称为吸引区域。值得注意的是,如果定义一条参考线为理想点和最低点的连线,它将具有绝对优势并且打破候选评估的公平,惩罚线上的候选解与理想点参考线和最低点参考线的距离均为零。为了解决这个问题,将理想点与最低点的连线定义为交叉参考线的惩罚线,对落于该连线的候选解增加一定的惩罚附加值。

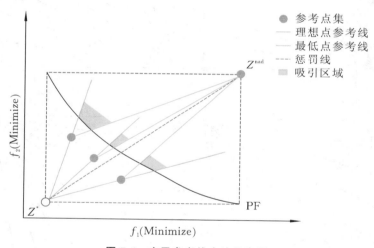

图 7-6　交叉参考线方法示意图

7.4.2　基于参考线方法的 DPD 评估指标

交叉参考线方法的主导惩罚距离(DPD)评估指标基于候选解到理想点参考线的距离 d_* 和候选解到最低点参考线的距离 d_{nad} 构建,其中,候选解到理想点参考线的距离 d_* 和候选解到最低点参考线的距离 d_{nad} 的计算公式分别如下:

$$d_* = \|\boldsymbol{F}(p)\|^* \sin(\overrightarrow{Z^* r}, \boldsymbol{F}(p)) \tag{7.5}$$

$$d_{\text{nad}} = \|\boldsymbol{F}(p)\|^* \sin(\overrightarrow{Z^{\text{nad}} r}, \boldsymbol{F}(p)) \tag{7.6}$$

式中:$\|\boldsymbol{F}(p)\|^*$——理想点或参考点到候选解 p 的欧氏距离;

$\overrightarrow{Z^* r}$——理想点到参考点的向量;

$\overrightarrow{Z^{nad}r}$——最低点到参考点的向量；

$\boldsymbol{F}(p)$——理想点或最低点到候选解 p 的向量。

基于交叉参考线方法,DPD 指标定义为理想点参考线距离 d_* 和加权最低点参考线距离 d_{nad} 的最大值。权重系数 λ 用于验证有效性,确保有效增强多样性并提高 MOEA-CRL 的性能。非支配候选解 p 的交叉参考线 DPD 指标计算公式如下：

$$\text{DPD}_p = \max(d_*, \lambda d_{nad}) \tag{7.7}$$

这里以权重系数 $\lambda=1$ 为例,DPD 指标处理不同类型 PF 问题的情形如图 7-7 所示。依据式(7.7),$\lambda=1$ 的分界线和最低点参考线的垂线之间夹角区域以 d_* 主导,$\lambda=1$ 的分界线和理想点参考线的垂线之间夹角区域以 d_{nad} 主导。

本节提出的 DPD 指标的基本思想是通过最低点和理想点相结合,利用以参考点为交点的交叉参考线作为评估参照。该方法既能有效地改善凸 PF 时坐标轴附近候选解的多样性,又能够确保 Pareto 优势理论下的收敛性。图 7-8 所示为交叉参考线的 DPD 指标评估方法示意图,这个方法可以看作交叉参考线和候选解的距离计算与 Pareto 优势理论的结合。

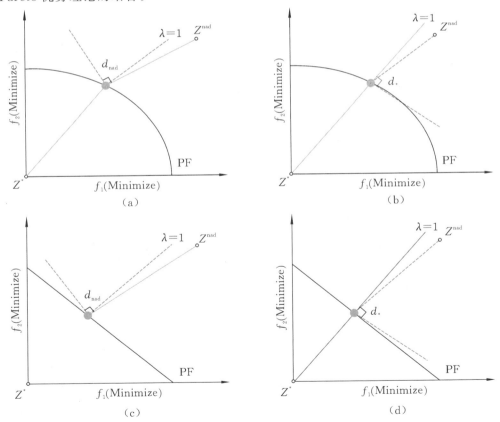

图 7-7 $\lambda=1$ 时不同 PF 下的交叉参考线 DPD 指标

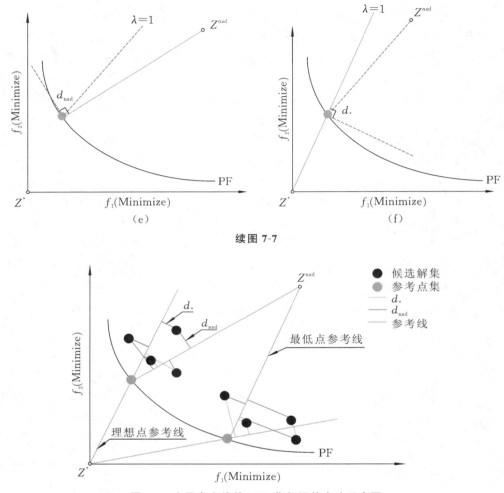

续图 7-7

图 7-8　交叉参考线的 DPD 指标评估方法示意图

7.4.3　交叉参考线方法的收敛性和多样性

交叉参考线方法能够使 MOEA 应对各种类型的 PF 问题时,保证良好的收敛性和多样性。以权重系数 $\lambda=1$ 为例,图 7-9 展示了凹 PF、凸 PF 和线性 PF 的两目标优化问题的单个参考点实例。如果存在某候选解对应一参考点具有最小的 DPD 值,并且该参考点对应的所有候选解中该候选解 DPD 值也最小,则将该候选解称为该参考点的贡献解。针对单个参考点来说,依据 DPD 评估指标,将从所有候选解中选出唯一的贡献解。随着迭代搜索的进行,该参考点的贡献解会倾向于靠近 $\lambda=1$ 的分界线,即该贡献解倾向于落在既靠近最低点参考线又靠近理想点参考线的位置。

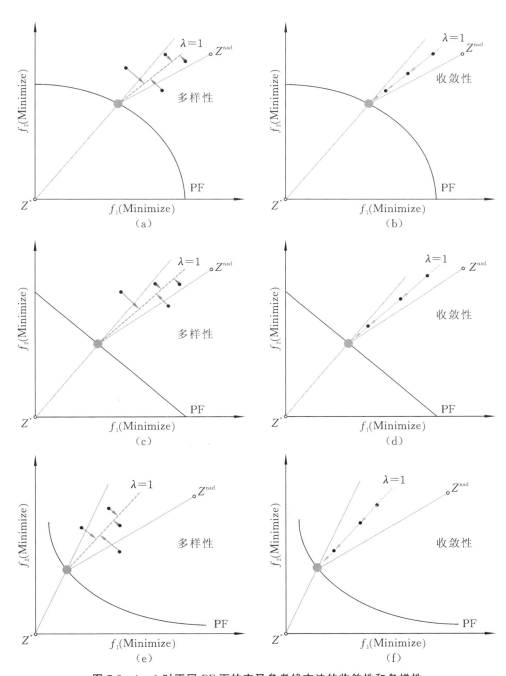

图 7-9 λ＝1 时不同 PF 下的交叉参考线方法的收敛性和多样性

以权重系数 $\lambda=1$ 为例,图 7-10 展示了凹 PF、凸 PF 和线性 PF 的两目标优化问题的实例。参考点集中的每个参考点与最低点和理想点相匹配,使得可行搜索区域被划分为多个子区域。依据 DPD 评估指标和均匀分布的参考点集,每个子区域只能有一个贡献解,从而保证了交叉参考线方法的多样性和均匀性。另外,DPD 评估指标要求贡献解能够同时接近最低点参考线和理想点参考线,保证交叉参考线方法的收敛压力。

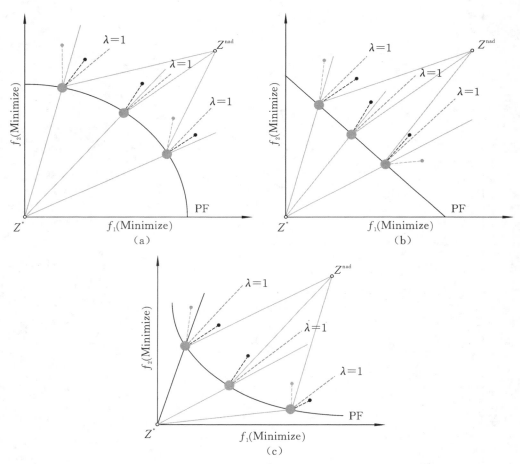

图 7-10 $\lambda=1$ 时不同 PF 下的交叉参考线方法的最小化二维多目标优化实例图

交叉参考线方法是对参考线方法的改进,继承理想点参考线在收敛方面的优点,并添加最低点参考线以增强多样性。理想点参考线与最低点参考线结合在一起,将目标空间划分为多个子空间,并且在每个子空间中仅保留一个收敛性最佳的候选解,确保 Pareto 解集的均匀分布。

7.4.4　规避 Pareto 不相容问题

如图 7-11 所示,以权重系数 $\lambda=1$ 为例,其他参数与图 7-4 相同。候选解(3,6)到理想点参考线的距离 d_* 小于到最低点参考线的距离 d_{nad},所以(3,6)的 DPD 指标以 d_{nad} 主导;候选解(3,5)到理想点参考线的距离 d_* 大于到最低点参考线的距离 d_{nad},所以(3,5)的 DPD 指标以 d_* 主导,可以计算出候选解(3,6)的 DPD 值大于候选解(3,5)的 DPD 值,所以候选解集 A 中的(3,5)是最佳的。同理,可以比较候选解(8,4)和候选解(10,4)。综上可以看出,候选解集 A 优于候选解集 B。依据优势理论,候选解集 A 中的(3,5)支配候选解集 B 中的(3,6),候选解集 A 中的(8,4)支配候选解集 B 中的(10,4),因此,候选解集 A 优于候选解集 B。因此,DPD 评估指标对候选解集优劣的判断与 Pareto 优势理论相同。

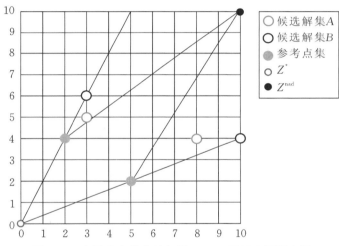

图 7-11　交叉参考线方法规避 Pareto 不相容问题实例

由于 DPD 指标由理想点参考线与最低点参考线共同决定,每一代的候选解会受到更严格地评估,因此不存在 Pareto 不相容现象。交叉参考线方法不仅解决了参考线方法所导致的 Pareto 不相容问题,而且可以快速获得非支配候选解 p。

7.5　基于交叉参考线方法的多目标进化算法

本节主要介绍基于交叉参考线方法的多目标进化算法——MOEA-CRL 的总体框架,给出了 MOEA-CRL 的算法流程图,说明该算法的主要步骤和关键操作。同时,详细描述了交叉参考线的自适应更新策略,分析了其对算法性能的影响,并确定了最佳的权重系数 λ。

7.5.1　MOEA-CRL 的总体框架

MOEA-CRL 的框架与现有的基于指标的 MOEA 类似，如算法 7.1 所示，分为两个步骤，其中，第一个步骤为初始化阶段，第二个步骤为循环寻优阶段。

算法 7.1：MOEA-CRL 的总体框架

输入：N（种群规模），N_R（参考点数量），M（目标数量）

输出：P（最终种群）

1：$P \leftarrow$ Ramdom Initialize(N,M)；

2：$R \leftarrow$ Uniform Reference Point(N_R,M)；

3：$A \leftarrow P$；

4：$[Z^*,Z^{nad}] \leftarrow A$；

5：$R' \leftarrow R$；

6：**while** termination condition not fulfilled

7：　$P' \leftarrow$ Mating Selection(P,R',Z^*,Z^{nad})；

8：　$O \leftarrow$ Variation(P',N)；

9：　$[A,R',Z^*,Z^{nad}] \leftarrow$ Update RefLines($A \bigcup O,R,Z^*,Z^{nad}$)；

10：　$P \leftarrow$ Environment Selection($P \bigcup O,R',N,M,Z^*,Z^{nad}$)；

11：**end**

12：**return** P；

初始化部分为算法提供准备，在初始化阶段，依据提前设定的初始参数生成随机初始化种群，其中初始参数包括目标数量 M、变量个数 D、种群规模 N、最大进化代数等；然后，初始化种群进行非支配排序，得到的非支配解构成初始外部文档 A；最后，基于初始外部文档 A 构建单位超平面，并且对单位超平面上的点进行均匀采样以生成初始参考点，确保初始参考点的均匀分布。

优化部分是算法的核心，首先，依据锦标赛选择策略建立交配池，利用 DPD 作为评估指标，计算每代候选解 p 的适应度 fitness_p，对交配池中的个体进行选择。其中，适应度 fitness_p 可以表示为

$$\text{fitness}_p = \text{DPD}(\{p\}/P,R') \tag{7.8}$$

式中：R'——更新的参考点集；

　　　p——候选解个体；

　　　P——种群总人口。

算法 7.2 详细描述了交配池的建立以及 DPD 评估指标的个体选择过程，该过程分为两个步骤，第一步计算所有个体的适应度值，第二步进行个体选择。在第一步中，对每个个体进行归一化处理，并分别计算每个个体的适应度值。在第二步中，采用锦标赛选择策略进行个体选择，即任意选取两个个体进行比较，适应度值较大的

个体将被选取并保留下来。因此,最终得到个体总数为 $N/2$ 的交配池,经过变异操作后得到个体总数为 N 的新种群 O。

算法 7.2:交配池选择

输入:P(种群),R'(更新的参考点集),Z^*(理想点),Z^{nad}(最低点),M(目标数量)

输出:P'(交配池中的父代种群)

1: **for** $i=1$ to M **do**

2:　$f_i(p) \leftarrow f_i(p) - \min_{q \in P} f_i(q), \forall\, p \in P$;

3: **end**

4: the fitness of each candidate solution is calculated;

5: $P' \leftarrow \varphi$;

6: **for** $i=1$ to $|P|$ **do**

7:　Two candidate solutions p and q are selected randomly from P;

8:　**if** fitness$_p$ > fitness$_q$ **then**

9:　　$P' \leftarrow P' \cup \{p\}$;

10:　**else**

11:　　$P' \leftarrow P' \cup \{q\}$;

12:　**end if**

13: **end for**

14: **return** P';

7.5.2　交叉参考线的自适应更新

交叉参考线的自适应更新是优化部分的关键步骤,如算法 7.3 所示,该算法总共包含六个操作:①删除原外部文档的重复解和支配解;②更新理想点和最低点;③归一化处理外部文档 A 和初始参考点集 R 并计算 DPD 指标;④寻找贡献解集和有效参考点;⑤更新外部文档 A;⑥更新交叉参考线的参考点集 R',交叉参考线随之更新。

算法 7.3:交叉参考线的自适应更新

输入:R(原参考点集),A(原外部文档),Z^*(理想点),Z^{nad}(最低点)

输出:R'(更新的参考点集),A'(新外部文档),$Z^{*\prime}$(更新的理想点),$Z^{nad\prime}$(更新的最低点)

1: Duplicate candidate solutions are deleted in A;

2: Dominated candidate solutions are deleted in A;

3: **for** $i=1$ to M **do**

4: **if** $\min_{p \in A} f_i(p) < Z^*$

5:     $Z^{*\prime} \leftarrow \min_{p \in A} f_i(p)$;

6: **else**

7:     $Z^{*\prime} \leftarrow Z^*$;

8: **end if**

9: **if** $\max_{p \in A} f_i(p) > Z^{\mathrm{nad}}$ **then**

10:     $Z^{\mathrm{nad}\prime} \leftarrow \max_{p \in A} f_i(p)$;

11:     **else**

12:     $Z^{\mathrm{nad}\prime} \leftarrow Z^{\mathrm{nad}}$;

13:     **end if**

14:     $f_{1i}(p) \leftarrow f_i(p) - Z^*$, $\forall p \in A \cup P$;

15:     $f_{2i}(p) \leftarrow f_i(p) - Z^{\mathrm{nad}}$, $\forall p \in A \cup P$;

16:     $R_i \leftarrow R_i^* (Z^{\mathrm{nad}\prime} - Z^{*\prime})$;

17:     $\mathrm{DPD}(f(p), R_i) \leftarrow \max(\mathrm{Caldis}(f_i(p), R_{i,}), \lambda^* \mathrm{Caldis}(f_i(p), R_i))$;

18: **end for**

19: $A^{\mathrm{con}} \leftarrow \{p \in A \mid \exists r \in R : \mathrm{DPD}(f(p), r) = \min_{q \in A} \mathrm{DPD}(f(p), r)\}$;

20: $A' \leftarrow A^{\mathrm{con}}$;

21: **while** $|A'| < \min(|R|, |A|)$ **do**

22:     $p \leftarrow \mathrm{argmax}_{p_1 \in A \backslash A'} \min_{p_2 \in A'} \arccos(f(p_1), f(p_2))$

23:     $A' \leftarrow A' \cup \{p\}$;

24: **end**

25: $R^{\mathrm{valid}} \leftarrow \{r \in R \mid \exists r \in A^{\mathrm{con}} : \mathrm{DPD}(f(p), r) = \min_{r' \in R} \mathrm{DPD}(f(p), r')\}$;

26: $R' \leftarrow R^{\mathrm{valid}}$;

27: **while** $|R'| < \min(|R|, |A|)$ **do**

28:     $p \leftarrow \mathrm{argmax}_{p \in A' \backslash R'} \min_{r \in R'} \arccos(f(p), r)$;

29:     $p' \leftarrow \mathrm{projection}(p, \mathrm{hyperplane})$;

30:     $R' \leftarrow R' \cup \{f(p')\}$;

31: **end**

32: **return** A', R', Z^* and Z^{nad};

在算法 7.3 的第二步中,理想点和最低点的更新取决于每一代外部文档 A 的变化,该操作为不同目标函数的数据归一化和 DPD 指标计算提供支持。算法 7.3 的第三步,通过计算 $Z^{\text{nad}} - Z^*$ 将外部文档 A 和参考点集 R 全部归一化到相同的区间 $\prod_{i=1}^{M} [0, z_i^{\text{nad}} - z_i^*]$,以消除不同目标函数之间因量纲不同而导致的影响,方便进行比较和共同处理。其中,DPD 指标的计算所依据的参考线距离计算如算法 7.4 所示,具体计算公式如式(7.7)所示。算法 7.3 的第四步,通过确定距参考点最近的候选解且该参考点也是候选解的最近参考点,贡献解将被逐一计算,最终得出贡献解集。

算法 7.4：参考线距离

输入：P(种群),R(参考点集)

输出：Distance(候选解的参考线距离)

1：$/*O$ 表示种群 P 的坐标原点$/$

2：**for** $i = 1$ to $|N|$ **do**

3：　**for** $j = 1$ to $|R|$ **do**

4：　　Distance$(i, j) \leftarrow \| \boldsymbol{F}(p_i) \| \sin(\overrightarrow{O\,r_j}, \boldsymbol{F}(p_i))$;

5：　**end for**

6：**end for**

7：**return** Distance;

算法 7.3 的第五步和第六步是交叉参考线自适应更新的重点,交叉参考线的自适应更新基于原始参考点集 R 和新外部文档 A'。首先,基于各个原始参考点计算所有贡献解 DPD 指标的最小值,通过最小 DPD 指标和有效参考点定义得到有效参考点集 R^{valid}。其中,有效参考点必须同时满足:①候选解到该交叉参考线的 DPD 指标最小;②该交叉参考线到这个候选解的 DPD 指标也最小。随后,将有效参考点集 R^{valid} 复制到参考线交叉点集 R' 中。最后,R' 剩余部分由新外部文档 A' 中的候选解进行补充,直到满足 $|R'| = \min(|R|, |A'|)$ 为止。补充策略是计算 $\min_{r \in R'} \arccos(f(p), r)$ 的最大值,R' 剩余部分即这些最大值所对应的 A' 中的候选解。

图 7-12 具体展示了外部文档 A 和参考点的更新过程。首先,如图 7-12(a)所示,通过计算候选解的 DPD 指标,得出四个候选解均满足贡献解的条件,因此将这四个候选解标记为贡献解。其次,四个贡献解和另外两个非支配解被复制到新外部文档 A' 中,如图 7-12(b)所示。然后,满足有效参考点条件的四个参考点被复制到有效参考点集 R^{valid} 中,如图 7-12(c)所示。最后,将外部文档 A' 中两个候选解的投影点和四个有效参考点复制到 R' 中,如图 7-12(d)所示。其中,候选解的选取方法是以理想点 Z^* 为角的顶点,计算最大角度 $\arg\max_{p \in A \setminus A'} \min_{q \in A'} \arccos(f(p), f(q))$,图中两个候选解即每次计算最大角度所对应的候选解 p。因此,更新的交叉参考线的参考点集 R' 中的参考点不仅能够保证自身的均布性,而且能够反映出 Pareto 前沿的几何形状。

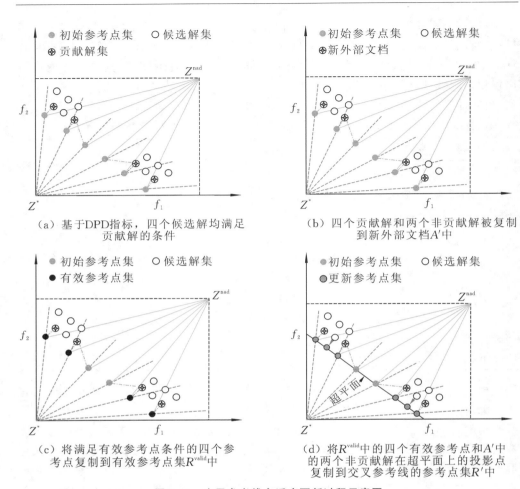

（a）基于DPD指标，四个候选解均满足
贡献解的条件

（b）四个贡献解和两个非贡献解被复制
到新外部文档A'中

（c）将满足有效参考点条件的四个参
考点复制到有效参考点集R^{valid}中

（d）将R^{valid}中的四个有效参考点和A'中
的两个非贡献解在超平面上的投影点
复制到交叉参考线的参考点集R'中

图 7-12   交叉参考线自适应更新过程示意图

7.5.3   基于 DPD 指标的环境选择

基于 DPD 指标的环境选择过程如算法 7.5 所示，与大多数 MOEA 相似，MOEA-CRL 采用精英策略对每一代进行环境选择。值得注意的是，在进行归一化和非支配排序之后，满足达到 N 的最小第 k 代个体需要被选择作为下一代的补充，并且 DPD 评估指标被用于该选择过程。

虽然，大多数基于分解的进化算法的选择过程也由一组参考点来引导，但是MOEA-CRL 中交叉参考线的作用与之不同。在 MOEA-CRL 中，交叉参考线为了实现 DPD 指标的计算而评估候选解，在基于分解的 MOEA 中，每个候选解并不直接与一个固定的参考点相关联。由于候选解与参考点之间没有固定的绑定关系，因此 MOEA-CRL 的种群大小可以与参考点数不相等，不一定与 Das 和 Dennis 的系统方法提出的要求相同。无论具体人口规模如何,MOEA-CRL 始终能够获得一组均匀分布的候选解,为种群大小设置提供了更好的灵活性。

算法 7.5:环境选择

输入:P(种群),R'(更新的参考点集),N(种群规模),M(目标数量),Z^*(理想点),Z^{nad}(最低点)

输出:Q(下代种群)

1: **for** $i=1$ to M **do**

2:　$f_i(p) \leftarrow f_i(p) - \min_{q \in A} f_i(q), \forall\, p \in P$;

3: **end**

4: Front $\leftarrow$ Non-dominated Sort(P);

5: $k \leftarrow$ Satisfied$_{min}$ $| \bigcup_{i=1}^{k} \text{Front}_i | \geqslant N$;

6: $Q \leftarrow \bigcup_{i=1}^{k-1} \text{Front}_i$;

7: **while** $|\text{Front}_k| > N - |Q|$

8:　$p \leftarrow \text{argmax}_p \in \text{Front}_k \, \text{DPD}(\text{Front}_k \backslash \{p\}, R')$;

9: Front$_k \leftarrow$ Front$_k \backslash \{p\}$;

10: **end**

11: $Q \leftarrow Q \bigcup \text{Front}_k$;

12: **return** Q;

7.6　试验结果与分析

在本节中,首先对提出的 MOEA-CRL 进行主导惩罚距离权重系数的敏感度分析,评估交叉参考线方法的有效性,确定最佳权重系数 λ。然后,将提出的 MOEA-CRL 与四个常用 MOEA 进行比较,即 MOEA/D、NSGA-Ⅲ、RVEA 和 KnRVEA[23]。最后,对所提出的 MOEA-CRL 种群规模进行敏感度分析。

7.6.1　MOEA-CRL 的主导惩罚距离权重系数敏感度分析

在试验中,本节总共提出 19 个问题,这些测试问题均来自 3 个广泛使用的测试套件,包括 DTLZ1~DTLZ7[24],WFG1~WFG9[25],MaF3、MaF11 和 MaF15。其中,DTLZ1~DTLZ7 和 WFG1~WFG9 是可扩展目标数量的问题,用于测试算法在多目标问题和高维多目标问题上的性能,MaF3、MaF11 和 MaF15 具有高度不规则的凸面 PF,用于测试算法在高度不规则凸面 PF 上的性能。

在本章提出的 MOEA-CRL 中,主导惩罚距离权重系数 λ 的选择会显著影响算法性能,理想点参考线和最低点参考线的最大值被作为 DPD 指标。理想点决定了算法的收敛性,而最低点参考线的添加不仅解决了 Pareto 不相容问题,也提升了多样性。权重系数 λ 通过控制候选解与最低点参考线惩罚距离的权重,影响算法对收敛性以及种群多样性的评估,因此权重系数 λ 是决定算法性能的一个重要因素,选择适当的 λ 可以平衡收敛性和多样性,有利于增强本章所提算法的性能。

在本节中,为了研究权重系数 λ 对 MOEA-CRL 性能的影响,采用不同的 λ 值进行性能比较,在试验中,λ 分别设为 $1 \times e^{-6}$、0.25、0.5、0.75、1、2.5、5、7.5。根据 PF 特征选择"线性""凸面"和"凹面"三目标问题,本节相应采用 DTLZ1、DTLZ2 和 MaF3 三个测试问题在三目标情况下进行测试,另外,MOEA-CRL 的其他参数设置与 7.6.2 节中相同。图 7-13 中展示了三目标问题的 8 个 λ 值的 DPD 值的箱体图。

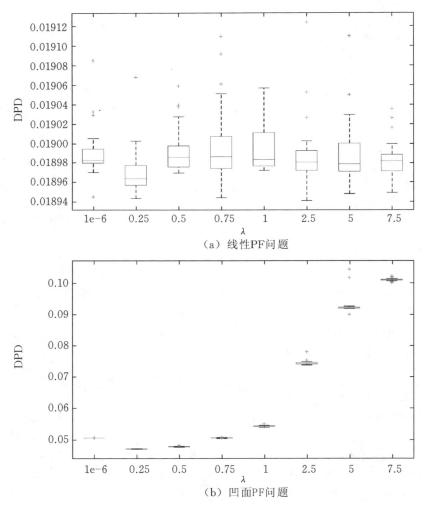

（a）线性PF问题

（b）凹面PF问题

图 7-13　DPD 权重系数 λ 的敏感性测试

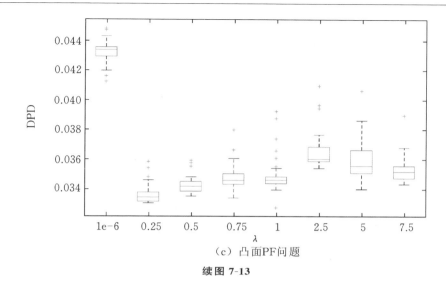

（c）凸面PF问题

续图 7-13

从图 7-13 中可以看出，权重系数 $\lambda = 1 \times e^{-6}$ 时的 DPD 平均值较 $\lambda = 0.25$ 时的大。结果表明，在特定权重系数 λ 的情况下，最低点参考线的补充可以增加收敛压力，提高 MOEA-CRL 的收敛性。从图 7-13（a）中可以看出，随着权重系数 λ 的变化，DPD 的平均值没有显著变化。可以发现，当处理线性 PF 问题时，权重系数 λ 几乎没有影响。如图 7-13（b）所示，DPD 的平均值变化明显，当权重系数 $\lambda > 0.25$ 时，DPD的平均值随着 λ 的增加而增加，特别值得注意的是，当 $\lambda > 1$ 时，DPD 的平均值急剧增加，表明权重系数 λ 过大，导致总体收敛压力减小，因此，当解决凹面 PF 问题时，MOEA-CRL 的收敛性显著降低。如图 7-13（c）所示，权重系数 $\lambda = 1 \times e^{-6}$ 的 DPD 平均值大于其他 λ 下 DPD 的平均值。这表明在处理凸面 PF 问题时，最低点参考线的补充能够增强收敛的效果，进一步证明了在交叉参考线方法中补充最低点参考线作为评估策略是有效的。此外，从图 7-13（c）中可以看出，与其他情况相比，MOEA-CRL 在权重系数 $\lambda = 0.25$ 时的收敛性最佳。因此，在本节的工作中，权重系数 λ 设定为 0.25。

7.6.2　试验设置

为了与现有的先进算法进行比较，本节采用一般性参数设置，详情如表 7-1所示。

表 7-1　不同目标数量的参考点数量设置

目标数量 M	参数(p_1, p_2)	参考点数量/总人口数 N
3	13,0	105
5	6,0	210

续表

目标数量 M	参数 (p_1, p_2)	参考点数量/总人口数 N
10	3,2	275

（1）参考点的设置——MOEA/D、NSGA-Ⅲ 和 RVEA 参考点的生成采用 Das 等人[26]提出的双层法。表 7-1 列出了各个目标数量的测试试验中算法设定的参考点数量，其中 p_1 和 p_2 分别代表边界层和内部层每个目标的划分数量。为了公平比较，MOEA-CRL 也采用与表 7-2 中列出的相同预设参考点，且所有 MOEA 的种群规模均与参考点数量相同。

表 7-2　各测试问题的目标数量、决策变量数量设置

测试函数	M	D	PF
标准 PF			
DTLZ1	3,5,10	$M-1+5$	线性
DTLZ3	3,5,10	$M-1+10$	凹
DTLZ2,DTLZ4	3,5,10	$M-1+10$	凹
WFG4～WFG9	3,5,10	$M-1+10$	凹
非标准 PF			
DTLZ5,DTLZ6	3,5,10	$M-1+10$	退化
DTLZ7	3,5,10	$M-1+20$	不连续
WFG1	3,5,10	$M-1+10$	尖尾
WFG2	3,5,10	$M-1+10$	不连续
WFG3	3,5,10	$M-1+10$	退化
MaF3	3,5,10	$M-1+10$	凸
MaF11	3,5,10	$M-1+10$	凸,不连续
MaF15	3,5,10	$20M$	凸,大规模

（2）竞争算法的相关参数设置——在 MOEA/D 中，领域范围 T 设置为种群规模的 1/10，算法采用的聚合函数为 Tchebycheff 方法。RVEA 的惩罚参数 α 设为 2，并且参考点自适应频率 f_r 设置为 0.1，KnRVEA 的预设参数 T 为 0.5，NSGA-Ⅲ 没有额外的参数。

（3）遗传操作——本试验中所有算法采用的交叉算子均为模拟二进制交叉

（SBX），采用的变异算子均为多项式突变[27]。其中，交叉算子和变异算子的分布指数均设置为 20，交叉概率和变异概率分别设置为 1.0 和 $1/D$，其中 D 表示决策变量的数量。

（4）性能指标——采用反向世代距离（IGD）和超体积（HV）来测量解的收敛性和多样性质量。其中，在计算 HV 时，先对结果种群的所有个体分目标进行归一化，并设参考点为 $(1.1, 1.1, \cdots, 1.1)$，计算解集的归一化 HV 值，较高的 HV 值表明相应的 MOEA 具有更好的性能。此外，为了降低计算复杂度以提高计算效率，在目标数为 5 和 10 时均采用 Monte Carlo 估计法近似计算 HV，计算时所需采样点数目设为 1000000。在 IGD 计算中，通过 Das 等人[26]提出的双层法在 PF 采样大约 5000 个均匀分布的点，所有测试独立运行 30 次，并记录每个度量值的平均值和标准差。采用显著性水平为 5％的 Wilcoxon 秩和检验对试验结果进行统计分析，其中"＋"表示另一个 MOEA 的结果显著更好，"－"表示另一个 MOEA 的结果显著更差，"≈"表示与 MOEA-CRL 表现相似。

7.6.3　MOEA-CRL 与现有 MOEA 对比

表 7-3 列出了 MOEA-CRL 和四种常用 MOEA 在 3 目标问题上 IGD 结果的对比，从表 7-3 中的 IGD 值的评估结果中可以看出，本节提出的 MOEA-CRL 在处理 3 目标问题上明显优于其他四种 MOEA。对于 10 个具有常规 PF 的测试问题，MOEA-CRL 在除 DTLZ4 的其他所有 9 个问题上均获得了较好的效果，而它在 DTLZ1 上的 IGD 均值稍小于 RVEA，在 WFG6 上的 IGD 均值稍小于 NSGA-Ⅲ。对于 9 个不规则 PF 的测试问题，MOEA-CRL 也体现出了较强的竞争力，尤其在 3 个凸面不规则 PF 的测试问题 MaF3、MaF11 和 MaF15 上，MOEA-CRL 均表现出最佳性能。

图 7-14 绘制了不同算法在解决包含 3 个目标的 DTLZ1、DTLZ2 和 MaF3 测试问题时所获得的非支配解集，该非支配解集是运行 30 次后的 IGD 均值结果。从图 7-14 中可以进一步观察到，所提出的 MOEA-CRL 在 DTLZ1、DTLZ2 和 MaF3 上都得到了均匀分布的非支配解集。由此可以看出，在 MOP 方面所提出 MOEA-CRL 不仅能够在线性 PF 和凹面 PF 问题上表现出较好的性能，而且在凸面不规则 PF 问题上也表现出色。具体来说，对于常规的"线性"和"凹面"问题，如 DTLZ1 和 DTLZ2，大多数常用的 MOEA 均能表现良好，但是面对"凸面"问题时，种群的多样性会明显降低，Pareto 解集分布不均匀。因此，如表 7-3 和图 7-14 所示，在解决多目标问题时，MOEA-CRL 能够表现出很好的收敛性和多样性，进而获得较好的分布，保证 Pareto 解集的近似性。

表 7-3　MOEA/D,NSGA-Ⅲ,RVEA,KnRVEA,MOEA-CRL 在 3 个目标的 DTLZ1~DTLZ7,WFG1~WFG9,MaF3,MaF11 和 MaF15 获得的 IGD 值的统计结果(均值和标准差)

问题	M	D	MOEA/D	NSGA-Ⅲ	RVEA	KnRVEA	MOEA-CRL
DTLZ1		7	2.8508e-2(4.30e-6)−	1.8979e-2(4.28e-6)−	1.8978e-2(5.63e-6)≈	5.0030e-2(2.51e-2)−	1.8977e-2(9.57e-6)
DTLZ2		12	6.9661e-2(5.68e-5)−	5.0301e-2(4.52e-7)−	5.0301e-2(4.21e-7)−	6.6663e-2(2.44e-3)−	4.6814e-2(5.07e-5)
DTLZ3	3	12	1.0106e-1(1.20e-1)−	5.0394e-2(1.67e-4)−	5.0355e-2(7.33e-5)−	1.0817e-1(2.89e-2)−	4.7075e-2(21.21e-4)
DTLZ4		12	2.3325e-1(3.36e-1)−	1.3215e-1(1.86e-1)+	5.0300e-2(4.47e-7)+	1.5318e-1(2.69e-1)+	2.2800e-1(2.42e-1)
WFG4			2.7142e-1(6.38e-4)−	2.0405e-2(3.67e-5)−	2.0800e-1(2.21e-3)−	2.4949e-1(7.34e-3)−	1.9326e-1(4.61e-4)
WFG5			2.8760e-1(9.10e-4)−	2.1444e-1(3.75e-4)−	2.1580e-1(6.17e-4)−	2.6120e-1(1.07e-2)−	2.0682e-1(2.34e-4)
WFG6	3	12	2.9642e-1(1.27e-2)−	2.1871e-1(8.11e-3)≈	2.2604e-1(1.00e-2)−	2.8667e-1(1.28e-2)−	2.1759e-1(1.29e-2)
WFG7			2.7206e-1(6.18e-4)−	2.0414e-1(5.96e-4)−	2.0612e-1(19.83e-4)−	2.4178e-1(9.90e-3)−	1.9289e-1(3.86e-4)
WFG8			3.1847e-1(6.38e-3)−	2.6527e-1(2.75e-3)−	2.8098e-1(5.23e-3)−	3.3436e-1(7.90e-3)−	2.6066e-1(2.48e-3)
WFG9			2.7920e-1(3.28e-2)−	2.0537e-1(7.59e-4)−	2.0722e-1(1.72e-3)−	2.2643e-1(6.75e-3)−	1.9470e-1(8.91e-4)
+/−/≈			0/10/0	1/8/1	1/8/1	1/9/0	
DTLZ25		12	1.2417e-2(1.51e-6)−	1.1730e-2(1.24e-3)−	5.8469e-2(1.08e-2)−	1.0462e-2(2.65e-3)−	5.7501e-3(3.73e-4)
DTLZ26	3	12	1.2419e-2(7.06e-7)−	1.7437e-2(2.69e-3)−	5.9099e-2(3.01e-3)−	4.7828e-3(3.60e-4)−	4.2868e-3(3.45e-5)
DTLZ27		22	2.4700e-1(8.06e-2)−	7.0580e-2(2.35e-3)+	1.0489e-1(3.58e-4)+	8.4509e-2(7.48e-2)+	2.0368e-1(1.79e-1)
WFG1		12	2.1051e-1(1.22e-2)−	1.3620e-1(2.39e-3)+	1.5393e-1(6.17e-3)−	1.8632e-1(7.92e-3)−	1.4766e-1(2.95e-3)
WFG2	3	12	2.1674e-1(1.53e-3)−	1.5105e-1(1.13e-3)≈	1.6491e-1(5.59e-3)−	1.8398e-1(8.28e-3)−	1.5058e-1(9.94e-4)
WFG3		12	4.1686e-2(3.12e-4)+	8.8550e-2(6.34e-3)+	2.1668e-1(8.51e-3)−	9.6049e-2(8.33e-3)−	8.9822e-2(8.87e-3)
MaF3		12	1.5083e-1(9.68e-2)−	4.3564e-2(3.22e-4)−	3.8402e-2(14.17e-4)−	1.4269e-1(6.04e-2)−	3.4876e-2(8.30e-4)
MaF11	3	12	2.1673e-1(1.60e-3)−	1.5147e-1(9.71e-4)−	1.6463e-1(4.37e-3)−	1.8721e-1(9.46e-3)−	1.5082e-1(1.11e-3)
MaF15		5	4.5845e-1(2.10e-1)−	3.6301e-1(1.82e-1)−	9.0510e-1(2.23e-1)−	5.1952e-1(1.64e-1)−	2.6890e-1(3.84e-2)
+/−/≈			1/8/0	3/4/2	1/8/0	1/8/0	

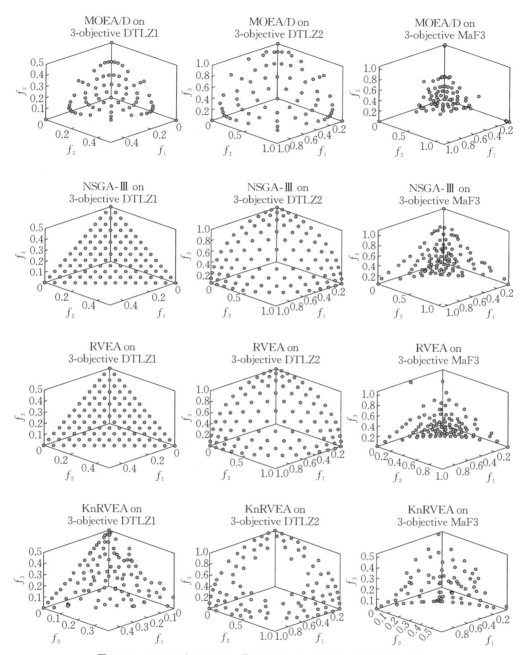

图 7-14　MOEA/D、NSGA-Ⅲ、RVEA、KnRVEA 和 MOEA-CRL
在 3 个目标 DTLZ1、DTLZ2、MaF3 的非支配解集

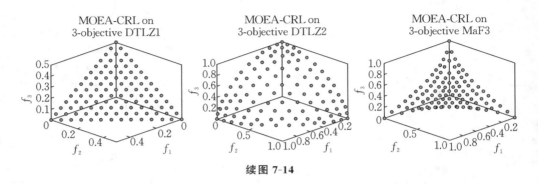

续图 7-14

  表 7-4 列出了 MOEA-CRL 和四种常用的 MOEA 在 5 目标测试问题以及 10 目标测试问题上的 HV 结果对比。MOEA-CRL 在 38 组试验中有 16 组达到了最佳性能,而 MOEA/D、NSGA-Ⅲ、RVEA 和 KnRVEA 获得最佳性能的次数分别为 5 次、6 次、6 次和 5 次。从评估结果可以看出,MOEA-CRL 在处理高维多目标问题上优于其他四种 MOEA,但随着维数的增多,MOEA-CRL 的性能降低。对于 10 个具有规则前沿面的测试问题,MOEA-CRL 性能表现优势并不显著。对于 9 个不规则前沿面的测试问题,MOEA-CRL 体现出竞争性,尤其在 3 个凸面不规则 PF 问题 MaF3、MaF11 和 MaF15 上,MOEA-CRL 表现较好。

  图 7-15 绘制了不同算法在针对具有 10 个目标的 DTLZ1、DTLZ2 和 MaF3 测试问题时的非支配解集,该非支配解集是运行 30 次后的 HV 均值结果,可以看到,MOEA-CRL 在 DTLZ1、DTLZ2 和 MaF3 上均得到均匀分布的非支配解集。在处理凸面不规则 PF 的多目标优化问题时,MOEA-CRL 仍然能够有效地维持种群的多样性,保证了 Pareto 解集的良好近似性。具体来说,尽管在 DTLZ1 和 DTLZ2 的 10 目标问题测试中,除了 MOEA/D 之外的 MOEA 均能维持较好的种群多样性,然而,在 MaF3 的 10 目标问题测试中时,其他四种 MOEA 的种群多样性发生显著恶化,仅 MOEA-CRL 获得了均布性较强的解集。因此,如表 7-4 和图 7-15 所示,在解决高维多目标问题时,相比之下 MOEA-CRL 能够维持较好的种群多样性,尤其在凸面不规则 PF 问题上,能够维持种群多样性。值得注意的是,随着维度的升高,MOEA-CRL 的收敛性有所下降,这是由于引入最低点来维持多样性导致高维下的种群收敛压力严重下降。

  在上述所有试验中,大多数基于分解的 MOEA 中每个参考点与唯一的候选解相关联,因此,所有 MOEA 的种群规模均与参考点数量相同,参考点的具体数量由 Das 和 Dennis[26] 的方法确定。

表 7-4　MOEA/D、NSGA-Ⅲ、RVEA、KnRVEA、MOEA-CRL 在 DTLZ1~DTLZ7、WFG1~WFG9、MaF3、MaF11 和 MaF15 上获得的 5 个目标和 10 个目标的 HV 值的统计结果（均值和标准差）

问题	M	MOEA/D	NSGA-Ⅲ	RVEA	KnRVEA	MOEA-CRL
DTLZ1	5	$9.0873e-1(8.52e-2)-$	$9.7979e-1(1.56e-4)\approx$	$9.7984e-1(1.55e-4)\approx$	$6.2616e-1(1.64e-1)-$	$9.7988e-1(1.63e-4)$
	10	$9.7273e-1(5.32e-3)-$	$9.8648e-1(3.26e-2)-$	$9.9967e-1(1.88e-5)-$	$0.0000e+0(0.00e+0)-$	$9.9973e-1(1.10e-4)$
DTLZ2	5	$7.1112e-1(5.08e-4)-$	$8.1269e-1(4.52e-4)-$	$8.1252e-1(4.48e-4)-$	$7.9064e-1(3.54e-3)-$	$8.1626e-1(9.62e-4)$
	10	$6.2665e-1(2.70e-2)-$	$9.4539e-1(3.51e-2)-$	$9.6963e-1(1.72e-4)-$	$9.5650e-1(4.53e-3)-$	$9.7102e-1(1.70e-3)$
DTLZ3	5	$4.3566e-1(1.27e-1)-$	$7.7543e-1(2.88e-3)+$	$7.7757e-1(1.36e-1)-$	$3.9573e-1(1.31e-1)-$	$7.3975e-1(3.36e-3)$
	10	$6.4046e-1(1.97e-2)-$	$3.3590e-1(4.26e-1)-$	$9.6443e-1(19.40e-3)-$	$0.0000e+0(0.00e+0)-$	$9.6234e-1(2.68e-1)$
DTLZ4	5	$2.7690e-1(1.65e-1)-$	$7.3262e-1(6.50e-2)+$	$7.7683e-1(1.68e-2)+$	$7.6308e-1(4.31e-3)+$	$7.2000e-1(5.17e-2)$
	10	$6.2169e-1(2.11e-2)-$	$9.6721e-1(1.24e-2)+$	$9.6984e-1(1.99e-4)-$	$9.5637e-1(4.37e-3)-$	$9.7165e-1(1.51e-3)$
WFG4	5	$6.2968e-1(8.71e-4)-$	$8.0469e-1(8.35e-4)-$	$8.0565e-1(1.10e-3)-$	$7.8730e-1(2.17e-3)-$	$8.0575e-1(1.74e-3)$
	10	$5.8107e-1(5.61e-2)-$	$9.4578e-1(3.92e-3)-$	$9.4326e-1(3.57e-3)-$	$9.5750e-1(1.56e-3)-$	$9.1518e-1(5.08e-3)$
WFG5	5	$5.9294e-1(1.98e-2)-$	$7.6126e-1(3.68e-4)+$	$7.6092e-1(4.04e-4)+$	$7.4495e-1(2.82e-3)+$	$7.3465e-1(2.49e-3)$
	10	$5.3478e-1(1.75e-2)-$	$8.9907e-1(6.43e-4)+$	$8.9790e-1(1.17e-3)+$	$8.9664e-1(8.14e-4)+$	$8.4566e-1(3.56e-3)$
WFG6	5	$5.5065e-1(3.13e-2)-$	$7.4242e-1(1.58e-2)+$	$7.4662e-1(1.44e-2)+$	$7.2041e-1(1.03e-2)\approx$	$7.2008e-1(1.20e-2)$
	10	$4.7917e-1(9.01e-2)-$	$8.6935e-1(1.66e-2)-$	$8.6291e-1(2.01e-2)-$	$8.6854e-1(1.59e-2)-$	$8.7014e-1(1.72e-2)$
WFG7	5	$6.2952e-1(1.76e-3)-$	$8.0771e-1(6.15e-4)-$	$8.0685e-1(6.00e-4)-$	$7.9537e-1(2.41e-3)-$	$7.9284e-1(1.74e-3)$
	10	$6.1632e-1(3.69e-2)-$	$9.4638e-1(2.02e-2)-$	$9.4552e-1(2.93e-3)-$	$9.5737e-1(6.09e-3)-$	$9.4268e-1(2.70e-3)$
WFG8	5	$3.2668e-1(1.10e-2)-$	$6.9440e-1(3.44e-3)-$	$6.9749e-1(1.55e-3)-$	$6.6088e-1(4.04e-3)-$	$6.9786e-1(2.26e-3)$
	10	$5.2900e-1(2.26e-2)-$	$8.3115e-1(2.65e-2)-$	$7.4198e-1(7.45e-2)-$	$8.1031e-1(5.88e-2)-$	$8.5967e-1(2.09e-2)$
WFG9	5	$4.1801e-1(7.01e-2)-$	$7.6559e-1(4.98e-3)-$	$7.6952e-1(3.01e-3)-$	$7.6796e-1(3.00e-3)-$	$7.4665e-1(4.89e-3)$
	10	$5.3897e-1(5.22e-2)-$	$8.6420e-1(4.42e-2)+$	$8.7342e-1(1.19e-2)+$	$9.0581e-1(3.21e-2)+$	$8.3182e-1(1.92e-2)$

续表

问题	M	MOEA/D	NSGA-Ⅲ	RVEA	KnRVEA	MOEA-CRL
+/−/≈		0/20/0	10/8/2	10/5/5	8/10/2	
DTLZ5	5	1.0968e−1(8.30e−3)≈	1.0483e−1(1.62e−2)≈	9.1890e−2(1.22e−3)−	7.1580e−2(2.93e−2)−	1.0808e−1(5.72e−3)
	10	9.7922e−2(3.20e−4)+	2.8809e−2(3.32e−2)−	9.0906e−2(1.34e−4)+	3.5304e−2(3.14e−2)−	8.2365e−2(2.16e−2)
DTLZ6	5	9.4634e−2(6.13e−3)≈	5.7651e−2(4.09e−2)−	9.9670e−2(4.73e−3)≈	9.1029e−2(2.57e−3)−	9.2650e−2(2.20e−2)
	10	9.8124e−2(2.62e−4)+	3.0230e−3(1.66e−2)−	9.2019e−2(9.23e−4)+	0.0000e+0(0.00e+0)−	9.1491e−2(3.74e−2)
DTLZ7	5	1.7168e−1(5.33e−2)−	2.3157e−1(9.31e−3)+	2.1343e−1(8.52e−3)−	2.4843e−1(1.07e−2)+	2.2732e−1(3.03e−3)
	10	4.5806e−3(7.31e−3)−	1.7116e−1(7.07e−3)+	1.3371e−1(2.42e−2)+	9.1243e−2(2.89e−2)−	7.4082e−2(2.95e−2)
WFG1	5	9.4334e−1(7.14e−2)−	9.7370e−1(2.11e−2)−	9.8276e−1(2.89e−2)≈	9.9246e−1(1.41e−3)−	9.9835e−1(1.60e−2)
	10	5.0234e−1(1.69e−1)−	9.4008e−1(4.39e−2)+	9.9015e−1(2.42e−2)+	9.9756e−1(8.35e−4)−	7.4040e−1(5.17e−2)
WFG2	5	9.6566e−1(3.42e−2)−	9.9555e−1(8.56e−4)−	9.9404e−1(1.15e−3)−	9.9320e−1(7.41e−4)−	9.9683e−1(7.33e−4)
	10	9.9648e−1(2.10e−3)+	9.9700e−1(1.46e−3)+	9.8471e−1(4.33e−3)−	9.9306e−1(1.47e−3)−	9.9191e−1(2.27e−3)
WFG3	5	9.1998e−2(3.47e−4)−	1.6765e−1(1.32e−2)≈	1.5967e−1(1.56e−2)≈	7.7484e−2(1.82e−2)−	1.6083e−1(1.27e−2)
	10	7.5376e−2(7.87e−3)+	2.4516e−4(1.34e−3)−	0.0000e+0(0.00e+0)−	0.0000e+0(0.00e+0)−	4.0606e−2(7.87e−3)
MaF3	5	9.9646e−1(1.07e−4)−	9.9870e−1(2.01e−3)−	9.9895e−1(4.31e−4)−	8.8686e−1(1.27e−1)−	9.9975e−1(7.14e−4)
	10	9.9993e−1(4.54e−5)≈	2.9125e−1(4.53e−1)−	9.8343e−1(5.59e−2)−	0.0000e+0(0.00e+0)−	9.9997e−1(1.30e−1)
MaF11	5	9.7508e−1(2.07e−2)−	9.9583e−1(5.38e−4)−	9.9397e−1(1.11e−3)−	9.9299e−1(8.84e−4)−	9.9751e−1(5.92e−4)
	10	9.3320e−1(6.36e−2)−	9.9641e−1(2.18e−3)−	9.8256e−1(4.48e−3)−	9.9284e−1(8.14e−4)−	9.9818e−1(2.03e−3)
MaF15	5	2.9995e−2(2.11e−2)+	0.0000e+0(0.00e+0)−	2.4759e−2(1.06e−2)−	0.0000e+0(0.00e+0)−	1.0571e−2(5.05e−3)
	10	3.0314e−11(1.16e−10)−	0.0000e+0(0.00e+0)−	1.9696e−7(2.48e−7)−	0.0000e+0(0.00e+0)−	2.6803e−7(2.42e−10)
+/−/≈		5/10/3	4/12/2	5/10/3	4/14/0	

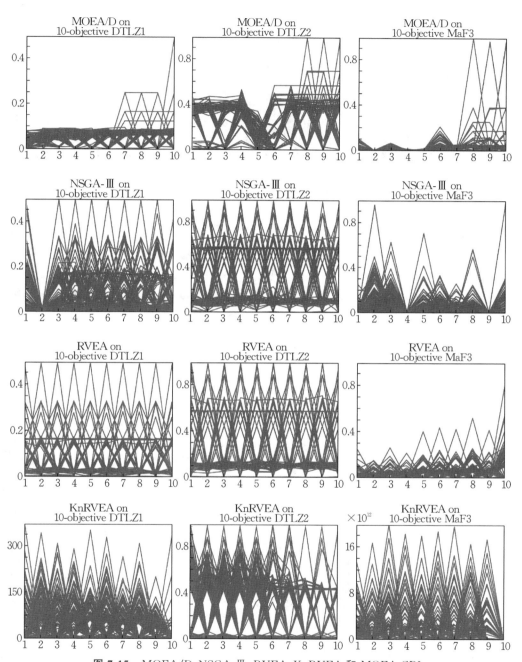

图 7-15　MOEA/D、NSGA-Ⅲ、RVEA、KnRVEA 和 MOEA-CRL
在 10 个目标的 DTLZ1、DTLZ2 和 MaF3 上的非支配解集

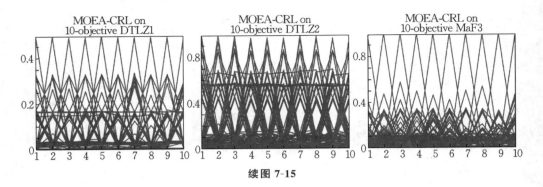

续图 7-15

　　本节中 MOEA-CRL 种群规模的设置具有灵活性,受参考点数量的影响较小,其中候选解的数量可以小于或大于参考点数量。不同种群规模的 MOEA-CRL 对 3 个目标的 DTLZ1、DTLZ2 和 MaF3 进行测试。图 7-16 显示了不同种群规模的 MOEA-CRL 的非支配解集,其中种群规模为 35、70、105、140 和 175,参考点数量始终设置为 105。可以看出,无论种群规模如何变化,MOEA-CRL 获得的非支配解集的分布始终会自适应调整,这为种群规模的设置提供了更好的灵活性。

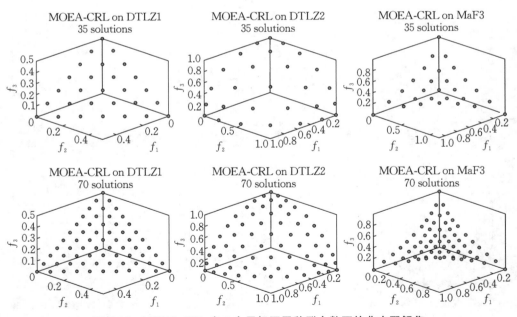

图 7-16　MOEA-CRL 在 3 个目标不同种群个数下的非支配解集

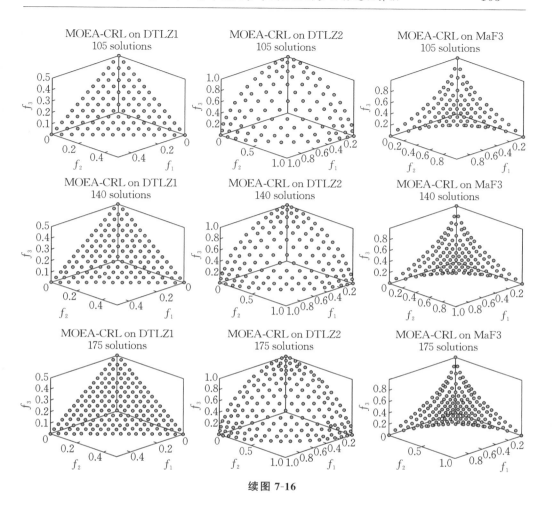

续图 7-16

7.7　本章小结

本章首先研究了基于理想点的参考线方法的优势,并详细分析了 PBI 参考线方法,提出 Pareto 不相容问题。在充分考虑最低点与理想点互补性的前提下,探索了新的参考线方法和评估指标,以规避 Pareto 不相容问题,获得更有竞争力的进化算法。以基于指标的 MOEA 为基本框架,搭建了交叉参考线和 DPD 评估方法的 MOEA-CRL 总体框架,并在原有框架基础上增添基于参考点更新策略的交叉参考线自适应更新方法,对提出的 MOEA-CRL 进行主导惩罚距离权重系数的敏感度分析,将提出的 MOEA-CRL 与四个常用 MOEA 进行比较,并分析了试验结果。本章主要结论如下。

（1）从基于理想点的参考点方法的局限性出发，提出现有 PBI 参考线方法可能导致的 Pareto 不相容问题，通过具体案例发现 PBI 聚合函数指标可能导致解集优劣的判断与 Pareto 优势理论相悖，论证了 Pareto 不相容问题的客观存在。

（2）本章证明了使用理想点 Z^* 和最低点 Z^{nad} 得出的最终种群分布是互补的，为所提参考线方法提供了理论依据。同时，充分考虑最低点与理想点的互补性，本章提出交叉参考线方法以及 DPD 评估指标，对凹 PF、线性 PF 以及凸 PF 的情况分别进行了讨论，总结了交叉参考线方法独特的收敛性和多样性保持机制，并且有效地规避了 Pareto 不相容问题。

（3）在本章提出的 MOEA-CRL 中，主导惩罚距离权重系数 λ 的选择会显著影响算法性能。当处理线性问题时，权重系数 λ 几乎没有影响；处理凹面 PF 问题时，DPD 均值随着 λ 的增加而增加，MOEA-CRL 的收敛性显著降低；处理凸面 PF 问题时，当权重系数 $\lambda = 1 \times e^{-6}$ 时，MOEA-CRL 的性能最差，而当权重系数 $\lambda = 0.25$ 时，MOEA-CRL 的收敛性最佳。

（4）MOEA-CRL 在解决多目标问题时，具有 Pareto 解集的良好近似性。在解决高维多目标问题时，MOEA-CRL 能够维持较好的种群多样性，但随着维度的升高，MOEA-CRL 的收敛性有所下降。交叉参考线仅用于计算 DPD 指标，种群规模与交叉参考线数量不相关，种群规模的设置更具灵活性。

参考文献

[1] DEB K，PRATAP A，AGARWAL S，et al. A fast and elitist multiobjective genetic algorithm：NSGA-II[J].IEEE Transactions on Evolutionary Computation，2002，6（2）：182-197.

[2] KUKKONEN S，DEB K. Improved pruning of non-dominated solutions based on crowding distance for bi-objective optimization problems[C]//Proceedings of 2006 IEEE International Conference on Evolutionary Computation.New York：IEEE，2006：1179-1186.

[3] ZITZLER E，LAUMANNS M，THIELE L.SPEA2：improving the strength Pareto evolutionary algorithm[J].TIK-Report，2001，103：1-21.

[4] CORNE D W，JERRAM N R，KNOWLES J D，et al. PESA-II：region-based selection in evolutionary multiobjective optimization[C]//Proceedings of the 3rd Annual Conference on Genetic and Evolutionary Computation.New York：ACM，2001：283-290.

[5] HORN J，NAFPLIOTIS N，GOLDBERG D E. A niched Pareto genetic algorithm for multiobjective optimization[C]//Proceedings of the first IEEE conference on Evolutionary Computation. IEEE World Congress on Computational Intelligence. New York：IEEE，1994：82-87.

[6] KUKKONEN S，DEB K. Improved pruning of non-dominated solutions based on crowding distance for bi-objective optimization problems[C]//Proceedings of 2006 IEEE International Conference on Evolutionary Computation.New York：IEEE，2006：1179-1186.

[7] KOWATARI N，OYAMA A，AGUIRRE H E，et al. A study on large population MOEA using

adaptive ε-box dominance and neighborhood recombination for many-objective optimization [C]//Proceedings of the 6th International Conference on Learning and Intelligent Optimization. New York:ACM,2012:86-100.

[8] ZHANG Q F,LI H.MOEA/D:a multiobjective evolutionary algorithm based on decomposition [J].IEEE Transactions on Evolutionary Computation,2007,11(6):712-731.

[9] QI Y T,MA X L,LIU F,et al.MOEA/D with adaptive weight adjustment[J].Evolutionary Computation,2014,22(2):231-264.

[10] DEB K,JAIN H.An evolutionary many-objective optimization algorithm using reference-point-based nondominated sorting approach,part Ⅰ:solving problems with box constraints[J].IEEE Transactions on Evolutionary Computation,2014,18(4):577-601.

[11] SUN Y, YEN G G, YI Z. IGD indicator-based evolutionary algorithm for many-objective optimization problems[J]. IEEE Transactions on Evolutionary Computation, 2019, 23 (2): 173-187.

[12] LIU Y,WEI J X,LI X,et al.Generational distance indicator-based evolutionary algorithm with an improved niching method for many-objective optimization problems[J].IEEE Access,2019, 7:63881-63891.

[13] LI J H,CHEN G Y,LI M,et al.An adaptative reference vector based evolutionary algorithm for many-objective optimization[J].IEEE Access,2019,7:80506-80518.

[14] JIANG S Y,YANG S X.A strength Pareto evolutionary algorithm based on reference direction for multiobjective and many-objective optimization[J]. IEEE Transactions on Evolutionary Computation,2017,21(3):329-346.

[15] CHENG R,JIN Y C,OLHOFER M,et al.A reference vector guided evolutionary algorithm for many-objective optimization[J].IEEE Transactions on Evolutionary Computation,2016,20 (5):773-791.

[16] DAI G M,ZHOU C,WANG M,et al.Indicator and reference points co-guided evolutionary algorithm for many-objective optimization problems[J].Knowledge-based Systems,2018,140: 50-63.

[17] DHIMAN G,KUMAR V.KnRVEA:a hybrid evolutionary algorithm based on knee points and reference vector adaptation strategies for many-objective optimization[J].Applied Intelligence, 2019,49(7):2434-2460.

[18] ZOU J, FU L W, YANG S X, et al. An adaptation reference-point-based multiobjective evolutionary algorithm[J].Information Sciences,2019,488:41-57.

[19] SATO H.Inverted PBI in MOEA/D and its impact on the search performance on multi and many-objective optimization[C]//Proceedings of the 2014 Annual Conference on Genetic and Evolutionary Computation.New York:ACM,2014:645-652.

[20] ISHIBUCHI H,DOI K,MASUDA H,et al.Relation between weight vectors and solutions in MOEA/D[C]//Proceedings of 2015 IEEE Symposium Series on Computational Intelligence. New York:IEEE,2015:861-868.

[21] ZHANG Q F, LI H. MOEA/D: a multiobjective evolutionary algorithm based on

decomposition[J].IEEE Transactions on Evolutionary Computation,2007,11(6):712-731.

[22] WANG Z K,ZHANG Q F,LI H,et al.On the use of two reference points in decomposition based multiobjective evolutionary algorithms[J].Swarm and Evolutionary Computation,2017, 34:89-102.

[23] ZHANG X Y,TIAN Y,JIN Y C.A knee point-driven evolutionary algorithm for many-objective optimization[J].IEEE Transactions on Evolutionary Computation,2015,19(6): 761-776.

[24] DEB K,THIELE L,LAUMANNS M,et al.Scalable test problems for evolutionary multiobjective optimization[M]//ABRAHAM A,JAIN L,GOLDBERG R.Evolutionary Multiobjective Optimization.London:Springer,2005:105-145.

[25] HUBAND S,HINGSTON P,BARONE L,et al.A review of multiobjective test problems and a scalable test problem toolkit[J].IEEE Transactions on Evolutionary Computation,2006,10 (5):477-506.

[26] DAS I,DENNIS J E.Normal-boundary intersection:a new method for generating the Pareto surface in nonlinear multicriteria optimization problems[J].SIAM Journal on Optimization, 1998,8(3):631-657.

[27] DEB K,GOYAL M.A combined genetic adaptive search(GeneAS)for engineering design[J]. Computer Science and Informatics,1996,26:30-45.

第8章 自激振荡腔室减阻特性多目标优化设计

8.1 引　　言

　　自激振荡腔室出口壁面的平均摩擦阻力和出口流道的平均内摩擦力反映了自激振荡腔室的减阻效果,是评价其工作性能的重要依据。这两个指标之间存在矛盾,即降低出口壁面的平均摩擦阻力会导致出口流道的平均内摩擦力增大,因此,本章以自激振荡腔室出口壁面的平均摩擦阻力和出口流道的平均内摩擦力为优化目标,寻求最优的减阻效果。

　　由前文可知,传统方法可以将多目标转为单目标,但其并不适用于自激振荡腔室的结构优化。进化算法具有同时搜索多个解的优势,但对于复杂问题收敛性不足。为了提高多目标进化算法的多样性,一些增强多样性的方法被用于以下几类多目标进化算法中:基于 Pareto 优势理论的多目标进化算法、基于分解概念的多目标进化算法以及基于指标的多目标进化算法等。其中,基于指标的多目标进化算法通过引入一个单一的指标来评价解的优劣,可以有效地平衡收敛性和多样性。

　　本章基于前文提出的一种基于交叉参考线方法的多目标进化算法(MOEA-CRL),采用数值模拟方法构建自激振荡腔室的响应面近似模型,分析不同结构参数对出口壁面平均摩擦阻力和出口流道平均内摩擦力的影响规律。然后,引入 $1:1$ 决策权重,利用 MOEA-CRL 和 NSGA-Ⅱ 分别对自激振荡腔室进行多目标优化设计,得到 Pareto 最优解集。最后,本章对比分析了 MOEA-CRL 和 NSGA-Ⅱ 的优化结果,从 Pareto 解集的多样性和收敛性两个方面进行评价,同时对优化后的自激振荡腔室流体流动特性进行了数值模拟和分析,验证了 MOEA-CRL 的优化效果。

8.2 模型构建及验证

　　本节介绍了 LES 方法及其控制方程,建立了自激振荡腔室二维模型,对模型进行了结构化网格划分以及边界条件设置。此外,为保证数值模拟结果的可行性,对网格无关性进行了检验并验证了湍流模型的适用性。

8.2.1　物理模型

自激振荡脉动特性主要受图 8-1 所示的自激振荡腔室关键结构参数影响。关键结构参数如下：上喷嘴入口前直管道管径 d；上喷嘴入口流道管径 d_1；下喷嘴出口流道管径 d_2；圆锥形收缩管夹角 α_1；下喷嘴碰撞壁夹角 α_2；圆锥形扩散管夹角 α_3；自激振荡腔室长度 L；自激振荡腔室直径 D。

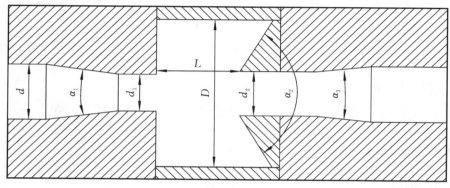

图 8-1　自激振荡腔室结构

依据先前的试验和仿真结果，自激振荡腔室关键结构参数优选范围和数值如表 8-1 所示。

表 8-1　自激振荡腔室关键结构参数

参数名称	优选范围和数值
上喷嘴入口前直管道管径 d/上喷嘴入口流道管径 d_1	1.5
下喷嘴出口流道管径 d_2/上喷嘴入口流道管径 d_1	0.6～1.4
自激振荡腔室直径 D/上喷嘴入口流道管径 d_1	3～5
自激振荡腔室长度 L/自激振荡腔室直径 D	0.45～0.65
圆锥形收缩管夹角 α_1	15°
下喷嘴碰撞壁夹角 α_2	120°
圆锥形扩散管夹角 α_3	20°

8.2.2　控制方程

与其他湍流模型相比，大涡模拟能够更加精准地捕捉瞬态流动，因此可以采用大涡模拟有效求解自激振荡腔室瞬时的剪切应力和速度梯度变化。大涡模拟中采用滤波函数，能够自动过滤运动迟钝的较小涡结构，对运动尺度较大的涡进行重点捕捉。可压缩理想气体通过 Favre 滤波后的连续性方程、动量方程、能量方程分别如下[1]：

$$\frac{\partial \rho}{\partial t} + \frac{\partial}{\partial x_i}(\rho \bar{u}) = 0 \tag{8.1}$$

$$\frac{\partial}{\partial x_j}(\rho \overline{u_i u_j}) + \frac{\partial}{\partial t}(\rho \overline{u_i}) = -\frac{\partial p}{\partial x_i} + \frac{\partial}{\partial x_j}\left(\mu \frac{\partial \overline{u_i}}{\partial x_j}\right) - \frac{\partial \tau_{ij}}{\partial x_j} \tag{8.2}$$

$$\frac{\partial}{\partial t}(\rho \bar{h}) - \frac{\partial}{\partial x_j}(\rho \overline{u_j h}) = \frac{\partial}{\partial x_j}\left(\frac{\mu}{Pr}\frac{\partial \bar{h}}{\partial x_j}\right) - \frac{\partial}{\partial x_j}q_{sgs} - \overline{q_r} \tag{8.3}$$

式中："－"——流体滤波后的场变量；

　　t——时间，s；

　　ρ——空间上统计平均密度，kg/m^3；

　　u——速度分量，m/s；

　　i,j——张量指标；

　　μ——动力黏度，Pa・s；

　　p——压力，Pa；

　　T——温度，K；

　　h——焓，J；

　　q_{sgs}——亚格子尺度热流，W/m^2；

　　Pr——普朗特数；

　　q_r——辐射源项；

　　τ_{ij}——亚格子尺度应力，Pa。

8.2.3　网格划分及无关性检验

数值模拟的模型为可压缩理想气体，数值模拟的计算方法选用大涡模拟。其中，对流项和扩散项均采用二阶迎风格式，时间项采用二阶隐式格式，模型边界条件如图 8-2 所示。根据先前的试验[2]，模型的边界条件采用压力入口和压力出口，上游入口压力设为 101325 Pa，下游出口压力设为 84300 Pa。

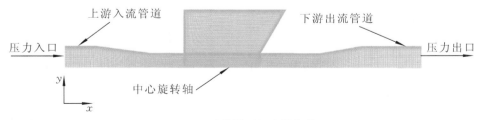

图 8-2　网格模型及边界条件

由于 3D-LES 具有较高的计算成本,并且样本点的提取需要大量的数值计算,为了提高样本点的获取效率,采用 2D 轴对称大涡模拟的数值计算[3,4]。通过与文献[2]的试验数据进行比较,测试了上游入口压力为 90500 Pa 时的平均流量,测试结果如表 8-2 所示。采用 2D-LES 模型的误差为 1.41%,表明数值计算结果和试验结果之间具有良好的一致性。因此,对于本研究该模型是可靠的。

表 8-2　2D-LES 模型的平均流量误差

模型	平均流量/(m³/h)	误差/(%)
2D-LES 模型	1020.22	1.41
文献中模型	1006	—

分别使用 116282 网格数量、194300 网格数量及 415721 网格数量,对自激振荡腔室中心结构的 2D-LES 模型进行网格无关性测试。轴向流速的网格无关性检验如图 8-3 所示,综合权衡计算效率和求解精度,最终确定选用 194300 网格数量模型。

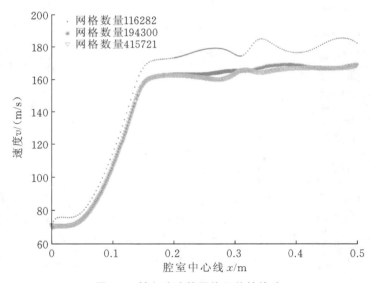

图 8-3　轴向流速的网格无关性检验

8.3　自激振荡腔室的响应面建模

本节利用 MOEA-CRL 对自激振荡腔室的结构参数进行优化,以改善脉冲射流的减阻效果。选取出入口流道管径比 d_2/d_1、腔室入口直径比 D/d_1 和腔室长径比 L/D 三个无量纲结构参数作为优化变量,同时,将出口壁面平均摩擦阻力 F_1 和出口

流道平均内摩擦力 F_2 作为优化目标,构建自激振荡腔室的多目标优化问题。

8.3.1 自激振荡腔室助推涡减阻效应

流体在自激振荡腔室出口内高速运动时,流体阻力的形成可归纳为两部分:一部分是流体与固体壁面之间的摩擦阻力,另一部分是流体之间相对运动产生的剪切应力。这些阻力会导致流体动能的耗散,而耗散的动能转化为流体内的热能。流体的黏性、惯性和固体表面的阻碍作用是导致这一现象的重要原因,因此,在分析流体流动阻力时,需着重对流体的剪切应力以及壁面特性进行分析。

流体沿壁面流动时,靠近壁面黏性底层的流体速度为零,流体速度沿垂直方向从零开始逐步增加,然后逐步减缓直至基本不变,故流体在管路中流动时形成两个区域,即边界层区域和主流区域。其中,流动的主要阻力集中在边界层区域,该区域流体速度变化较大,而主流区域离壁面较远,流体速度基本不变,其流动阻力基本可以忽略。

自激振荡腔室出流管道中单位面积上的剪切应力为[5]

$$\tau = \mu \frac{\mathrm{d}u}{\mathrm{d}y} \tag{8.4}$$

式中:τ——单位面积上的剪切应力,Pa;

μ——内摩擦系数(黏滞系数);

$\dfrac{\mathrm{d}u}{\mathrm{d}y}$——速度梯度。

其中速度梯度表示速度沿垂直于速度的方向的变化率,同时它也是直角变形速度,称为剪切变形速度。因此,式(8.4)可以理解为:剪切应力与速度梯度成正比。

剪切速度应变率可以用来表征剪切应力,同时,可以根据模拟计算得到的壁面剪切应力来推导计算壁面的摩擦阻力 F:

$$F = \tau \pi d l \tag{8.5}$$

式中:τ——单位面积上的剪切应力,Pa;

d——管道直径,m;

l——管道长度,m。

在管道直径和长度一定时,壁面摩擦阻力和剪切应力成正比关系,因此,该摩擦阻力与速度梯度也成正比关系,可以利用速度梯度来表征流体之间的内摩擦力变化。

图 8-4 所示为自激振荡腔室出流管道中水平射流的剪切层涡环,高速流体经上游管道进入腔室内,同静止的气流发生湍流混合,产生能量交换,形成湍流剪切层。由于射流速度较大,不稳定的剪切层被夹带成为轴对称的离散大涡环,剪切层受大结构涡环的影响而选择性放大。流体在近壁区形成低速静止的反向助推涡,涡环旋

向同轴心速度方向相反且速度较低。在这些反向助推涡的夹带下,高速主射流没有直接同固体壁面接触。这些反向助推涡类似空气轴承,将高速流体同固体壁面进行分层。

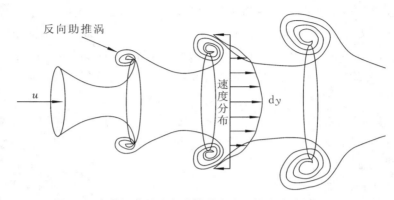

图 8-4　自激振荡腔室出流管道中水平射流的剪切层涡环

8.3.2　目标函数

自激振荡腔室减阻特性的要求是降低流阻。将出口壁面平均摩擦阻力 F_1 和出口流道平均内摩擦力 F_2 作为优化目标,它们的计算公式分别如下:

$$F_1 = \frac{1}{A} \int \tau \, \mathrm{d}A \tag{8.6}$$

$$F_2 = \frac{\mu}{V} \int \frac{\mathrm{d}u}{\mathrm{d}y} \mathrm{d}V \tag{8.7}$$

式中:τ——单位面积上的剪切应力,Pa;

　　　A——自激振荡腔室出口流道网格总面积,m^2;

　　　μ——内摩擦系数(黏滞系数);

　　　$\dfrac{\mathrm{d}u}{\mathrm{d}y}$——速度梯度;

　　　V——自激振荡腔室出口流道网格总体积,m^3。

8.3.3　试验设计

中心复合设计(CCD)和面心复合设计(FCCD)是响应面分析的常用试验设计方法。试验点按照类别可以分为中心点、立方点及轴向点三种,不同类别试验点位置示意图如图 8-5 所示。

可以看出,在中心复合设计的试验点中,存在超出原定水平的数据,不符合实际工况要求,因此,本次优化采用面心复合设计,既保留了中心复合设计的优势,又避免了样本数据超出原定水平的情况。试验设计因素和水平如表 8-3 所示。

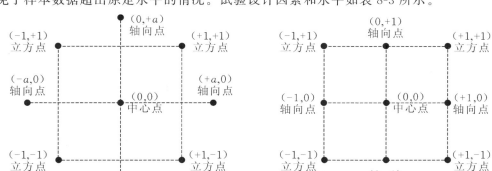

(a) CCD　　　　　　　　　　　　　　(b) FCCD

图 8-5　CCD 和 FCCD 试验点分布对比

表 8-3　试验设计因素和水平

水平	设计变量		
	d_2/d_1	D/d_1	L/D
下限(−1)	0.6	3	0.45
中心点(0)	1	4	0.55
上限(1)	1.4	5	0.65

8.3.4　响应面近似模型

响应面表面形式的选择对响应面的分析结果具有重大影响,因此,所选择的响应面表面形式应满足特定的光滑度要求。对于不同的应用,最优响应面表面形式的选择也不相同,由于多项式计算简单,并且能生成封闭形式的表达式,在计算流体力学中,多项式成为响应面的常用表示形式。鉴于多目标优化的设计变量数为 3,因此选择二次多项式作为响应面表示形式,其表达式为[6]

$$y = \beta_0 + \sum_{i=1}^{k} \beta_i x_i + \sum_{i=1}^{k} \sum_{j=1}^{k} \beta_{ij} x_i x_j + \sum_{i=1}^{k} \beta_i x_i^2 \tag{8.8}$$

式中:β_0,β_i,β_{ij}——回归系数;

y——设计变量在设计空间内的函数。

在使用响应面模型进行多目标优化之前,应检测响应面模型能否满足精度要求,如果不满足精度要求,则需要增加样本点,从而调整响应面可变性和偏差之间的平衡,减小偏差。R^2 准则和修正复相关系数 R_{adj}^2 通常被用于响应面的验证,其表达式分别如下[6]:

$$R^2 = \frac{SS_{\mathrm{R}}}{SS_{\mathrm{Y}}} = 1 - \frac{SS_{\mathrm{E}}}{SS_{\mathrm{Y}}} \tag{8.9}$$

$$R_{adj}^2 = 1 - \frac{\dfrac{SS_E}{(n-k-1)}}{\dfrac{SS_Y}{(n-1)}} = 1 - \left(\frac{n-1}{n-1-k}\right)(1-R^2) \qquad (8.10)$$

式中: SS_R——回归平方和, 表示由回归方程所引起的 y 的不均匀程度;

$\quad SS_Y$——总体平方和, 表示观测值 y 的不均匀程度;

$\quad SS_E$——误差的平方和, 表示由随机误差引起的 y 的不均匀程度;

$\quad k$——优化变量个数;

$\quad n$——样本点个数。

FCCD 设置因素数为 3, 由于 CFD 模拟过程中不存在实验环境等其他不可控因素影响, 因此, 中心试验重复次数为 5, 因变量 (目标变量) 分别为出口壁面平均摩擦阻力 F_1 和出口流道平均内摩擦力 F_2。为了消除两个目标之间量纲的影响, 对 CFD 数值结果进行归一化处理, 试验设计样本点集及数值模拟所得结果如表 8-4 所示。

表 8-4 试验设计和 CFD 归一化结果

序号	设计变量			目标变量	
	d_2/d_1	D/d_1	L/D	F_1	F_2
1	0	0	1	−0.5339	−0.3697
2	0	0	0	−0.1092	−0.1021
3	0	−1	0	0.0536	−0.3861
4	0	1	0	−0.4478	1.0000
5	0	0	0	−0.1092	−0.1021
6	0	0	−1	−0.3199	−0.2681
7	1	0	0	−0.8841	−0.1770
8	1	−1	−1	−0.6760	−0.6896
9	−1	−1	−1	1.0000	−0.7953
10	1	−1	1	−0.7246	−1.0000
11	0	0	0	−0.1092	−0.1021
12	−1	1	−1	0.5492	0.5569
13	1	1	−1	−0.9261	0.4620
14	−1	−1	1	0.7334	−0.9048
15	0	0	0	−0.1092	−0.1021
16	−1	1	1	0.4113	0.2846

续表

序号	设计变量			目标变量	
	d_2/d_1	D/d_1	L/D	F_1	F_2
17	0	0	0	-0.1092	-0.1021
18	0	0	0	-0.1092	-0.1021
19	1	1	1	-1.0000	0.1997
20	-1	0	0	0.7499	0.0684

本节采用 Quadratic 模型对目标变量 F_1、F_2 和设计变量 d_2/d_1、D/d_1、L/D 之间的函数关系进行拟合,将设计变量 d_2/d_1、D/d_1、L/D 分别记为 x_1、x_2、x_3,得到响应面回归方程,如式(8.11)和式(8.12)所示。

$$
\begin{aligned}
F_1 = &-0.1665-0.7655x_1-0.1800x_2-0.0741x_3+0.0309x_1x_2 \\
&+0.0352x_1x_3+0.0129x_2x_3+0.1852x_1^2+0.0552x_2^2 \\
&-0.1746x_3^2
\end{aligned}
\tag{8.11}
$$

$$
\begin{aligned}
F_2 = &-0.0477-0.0415x_1+0.6279x_2-0.1056x_3-0.0238x_1x_2 \\
&-0.0239x_1x_3-0.0143x_2x_3-0.0881x_1^2+0.2731x_2^2 \\
&-0.3527x_3^2
\end{aligned}
\tag{8.12}
$$

8.3.5　模型显著性及误差

对响应面回归模型进行检测,方差分析结果如表 8-5 所示。Prob$>F$ 表示无显著影响的概率,并且 F 值越大 P 值越小说明模型的相关性越显著。当 P 小于 0.01 时,模型非常显著,当 P 大于 0.01 且小于 0.05 时,模型为显著,当 P 大于 0.05 时,模型不显著。

表 8-5　响应面回归模型的方差分析结果

响应	类型	离差平方和	自由度	均方	F 值	P 值 Prob$>F$
	模型	6.41	9	0.71	77.04	<0.0001
F_1	残差	0.09	10	9.24×10^{-3}	—	—
	失拟项	0.09	5	0.02	—	—
	模型	4.58	9	0.51	50.33	<0.0001
F_2	残差	0.10	10	0.01	—	—
	失拟项	0.10	5	0.02	—	—

对响应面回归模型进行误差统计分析,相关系数 R^2 值和 R_{adj}^2 值越接近 1,说明相

关性越好,一般情况下,实际工程应用要求相关系数 R^2 值和 R^2_{adj} 值大于 0.9。响应面回归模型误差统计分析如表 8-6 所示,所得的响应面回归模型符合上述检验原则,具有较好的适应性,同时通过图 8-6 可以看出,预测值与实际值基本分布在一条直线上,说明回归模型具有较高的精度。

表 8-6　响应面回归模型误差统计分析

统计项目	响应	
	F_1	F_2
R^2	0.9858	0.9784
R^2_{adj}	0.9730	0.9590

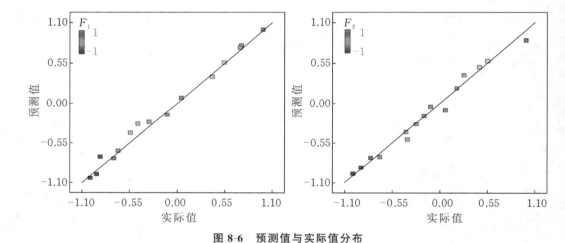

图 8-6　预测值与实际值分布

8.3.6　响应面关系

响应面法能够通过样本点拟合出直观的三维响应面,并且可以通过等高线图的特征反映出设计变量之间的交互作用。通过控制某个因素不变,得到另外两个因素的交互作用对出口壁面平均摩擦阻力 F_1 和出口流道平均内摩擦力 F_2 的影响,其中,等高线为椭圆形,表示交互作用显著。

图 8-7 所示为 d_2/d_1、D/d_1 和 L/D 对出口壁面平均摩擦阻力 F_1 的响应关系。当 L/D 处于 0 水平时,出口壁面平均摩擦阻力 F_1 随着 d_2/d_1 的增大而减小,随着 D/d_1 的增大而减小,并且无明显交互作用;当 D/d_1 处于 0 水平时,出口壁面平均摩擦阻力 F_1 随着 d_2/d_1 的增大而减小,随着 L/D 的增大而先增大后减小,并且无明显交互作用;当 d_2/d_1 处于 0 水平时,出口壁面平均摩擦阻力 F_1 随着 D/d_1 的增大而减小,随着 L/D 的增大而先增大后减小,并且无明显交互作用。

无论 D/d_1、L/D 处在什么水平,F_1 随着 d_2/d_1 的增大都呈现出明显的降低趋

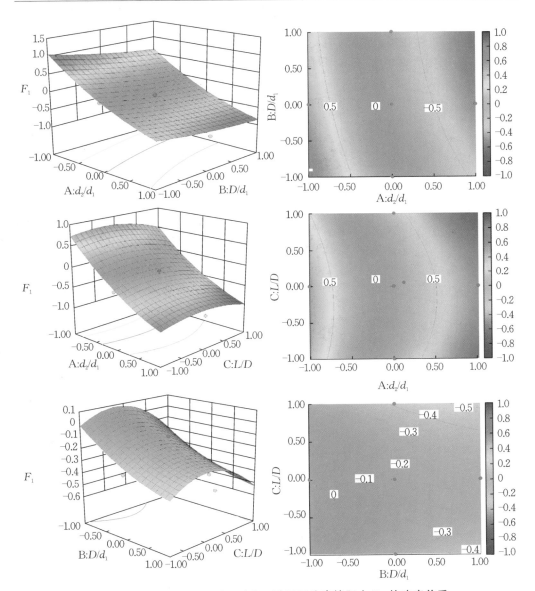

图 8-7　d_2/d_1、D/d_1、L/D 对出口壁面平均摩擦阻力 F_1 的响应关系

势,并且与 D/d_1、L/D 相比,d_2/d_1 起主导作用。等高线图并非椭圆形,说明 d_2/d_1、D/d_1 和 L/D 对出口壁面平均摩擦阻力 F_1 的响应无明显交互作用。

图 8-8 所示为 d_2/d_1、D/d_1 和 L/D 对出口流道平均内摩擦阻力 F_2 的响应关系。当 L/D 处于 0 水平时,出口流道平均内摩擦阻力 F_2 随着 d_2/d_1 的增大而先增加后减小,随着 D/d_1 的增大而增大,并且无明显交互作用;当 D/d_1 处于 0 水平时,出口流道平均内摩擦阻力 F_2 随着 d_2/d_1 的增大而先增大后减小,随着 L/D 的增大

而先增大后减小,并且从等高线投影结果可以看出有明显交互作用,出口流道平均内摩擦阻力 F_2 存在极大值点;当 d_2/d_1 处于 0 水平时,出口流道平均内摩擦阻力 F_2 随着 D/d_1 的增大而增大,随着 L/D 的增大而先增大后减小,并且无明显交互作用。

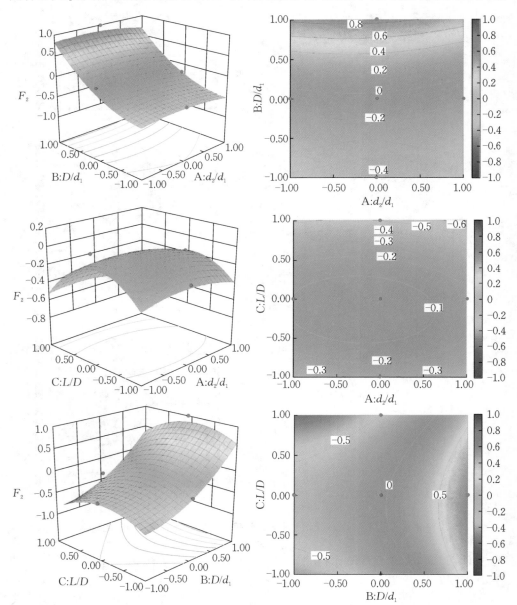

图 8-8　d_2/d_1、D/d_1、L/D 对出口流道平均内摩擦阻力 F_2 的响应关系

8.4　自激振荡腔室结构的多目标优化设计

本节主要介绍 MOEA-CRL 在自激振荡腔室结构多目标优化设计中的应用,采用 MOEA-CRL 和 NSGA-Ⅱ对自激振荡腔室结构进行多目标优化,并对 Pareto 解集的多样性和收敛性进行对比分析。最后,从流体的速度流型、壁面剪切应力和法向速度梯度等方面,探讨自激振荡腔室结构的脉冲减阻机理。

8.4.1　优化设计流程

具有多个冲突目标的多目标优化(MOP)问题可以建模如下:

$$\begin{cases} \text{Minimize} \quad \boldsymbol{F}(\boldsymbol{x}) = \{f_1(\boldsymbol{x}), f_2(\boldsymbol{x}), \cdots, f_m(\boldsymbol{x})\} \\ \text{Subject to:} \boldsymbol{x} \in \Omega \end{cases} \tag{8.13}$$

式中:$\boldsymbol{F}$——目标向量,$\boldsymbol{F} \subset \mathbb{R}^m$;

m——目标函数个数;

$\mathbb{R}^m$——目标空间;

$\boldsymbol{x}$——决策变量向量,$\boldsymbol{x} = (x_1, x_2, \cdots, x_n)^T \in \mathbb{R}^n$;

$\mathbb{R}^n$——n 维可行搜索空间,$\Omega \subset \mathbb{R}^n$;

Ω——决策空间,$\Omega = \prod_{i=1}^n [a_i, b_i]$。

$\boldsymbol{F}: \Omega \to \mathbb{R}^m$ 定义了 m 个实值目标函数,并表示从可行搜索空间到目标空间的映射。假设 x_1、$x_2 \in \Omega$ 是可行搜索空间中的两个解,当且仅当对于 $i = 1, 2, \cdots, m$ 都有 $f_i(x_1) \leqslant f_i(x_2)$ 且对于 $\exists j \in \{1, 2, \cdots, m\}$ 都有 $f_j(x_1) \neq f_j(x_2)$ 时,表明 x_1 支配 x_2。如果不存在 $\boldsymbol{x} \subset \Omega$ 使得 $\boldsymbol{F}(\boldsymbol{x})$ 支配 $\boldsymbol{F}(\boldsymbol{x}^*)$,这样的 $\boldsymbol{x}^*$ 就称为全局 Pareto 最优点。MOP 的 Pareto 最优点通常不止一个,这些 Pareto 最优点的集合称为 Pareto 最优解集,Pareto 最优目标向量的集合称为 Pareto 前沿(PF)。

图 8-9 展示了 Pareto 最优前沿和 Pareto 最优解集之间的位置关系,某一解个体在决策空间和目标空间中具有一一对应的位置关系。多目标优化问题与单目标优化问题的区别主要集中在以下几个方面。

(1)多目标优化问题最优解一般为一个解集,称为 Pareto 最优解集;而单目标优化问题最优解一般为单个解。

(2)在个体比较问题上,多目标优化问题需要根据收敛性或多样性两个评价标准判断两个个体的优劣关系;而单目标优化问题个体优劣关系明显,可以直接比较个体的数值大小。

(3)从算法比较上看,多目标优化算法需要判断 Pareto 最优解集的 PF 近似性;而单目标优化算法对最优解的数值大小进行比较。

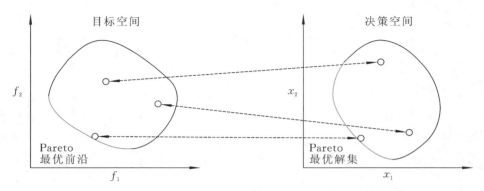

图 8-9　两目标问题的 Pareto 前沿和 Pareto 解集关系示意图

　　通过面心复合设计、响应面法和多目标进化算法进行多目标协同优化，获取自激振荡腔室无量纲结构参数的最优解，具体的多目标优化流程如图 8-10 所示。

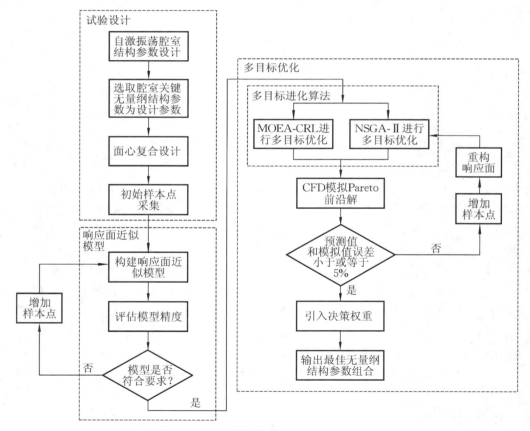

图 8-10　自激振荡腔室多目标优化流程图

8.4.2　多目标优化算法

采用两种多目标优化算法分别对响应面近似模型进行优化,这两种算法是 NSGA-Ⅱ 和 MOEA-CRL,并进行优化结构的对比分析。在 NSGA-Ⅱ 中,优化的最终结果是一组 Pareto 解集,也被称为 Pareto 前沿。模拟二进制交叉(SBX)作为交叉和突变的操作机制被用于生成下一代个体,包含交叉操作和变异操作[7]。

交叉操作表达式为

$$
\begin{cases}
x_i^{(1,t+1)} = \dfrac{1+\beta_{qi}}{2} x_i^{(1,t)} + \dfrac{1-\beta_{qi}}{2} x_i^{(2,t)} \\
x_i^{(2,t+1)} = \dfrac{1-\beta_{qi}}{2} x_i^{(1,t)} + \dfrac{1+\beta_{qi}}{2} x_i^{(2,t)}
\end{cases}
\tag{8.14}
$$

变异操作表达式为

$$
\begin{cases}
x_i^{(1,t+1)} = x_i^{(1,t)} + \delta_q (x_i^{\mathrm{UB}} - x_i^{\mathrm{LB}}) \\
\delta_q = \begin{cases}
[2u + (1-2u)(1-\delta)^{\eta_m+1}]^{\frac{1}{\eta_m+1}} - 1, & u \leqslant 0.5 \\
1 - [2(1-u) + 2(u-0.5)(1-\delta)^{\eta_m+1}]^{\frac{1}{\eta_m+1}}, & u > 0.5
\end{cases} \\
\delta = \dfrac{\min(x_i - x_i^{\mathrm{LB}}, x_i^{\mathrm{UB}} - x_i)}{(x_i^{\mathrm{UB}} - x_i^{\mathrm{LB}})}, & u \in [-1, 0]
\end{cases}
\tag{8.15}
$$

NSGA-Ⅱ 优化算法参数设置如表 8-7 所示。

表 8-7　NSGA-Ⅱ 优化算法参数设置

种群规模	进化代数	交叉概率	变异概率	迭代数
100	30	0.9	0.3	3000

在 MOEA-CRL 中,将权重系数 λ 设为 0.25,采用双层法生成参考点,交叉算子均为 SBX,变异算子均为多项式突变,交叉算子和变异算子的分布指数均设置为 20,其他设置与 NSGA-Ⅱ 相同。

8.4.3　Pareto 解集

通过 MOEA-CRL 结合响应面模型进行多目标优化计算,得到 Pareto 最优前沿,如图 8-11 所示。由于在 Pareto 前沿中,没有任何一个解能够优于其他解,因此任何一个解都可以被选为 Pareto 最优解。

8.4.4　中心结构与优化结构数值模拟对比

通过多目标优化,充分考虑加工精度和设计标准,引入 1∶1 的决策权重,从 Pareto 前沿中选出 1 个符合设计条件的候选设计点进行 CFD 仿真,并与中心设计点原始结构参数进行对比,结果如表 8-8 所示。

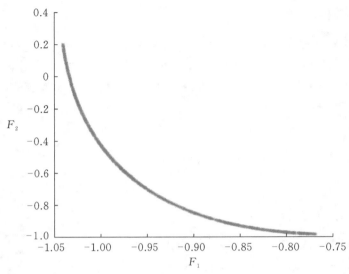

图 8-11　目标 F_1 和 F_2 的 Pareto 最优前沿

表 8-8　中心原始结构与优化结构对比

项目		中心原始结构		优化结构	
		理论计算值	CFD 模拟值	Pareto 前沿值	CFD 模拟值
无量纲结构参数	d_2/d_1	1		1.4	
	D/d_1	4		3.3	
	L/D	0.55		0.65	
性能参数	$F_1/(\text{Pa/m})$	11.3569	11.7658	6.5635	6.7069
	$F_2/(\text{Pa}\cdot\text{s})$	2.8840	2.7891	1.3294	1.2685

　　从优化结果可以得出,优化后的模型性能与 CFD 模拟值之间存在一定的误差,其中,F_1 和 F_2 的误差分别为 2.18% 和 4.58%,满足精度要求。与中心原始结构相比,优化结构的出口壁面平均摩擦阻力和出口流道平均内摩擦力分别减少了43.00% 和 54.52%。

8.4.5　优化后的自激振荡腔室速度流型

　　引入 1∶1 的决策权重,优化后自激振荡腔室结构的速度流型图如图 8-12 所示。当 $t=T/4$ 时,出流管道受尾流涡的影响,速度流型受到挤压,同时,由于出口边界处两侧涡环的对称放大,具有峰值速度的波动中心流束在两侧涡环的夹带下流出流场,并在两侧涡流的夹带下产生波动。当 $t=T/2$ 时,尾流涡开始逐渐扩展变大,流体在近壁区形成反向助推涡,涡环旋向同轴心速度方向相反。当 $t=3T/4$ 时,在两侧反向助推涡的夹带下,峰值速度增大,高速段流体开始聚拢。当 $t=T$ 时,高速段流体峰值速度达到最大并运动到出流管道,受两侧涡流的影响,形成波浪式的流型流动。自激振荡腔室的特殊结构导致射流提前产生剪切层,主射流在两侧涡流的夹带下流出射流场,两侧的涡流会加厚黏性底层,起到反向助推的作用,较大地提升减阻效果。

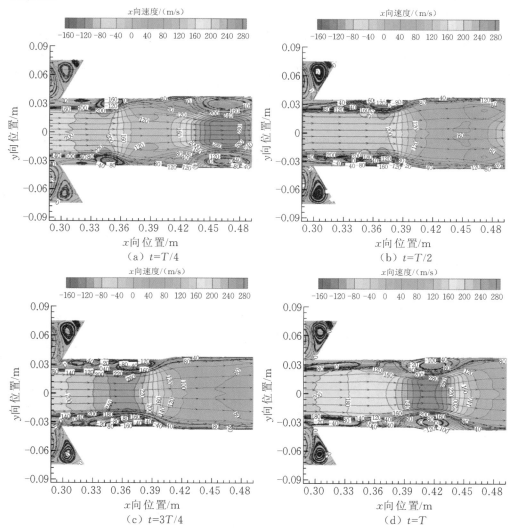

图 8-12　优化腔室结构的一个周期自激振荡射流的轴向速度流型图

　　原腔室结构一个周期内自激振荡射流的轴向速度流型图如图 8-13 所示,流体流出扩散管前,壁面对称涡流较小。流体进入扩散管后,扩散管壁面对称尾流涡较大并沿出口逐渐扩展变大,进而演变为反向助推涡,夹带着中心高速流体向出流管道运动。

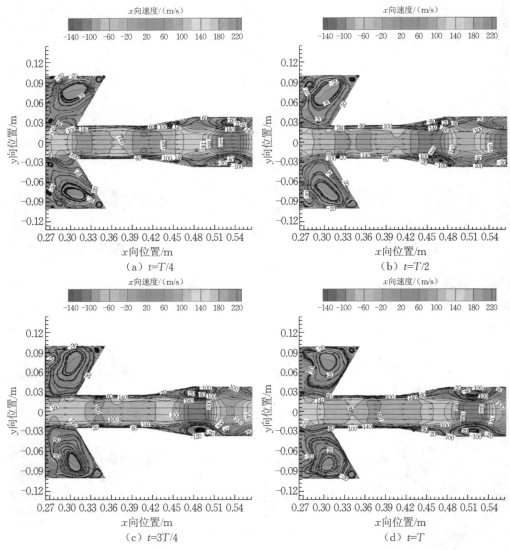

图 8-13　原腔室结构的一个周期内自激振荡射流的轴向速度流型图

　　对比后可以看出,优化结构的中心高速段流体的峰值速度大于原结构,因此,对应的壁面反向助推涡的运动速度加快。反向助推涡类似空气轴承,将高速流体同固体壁面进行分层,因此高速主射流在反向助推涡夹带下没有同固体壁面直接接触。由于原结构 d_2/d_1 较小,扩散管较长,流体进入出流管道后,受到出流管壁面尾流涡的强烈影响。射流从主腔室内出来后,受扩散管的影响,射流的边界不再呈有限空间内的变化,而呈现出无规则以及湍流紊乱状态,这种变化对减阻是非常不利的。

8.4.6　壁面剪切应力变化

壁面剪切应力由表面摩擦阻力引起。由于自激振荡主射流速度呈脉冲状,因此壁面剪切应力发生周期性波动。图 8-14 所示为优化结构与原结构的下壁面剪切应力随无量纲位置参数的变化。在未加入自激振荡腔室时,壁面的平均剪切应力随位置变化呈平稳下降趋势,湍流的壁面剪切应力是由流体壁面处的阻滞性导致的。在加入自激振荡腔室后,壁面剪切应力开始发生波动,对于原结构,波动现象非常明显,壁面剪切应力在加入自激振荡腔室后显著增加,这是由于受扩散管的影响,射流更多呈现出无规则以及湍流紊乱状态,而湍流内小涡流掺混现象较为严重,下游管道内射流阻力也大大增加。优化结构的壁面剪切应力远远小于未加入自激振荡腔室的普通长直圆管内的壁面剪切应力。

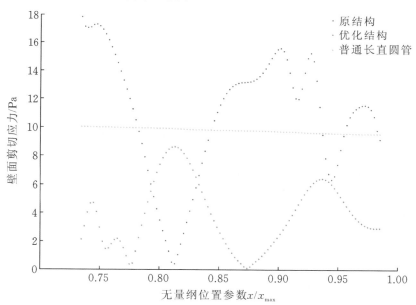

图 8-14　优化结构与原结构的下壁面剪切应力随无量纲位置参数的变化

8.5　NSGA-Ⅱ 与 MOEA-CRL 的优化结果对比

图 8-15 显示了 NSGA-Ⅱ 和 MOEA-CRL 两种算法对优化结果多样性的影响,NSGA-Ⅱ 的 Pareto 解集存在间断分布,而 MOEA-CRL 利用超平面方法生成均匀分布的参考点,从而保证 Pareto 解集的均布性。另外,靠近坐标轴的种群多样性差别不大,这是由于 NSGA-Ⅱ 采用了拥挤距离避免重复解和局部最优的情况,从而保证

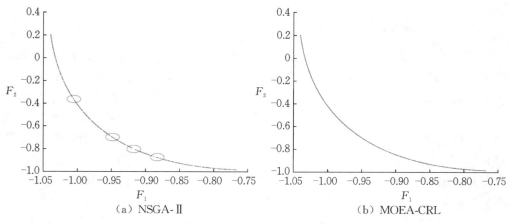

（a）NSGA-Ⅱ　　　　　　　　（b）MOEA-CRL

图 8-15　NSGA-Ⅱ 和 MOEA-CRL 的 Pareto 解集

种群多样性。

　　值得注意的是，本节的案例是二维空间，NSGA-Ⅱ 能够满足相关要求并具有相对优势。但在多维空间中，由于拥挤距离局限性凸显，NSGA-Ⅱ 可能无法避免局部最优和保证解的多样性，一般采用参考点对候选解进行评估。而 MOEA-CRL 采用参考线方法，将候选区域划分为多个子空间，通过候选解所处的子空间对其进行分类，其中，将每类中的优秀个体保存下来，能够有效确保种群在进化过程中的多样性。

　　本节的案例是二维问题且 Pareto 解集属于凸的规则 PF 问题，NSGA-Ⅱ 在解决这类问题时具有较好的收敛性。图 8-16 显示了 NSGA-Ⅱ 和 MOEA-CRL 两种算法对优化结果收敛性的影响，在该算例中，MOEA-CRL 和 NSGA-Ⅱ 在收敛性方面表

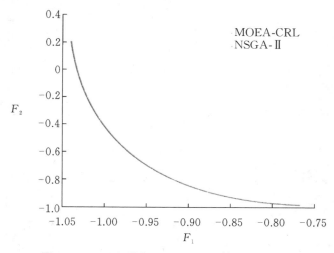

图 8-16　NSGA-Ⅱ 和 MOEA-CRL 的 Pareto 解集

现相近,进一步证明 MOEA-CRL 在引入最低点的情况下,能够保证足够的收敛压力。DPD 评估指标要求贡献解能够同时接近最低点参考线和理想点参考线,因此保证了交叉参考线方法的收敛压力。

8.6　本章小结

本章根据自激振荡腔室的无量纲结构参数建立了响应面近似模型,分析不同无量纲结构参数对自激振荡腔室减阻特性的影响,对自激振荡腔室的无量纲结构参数进行了多目标优化,并且重点对多目标优化结果进行了分析。首先,将采用 MOEA-CRL 进行优化的结构与未优化前的结构进行对比,分析了优化结构与原结构的减阻特性变化。然后,将 NSGA-Ⅱ 和 MOEA-CRL 两种算法的优化结果进行对比,分析了 Pareto 解集的多样性和收敛性差异。主要结论如下。

(1) 出口壁面平均摩擦阻力 F_1 随着 d_2/d_1 的增大而显著降低,与 D/d_1、L/D 相比,d_2/d_1 起主导作用,d_2/d_1、D/d_1、L/D 无明显交互作用。出口流道的平均内摩擦阻力 F_2 随着 D/d_1 的增大而显著增大,与 d_2/d_1、L/D 相比,D/d_1 起主导作用,d_2/d_1 与 L/D 之间存在明显交互作用,并存在 F_2 极大值点。

(2) 充分考虑加工精度和设计标准,引入 1∶1 的决策权重,从 Pareto 前沿中选出 1 个符合设计条件的候选设计点。与中心原始结构进行对比,结果表明,优化后自激振荡腔室的减阻特性得到了显著提高,出口壁面平均摩擦阻力和出口流道平均内摩擦力分别减少了 43.00% 和 54.52%。

(3) 射流在自激振荡腔室内产生射流剪切层,使得涡流出现在壁面处,主射流在两侧涡流的夹带下流出射流场,两侧的涡流加厚黏性底层,起到反向助推作用,能够较大地提升减阻效果。原结构 d_2/d_1 较小,扩散管较长,射流更多呈现出无规则以及湍流紊乱状态,而这种变化对减阻是非常不利的。

(4) 在未加入自激振荡腔室时,壁面的平均剪切应力随位置变化平稳下降,在加入自激振荡腔室后,壁面剪切应力开始发生波动。优化后的自激振荡腔室结构的壁面剪切应力远远小于同直径未加入自激振荡腔室的普通长直圆管内的壁面剪切应力。优化结构的最大法向速度梯度小于原结构,并且法向速度梯度呈波动变化。

(5)NSGA-Ⅱ 的 Pareto 解集存在间断分布,MOEA-CRL 的 Pareto 解集均布性明显好于 NSGA-Ⅱ。MOEA-CRL 和 NSGA-Ⅱ 在收敛性方面表现相近,进一步证明 MOEA-CRL 在引入最低点的情况下,能够保证足够的收敛压力。

参考文献

[1] 汪朝晖,饶长健,高全杰,等.基于瞬时涡量助推效应的自激振荡腔室脉动研究[J].机械工程学

报,2018,54(14):207-214.

[2] CHENG R,JIN Y C,OLHOFER M,et al.A reference vector guided evolutionary algorithm for many-objective optimization[J].IEEE Transactions on Evolutionary Computation,2016,20(5): 773-791.

[3] ZHANG Q F,LI H.MOEA/D:a multiobjective evolutionary algorithm based on decomposition [J].IEEE Transactions on Evolutionary Computation,2007,11(6):712-731.

[4] ASAFUDDOULA M,RAY T,SARKER R.A decomposition-based evolutionary algorithm for many objective optimization[J].IEEE Transactions on Evolutionary Computation,2015,19(3): 445-460.

[5] 汪朝晖,饶长健,孙笑,等.基于剪切涡流运动的自激振荡脉冲射流减阻特性[J].机械工程学报, 2020,56(4):76-84.

[6] LIU C B,BU W Y,XU D.Multi-objective shape optimization of a plate-fin heat exchanger using CFD and multi-objective genetic algorithm [J]. International Journal of Heat and Mass Transfer,2017,111:65-82.

[7] WEN J,YANG H Z,TONG X,et al.Optimization investigation on configuration parameters of serrated fin in plate-fin heat exchanger using genetic algorithm[J]. International Journal of Thermal Sciences,2016,101:116-125.

第 9 章　自激振荡腔室壁面改进设计及热流场性能

9.1　引　言

自激振荡腔室壁面结构对整个流场的流动特性和传热特性起决定性作用,因此有必要对其进行改进和优化,以获得更好的换热效果。自激振荡换热效果与流体运动速度相关,射流速度越大,换热效果越好。射流在自激振荡腔室内周期性地聚集和释放能量,相较于同工况下的连续射流,其在喷射出口瞬时的能量更高且呈现脉动形式,波动峰值速度高于连续射流速度。因此,为获得较好的换热效果,需要在一个振荡周期内聚集更多的能量,以保证射流在喷射出口处获得较大速度。

流体经过自激振荡腔室壁面尖角时生成次生涡,且无法通过改变腔室结构参数消除。次生涡的存在会造成中心涡环的能量损失,从而降低脉冲射流幅值。因此,在设计新型自激振荡腔室壁面结构时,应保证腔室中心气囊区域足够大以便在一个振荡周期内聚集更多的射流能量,并使得射流在自激振荡腔室内损失较少的能量。

本章为了得到换热性能更好的自激振荡腔室壁面结构,利用贝塞尔(Bezier)曲线与圆弧曲线重构了壁面四角过渡形状,改进自激振荡腔室壁面结构,消除次生涡,降低能量损耗,提高换热性能。

9.2　物　理　模　型

自激振荡换热管二维几何结构示意图如图 9-1 所示,自激振荡换热管由上游管道、自激振荡腔室和下游管道三部分组成,其中:上游管道入口直径为 d_0;自激振荡腔室入口直径为 d_1;自激振荡腔室出口直径为 d_2;上游管道长度为 L_1;下游管道长度为 L_3;自激振荡腔室长度为 L;自激振荡腔室直径为 D;自激振荡腔室碰撞壁夹角为 α。

自激振荡换热管结构参数如表 9-1 所示,由于换热管整个计算域的结构对称,因此本章只对自激振荡换热管的一半计算域进行数值模拟,以节省计算资源。

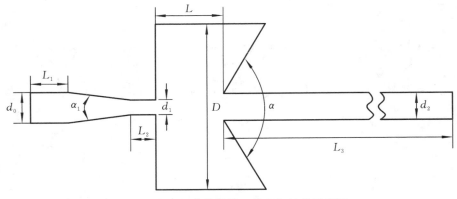

图 9-1 自激振荡换热管二维几何结构示意图

表 9-1 自激振荡换热管结构参数

参数名称	数值
上游管道入口直径 d_0/自激振荡腔室入口直径 d_1	2.2
圆锥形收缩管夹角 α_1	14°
自激振荡腔室长度 L/自激振荡腔室直径 D	0.4~0.7
自激振荡入口管道长度 L_2	10 mm
自激振荡腔室出口直径 d_2/自激振荡腔室入口直径 d_1	2
下游管道长度 L_3	200 mm
自激振荡腔室碰撞壁夹角 α	120°

本章采用双精度压力求解器进行数值模拟,流动介质为水,湍流模型为二维 LES 模型。压力-速度耦合采用 SIMPLE 算法进行求解,压力项采用二阶格式,动量项和能量项均采用二阶迎风格式,时间项则采用二阶隐式格式,对能量方程的收敛残差设置为 1×10^{-6},其他残差设置为 1×10^{-5}。本章数值模拟的边界条件如下:

(1) 速度入口,大小为 1.94641 m/s,温度为 298.15 K;

(2) 压力出口,标准压力;

(3) 无滑移壁面,温度设置为固定温度 400 K。

网格划分以及模型验证与前文类似。

9.3 自激振荡腔室壁面结构优化

自激振荡腔室结构主要由碰撞壁夹角、腔室长径比、出入口直径比决定,优化这三个无量纲结构参数可以改善自激振荡腔室的减阻特性和换热特性。自激振荡换热主要由腔室内剪切层涡量扰动引起,然而现有的结构在腔室尖角处会产生次生涡,其运动方向与中心大涡环运动方向相反,阻碍中心大涡环的生成与发展,进而影响自激振荡腔室的换热特性。

9.3.1　自激振荡腔室结构的缺陷

图 9-2 所示为自激振荡腔室内部流场流线图,在腔内四周尖角壁面及腔室射流入口处,由于壁面无法与流线紧密贴合,导致流动梯度较大,产生与大涡环流动方向相反的次生涡。次生涡的存在会影响轴对称涡的空化效果以及空化成型,最终影响射流的振荡特性。次生涡的运动方向与中心大涡环的运动方向相反,进而阻碍中心大涡环的生成与发展,降低脉冲射流性能,影响脉冲射流的振荡特性。

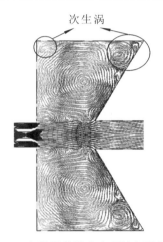

图 9-2　自激振荡腔室内部流场流线图

为研究次生涡的形成规律,对流体力学 N-S 方程做旋度运算,得到黏性可压缩流体的涡量动力学方程,对于正压流体的无黏流动,涡量动力学方程为

$$\left(\frac{\mathrm{d}\omega}{\mathrm{d}t}\right)-(\omega \cdot \nabla)V+\omega(\nabla \cdot V)=-\nabla\left(\frac{1}{\rho}\right)\times\nabla p \tag{9.1}$$

式中:ω——涡量,s^{-1};

$(\omega \cdot \nabla)V$——流场的速度梯度引起涡流大小和方向的变化;

$\omega(\nabla \cdot V)$——流体微团的体积变化引起涡量大小的变化;

$\dfrac{1}{\rho}$——比容,$\mathrm{m^3/kg}$;

p——压强,Pa。

将式(9.1)与流体连续性方程组合,得到:

$$\frac{\mathrm{d}}{\mathrm{d}t}\left(\frac{\omega}{\rho}\right)=\left(\frac{\omega}{\rho} \cdot \nabla\right)V-\nabla\left(\frac{1}{\rho}\right)\times\frac{\nabla p}{\rho} \tag{9.2}$$

引入拉格朗日变量 ξ，它与欧拉变量的关系为 $x = x(\xi, t)$，$V = V(x(\xi, t), t)$。所以，式(9.2)可写成变形张量的形式：

$$\frac{\partial}{\partial t}\left(\frac{\omega_i}{\rho}\right) = \frac{\omega_j}{\rho} \cdot \frac{\partial V_i}{x_j} = -\frac{\omega_j}{\rho} \cdot \frac{\partial x_i}{\partial \xi_a} \cdot \frac{\partial}{\partial t}\left(\frac{\partial \xi_a}{\partial x_j}\right) \tag{9.3}$$

对式(9.3)两边同时乘以 $\dfrac{\partial \xi_i}{\partial x_i}$，由于 $\dfrac{\partial \xi_i}{\partial x_i} \cdot \dfrac{\partial x_i}{\partial \xi_a} = \delta_{la}$，故有：

$$\frac{\partial \xi_i}{\partial x_i} \cdot \frac{\partial}{\partial t}\left(\frac{\omega_i}{\rho}\right) + \frac{\omega_i}{\rho}\delta_{la}\frac{\partial}{\partial t}\left(\frac{\partial \xi_a}{\partial x_j}\right) = 0 \tag{9.4}$$

将式(9.4)写成矢量形式：

$$\frac{\boldsymbol{\omega}}{\rho} = \left(\frac{\omega_0}{\rho_0} \cdot \boldsymbol{V}_\xi\right)x(\xi, t) \tag{9.5}$$

式(9.5)中，$\boldsymbol{V}_\xi x$ 是从欧拉变量变为拉格朗日变量的变形张量。它表明，如果某些流体质点在初始时刻涡量为 0，即 $\omega_0(\xi, 0) = 0$，则 $\omega(\xi, t) = 0$。反之，在初始时刻具有涡量的流体质点在后续时间将始终保持有涡量。

综上可得，初生次生涡的生成对次生涡的生成影响较大，次生涡一旦生成，将一直存在，因此腔室结构的改变无法消除次生涡，而只能通过消除初生次生涡来消除次生涡。

9.3.2　圆弧曲线形自激振荡腔室设计

根据腔室无量纲结构参数的取值范围，模拟流体在腔室内的运动情况，得到图9-3所示的涡分布，除了腔室两个中心低压区会形成气囊外，在腔室四角的 a、b、c、d 四个区域也会形成次生涡，它们与两个中心低压区的涡旋发生相互作用，抵消部分湍流能量，限制腔室内中心气囊的生长。

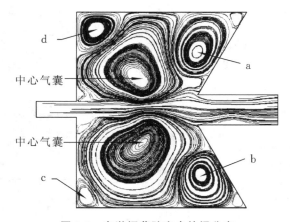

图 9-3　自激振荡腔室内的涡分布

　　限制中心大涡的发展不利于能量的聚集,为得到面积较大的中心大涡,必须消除图 9-3 中 a、b、c、d 四个区域的影响。因此,需在腔室基本结构不变和不影响中心大涡扩张的前提下消除次生涡的影响。由于次生涡的增长情况与中心涡旋相似,在设计腔室壁面结构时,仅需将初生次生涡所在区域减少,这不但能保证中心涡旋有较大的发展区域,也能抑制周围次生涡的生长。图 9-4 所示为自激振荡腔室内初生次生涡区域分布,对自激振荡腔室内涡旋进行数值模拟,发现:图 9-3 中初生次生涡出现的区域对应图 9-4 中 $\triangle P_1 P_2 P_3$ 和 $\triangle P_4 P_5 P_6$ 两个三角形区域。

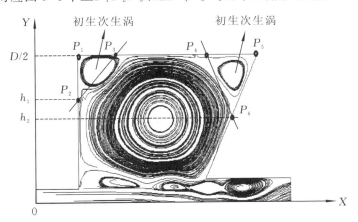

图 9-4　自激振荡腔室内初生次生涡区域分布

　　根据图 9-4 所示的数值模拟结果,确定次生涡环的具体位置及中心涡环中心位置,得到图 9-5 所示的腔室壁面优化参考位置选取。

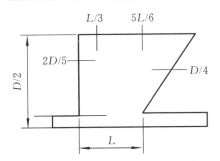

图 9-5　腔室壁面优化参考位置选取

　　由于中心涡环的方向与次生涡环的运动方向相反,因此 $h = 2D/5$ 及 $h = D/4$ 处的 y 向速度、$l = L/3$ 及 $l = 5L/6$ 处 x 向速度与中心大涡环运动方向相反。$\triangle P_1 P_2 P_3$、$\triangle P_4 P_5 P_6$ 区域的次生涡环 y 向速度为正,将 y 向速度为零的点作为临界点,寻找控制点 $a_3 (h = 2D/5)$ 和 $b_3 (h = D/4)$。利用 x 向速度确定控制点 a_2 和 b_2,$\triangle P_1 P_2 P_3$、$\triangle P_4 P_5 P_6$ 区域内次生涡 x 向速度为正,将 x 向速度为零的点作为临界点,寻找控制点 $a_2 (l = L/3)$ 和 $b_2 (l = 5L/6)$。

　　图 9-6 所示为控制点 a_2、a_3、b_2、b_3 附近的速度变化。图 9-6(a)中 $l=L/6$ 时，起点处 x 向速度为负，说明该线经过 $\triangle P_1 P_2 P_3$ 区域内的次生涡；$l=L/2$ 时，上壁面处 x 向速度为正，说明该线经过 $\triangle P_4 P_5 P_6$ 区域内次生涡再经过中心大涡环；$l=L/3$ 时，起点速度在 x 向为零，说明该线经过次生涡与大涡环的交界处。可以确定，控制点 a_2 在 $l=L/3$ 与 $h=D$ 交点处。同理，在图 9-6(b)中可得控制点 b_2 在 $l=5L/6$ 与 $h=D$ 交点处。图 9-6(c)中 $h=9D/20$ 时，起点 y 向速度为正，说明该线先经过 $\triangle P_1 P_2 P_3$ 区域内次生涡再经过中心大涡环；$h=7D/20$ 时，起点 y 向速度为负，说明该线直接经过中心大涡环；$h=2D/5$ 时起点 y 向速度为零，说明该线经过次生涡与大涡环交界处。可以确定，控制点 a_3 在 $h=2D/5$ 与 $l=0$ 交点处。图 9-6(d)中由于腔室右壁面不是直线，所以起点位置不同，$h=D/5$ 时，起点 y 向速度为正，说明该线先经过 $\triangle P_4 P_5 P_6$ 区域内的次生涡再经过中心大涡环；$h=3D/10$ 时，起点 y 向速度为负，说明该线直接经过中心大涡环；$h=D/4$ 时，起点 y 向速度为零，说明该线经过次生涡与大涡环交界处。可以确定，控制点 b_3 在 $h=D/4$ 与腔室右壁面交点处。

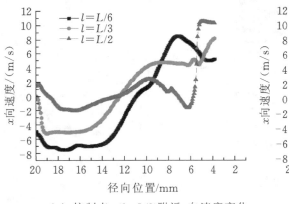

(a) 控制点 $a_2(l=L/3)$ 附近 x 向速度变化

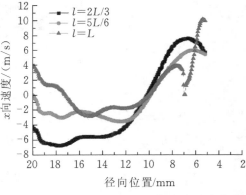

(b) 控制点 $b_2(l=5L/6)$ 附近 x 向速度变化

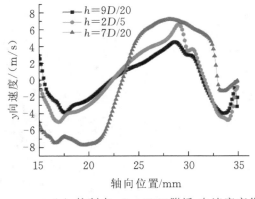

(c) 控制点 $a_3(h=2D/5)$ 附近 y 向速度变化

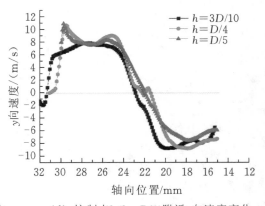

(d) 控制点 $b_3(h=D/4)$ 附近 y 向速度变化

图 9-6　控制点 a_2、a_3、b_2、b_3 附近的速度变化

如图 9-7 所示,以控制点 a_2、a_3、b_2 和 b_3 为壁面内切点,在 $\triangle P_1 P_2 P_3$、$\triangle P_4 P_5 P_6$ 内做内切圆弧,将其作为腔室壁面的过渡曲线。

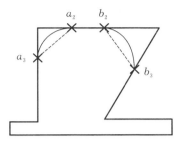

图 9-7　壁面过渡曲线

9.3.3　基于贝塞尔曲线的腔室设计

如图 9-8 所示,为确定两个区域的大致位置,对自激振荡腔室内静压值的分布情况进行数值模拟,分别提取四条沿轴向分布直线上的静压值。

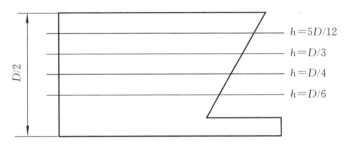

图 9-8　自激振荡腔室内四条参考直线的分布位置

图 9-8 中的四条参考直线均与轴线平行,距轴线的纵向距离分别是:$h=D/6$、$h=D/4$、$h=D/3$ 和 $h=5D/12$,四条参考直线上静压值的分布如图 9-9 所示。

由图 9-9 可知,在 $h=D/6$ 时,腔室内的静压值先减小后增大,说明该位置横向跨度上并没有覆盖次生涡存在区域,静压值的降低主要是因为该参考直线穿越中心气囊的低压区。当 $h=D/4$ 时,腔室内静压值先减小后略微增大,在轴向位置约 45 mm 处,再次降低,原因是该参考直线穿越了中心气囊低压区和图 9-4 中的 $\triangle P_4 P_5 P_6$ 低压区,同时说明此时参考直线开始穿越 $\triangle P_4 P_5 P_6$ 区域内的次生涡。轴向位置 40~45 mm 之间静压值升高的主要原因是该段的参考直线穿越了两个低压区之间的空隙。当 $h=D/3$ 时,静压值在轴向位置约 20 mm 处上升,而后静压值分布在较小的范围内(4000~6000 Pa),造成这种现象的主要原因是该位置的参考直线同时穿越了图 9-4 中的边角低压区 $\triangle P_1 P_2 P_3$、$\triangle P_4 P_5 P_6$ 以及中心气囊低压区,同时说明此时参考直线的位置达到了 $\triangle P_1 P_2 P_3$ 区域内的次生涡;当 $h=5D/12$ 时,静压值的分布与 $h=D/3$ 相近,不同的是两者静压值升高点对应的轴向位置有所差异,

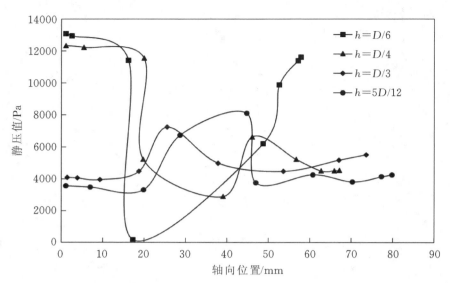

图 9-9　四条参考直线上静压值的分布

造成这种现象的主要原因是此时参考直线处于高压区与低压区之间,参考直线位置与低压区中心位置的差异导致静压值升高点轴向位置的差异。

上述分析可基本确定初生次生涡形成区域所对应的纵向位置,即:图 9-4 中 h_1(点 P_2 纵坐标)约为上半腔室的 $2/3(h=D/3)$ 位置处,h_2(点 P_6 纵坐标)约为上半腔室的 $1/2(h=D/4)$ 位置处,故想要消除次生涡的影响,在设计腔室壁面形状时需要将两个三角形区域除去,以防止次生涡发展变大。

设计中采用三点两次的贝塞尔曲线作为腔室壁面过渡区域的边界,可以保证壁面高阶光滑,且根据给定控制点所确定的曲线形式可使壁面形状按照设计要求变化,对于给定的 $n+1$ 个控制点 $P_i(i=0,1,2,\cdots,n)$,贝塞尔曲线上各点坐标的插值公式如下:

$$P(t)=\sum_{i=0}^{n}P_iB_{i,n}(t),\quad t\in(0,1) \tag{9.6}$$

其中,P_i 构成贝塞尔曲线的特征多边形,$B_{i,n}(t)$ 为 n 次 Bernstein 基函数,其表达式为

$$B_{i,n}(t)=C_n^it^i(1-t)^{n-i}=\frac{n!}{i!\ (n-i)!}t^i(1-t)^{n-i},\quad i=0,1,2,\cdots,n \tag{9.7}$$

当 $n=2$ 时,有:

$$P(t)=(t^2\quad t\quad 1)\begin{pmatrix}1&-2&1\\-2&2&0\\1&0&0\end{pmatrix}\begin{pmatrix}P_0\\P_1\\P_2\end{pmatrix} \tag{9.8}$$

$$=(P_2-2P_1+P_0)t^2+2(P_1-P_0)t+P_0,\quad t\in(0,1)$$

由此,自激振荡腔室内设计区域及控制点分布如图 9-10 所示,B_1 区域内的控制点为 P_1、P_2、P_3,B_2 区域内的控制点为 P_4、P_5、P_6,在构造二次贝塞尔曲线时,根据点 $P_1 \sim P_6$ 的坐标即可确定 B_1 段和 B_2 段的贝塞尔曲线表达式。

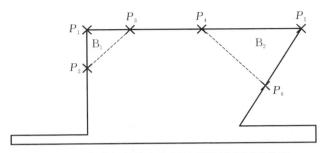

图 9-10   自激振荡腔室内设计区域及控制点分布

本节涉及的自激振荡腔室是回转体结构,故构建模型时只考虑上半腔室。以图 9-10 中过渡区域 B_1 和 B_2 为设计对象,确定壁面控制点 $P_1 \sim P_6$ 的位置坐标,其中控制点 P_1、P_2、P_3 用于确定 B_1 段贝塞尔曲线,控制点 P_4、P_5、P_6 用于确定 B_2 段贝塞尔曲线,取 100 个点作为式(9.8)中的变量 t,所构造的四角过渡形状如图 9-11 所示。

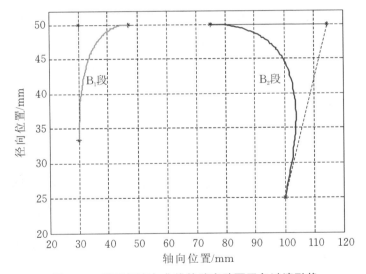

图 9-11   基于贝塞尔曲线的腔室壁面四角过渡形状

9.4   新型结构的流动特性

基于 9.3 节优化后的自激振荡腔室壁面结构,进行流动特性的数值模拟分析。

比较原始结构、圆弧曲线形结构、贝塞尔曲线形结构之间腔室内压力分布以及流场结构变化情况,并对其脉动频率进行分析。

9.4.1　腔室内部流动特性

图 9-12、图 9-13 所示分别为自激振荡腔室改进后结构与原始结构的总压云图以及流线对比图。图 9-12 中圆弧曲线形和贝塞尔曲线形腔室结构中心涡环空化区域的流线与腔室壁面充分贴合,消除了腔室壁面尖角处的次生涡,降低了腔体内的能量消耗,并避免次生涡对空化气囊及主射流的干扰,有利于脉冲射流性能的提升。

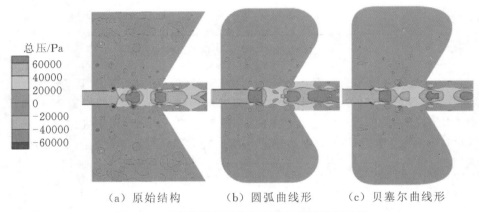

（a）原始结构　　　　（b）圆弧曲线形　　　　（c）贝塞尔曲线形

图 9-12　腔室改进后结构与原始结构的总压云图

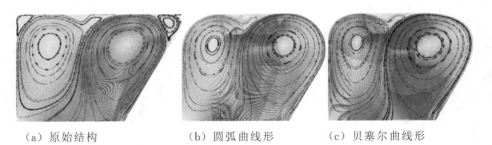

（a）原始结构　　　　（b）圆弧曲线形　　　　（c）贝塞尔曲线形

图 9-13　自激振荡腔室流线对比图

图 9-14 所示为原始和改进后的自激振荡腔室在能量释放状态和能量聚集状态下的压力分布云图。在能量释放状态下,虽然两种结构的自激振荡腔室内低压区面积都较小,但原始结构的低压区集中分布在靠近下喷嘴的四角区域,而改进后结构的低压区分布更加靠近腔室的中间部位。在能量聚集状态下,两种结构自激振荡腔室内低压区面积均较大。原始结构的低压区分布靠近下喷嘴区域,而改进后结构的低压区分布明显集中在腔室中间部位,这说明自激振荡腔室壁面四角过渡区域的结构改进改变了腔室内低压区的分布。

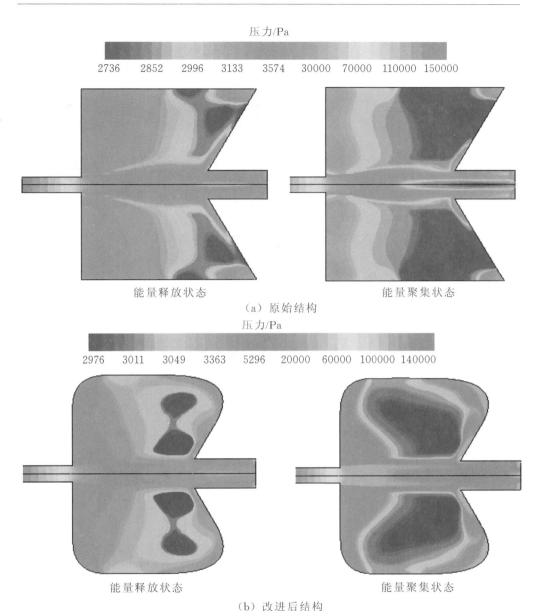

压力/Pa

2736　2852　2996　3133　3574　30000　70000　110000　150000

能量释放状态　　　　　　　　　　　能量聚集状态

（a）原始结构

压力/Pa

2976　3011　3049　3363　5296　20000　60000　100000　140000

能量释放状态　　　　　　　　　　　能量聚集状态

（b）改进后结构

图 9-14　自激振荡腔室压力分布云图

图 9-15 所示为自激振荡腔室内时均涡量云图,在原始结构中,大量的涡量聚集在腔室的左上角和右上角。已知次生涡的旋向与中心大涡旋向相反,次生涡会消耗自激振荡腔室内部的能量。圆弧曲线形及贝塞尔曲线形自激振荡腔室内的时均涡量明显更加聚集,且主要集中在腔室上游区域,不断诱发产生新的涡。

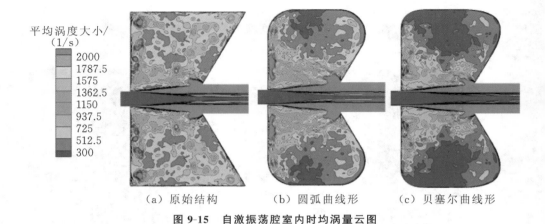

平均涡度大小/
(1/s)

2000
1787.5
1575
1362.5
1150
937.5
725
512.5
300

（a）原始结构　　　　　（b）圆弧曲线形　　　　　（c）贝塞尔曲线形

图 9-15　自激振荡腔室内时均涡量云图

9.4.2　出口脉动频率

自激振荡腔室内能量聚集状态与能量释放状态的交替出现，导致射流速度在喷射出口处发生波动，能量聚集状态和能量释放状态分别对应速度谷值和速度峰值。分别计算原始结构和两种改进后结构喷射出口处的平均速度值，平均速度分布如图 9-16 所示。改进后结构与原始结构的脉动频率、峰值不同，相同工况下，贝塞尔曲线形和圆弧曲线形结构的平均速度的波动范围为 2.4～7.1 m/s，原始结构的平均速度

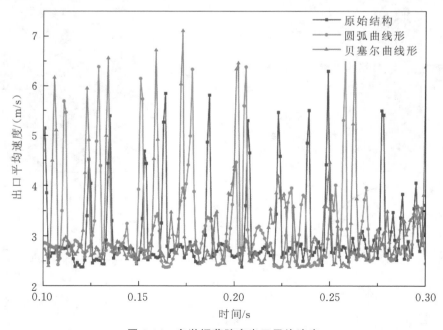

图 9-16　自激振荡腔室出口平均速度

波动范围为 2.4~6.2 m/s,改进后结构较原始结构的速度峰值提高约 14.52%,说明改进后结构影响自激振荡腔室内的能量分布,提高了脉冲射流的速度峰值。

9.5　新型结构的换热特性

优化自激振荡腔室壁面结构的目的是降低次生涡引起的能量损耗,进一步增强换热性能,因此本节主要分析改进后结构的出口平均温度、壁面换热系数,比较其强化换热的提升效果。

9.5.1　出口平均温度

图 9-17 所示为改进后结构与原始结构的温度分布云图,可以看出,虽然原始结构在次生涡的位置有较好的换热性能,但是在下游管道中,改进后结构的换热效果更加显著且换热更加均匀。原因是改进后结构增强了下游管道的涡强度,促进了流体与管道之间的热交换。

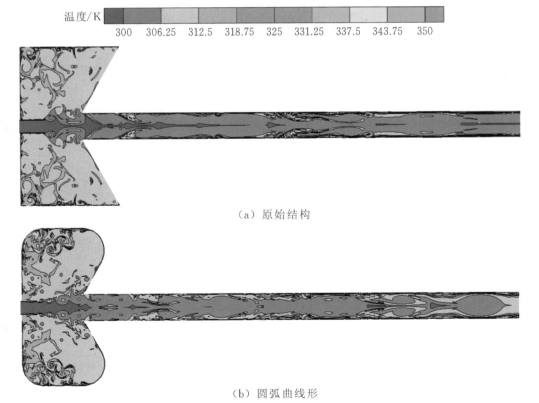

温度/K

300　306.25　312.5　318.75　325　331.25　337.5　343.75　350

（a）原始结构

（b）圆弧曲线形

图 9-17　自激振荡腔室温度分布云图

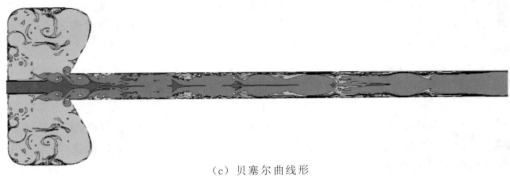

(c) 贝塞尔曲线形

续图 9-17

9.5.2　壁面换热系数

对腔室改进后结构的压力场、矢量场、脉冲性能和换热性能进行分析,发现改进后结构能有效地消除次生涡,降低腔室能量损耗,使空化区域面积增大。图 9-18 所示为 $t=2.5$ s 时改进后结构与原始结构的壁面换热系数,原始结构的壁面换热系数峰值为 32102 W/(m² · K),圆弧曲线形结构的壁面换热系数峰值达到 43456 W/(m² · K),贝塞尔曲线形结构的壁面换热系数峰值最大,为 47292 W/(m² · K),

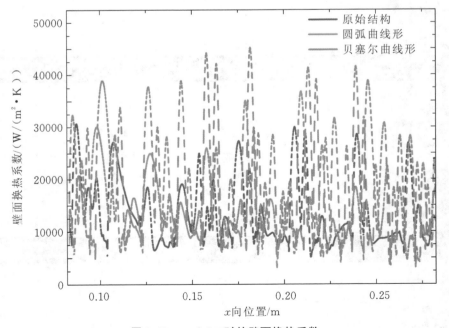

图 9-18　$t=2.5$ s 时的壁面换热系数

并且波动更加稳定。对此时的壁面换热系数进行面积加权平均,原始结构的平均值为 14346.348 W/(m²·K),圆弧曲线形和贝塞尔曲线形结构的平均值分别为 16884.806 W/(m²·K)和 19446.454 W/(m²·K),换热性能可提高约 35.5%。虽然改进后腔室内的换热面积减小,换热能力有一定程度的下降,但是总体而言,新型结构有效地促进了换热。

图 9-19 所示为 $t=2.1 \sim 2.5$ s 时的面积加权平均壁面换热系数,改进后结构的壁面换热系数明显提升,且贝塞尔曲线形结构下游管道中的换热性能提升最大。对该范围内的两组数据进行时均处理,原始结构的壁面换热系数为 14702.9 W/(m²·K),圆弧曲线形和贝塞尔曲线形结构的壁面换热系数分别为 18078.2 W/(m²·K)和 19320.8 W/(m²·K),改进后结构相比原始结构的壁面换热系数最大增加了 4617.9 W/(m²·K),提高了约 31.41%。

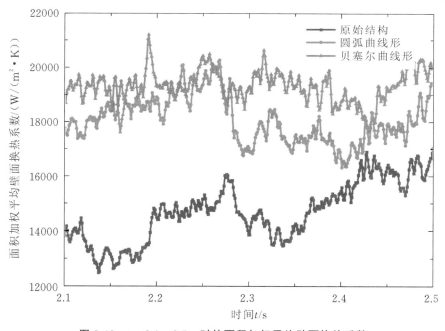

图 9-19　$t=2.1 \sim 2.5$ s 时的面积加权平均壁面换热系数

9.6　本 章 小 结

本章基于次生涡生成机理,分析了次生涡的形成及位置的确定,提出了腔室壁面结构设计方法,对腔室结构进行改进,主要结论如下。

(1)自激振荡腔室内次生涡的增长与中心大涡环相似,次生涡的形成与发展受腔室壁面形状的影响,次生涡的形成会造成腔室内能量的损耗,影响中心大涡环的生长。为降低能量损失,利用次生涡与中心大涡环速度变化的临界点确定次生涡与中心大涡环的分界线,从而改进腔室结构,提高脉冲射流性能。

（2）对优化后的腔室结构进行压力场、矢量场、脉冲性能和换热性能分析,改进后的腔室能够有效消除次生涡,降低腔室的能量损耗,增大空化区域面积,脉冲射流速度峰值提高约 14.52%,换热效率提高约 31.41%。

（3）基于圆弧曲线和贝塞尔曲线对自激振荡腔室的壁面进行改进设计,结果表明两种结构均可消除尖角处的次生涡,进而获得更优的换热性能。

第 10 章　基于 Al_2O_3 纳米流体的自激振荡热流道结构参数优选

10.1　引　　言

在对流传热过程中,提高强化传热的方式主要有增大传热面积、提高传热系数以及增大平均传热温差三种。纳米流体具有高热导率和强化传热特性,其在热交换领域中有重要的应用。本章创造性地提出纳米流体自激振荡脉动强化换热技术,进一步减薄边界层来提高强化换热性能。

纳米颗粒的热物理性质、直径,基液的热物理性质及流体温度是影响纳米流体热导率的主要因素,因此,构建研究纳米流体自激振荡传热特性的物理模型和数学模型对于研究传热性能和优选结构参数至关重要。目前,针对纳米流体流动的数值模拟方法主要有基于分子动力学的两相模拟方法和基于试验所得经验公式的单相模拟方法,本章重点分析脉动逆流涡对纳米流体强化传热的影响,故运用基于经验公式的单相法从宏观上进行数值分析。

本章基于涡流瞬时演变特性对腔室结构参数进行优选,运用正交试验法对自激振荡热流道的无量纲结构参数进行综合分析,得到适合 Al_2O_3 纳米流体脉动强化换热的最佳结构参数,在此基础上,通过壁面剪切应力和努塞尔数分别研究各无量纲结构参数对强化换热的影响。

10.2　纳米流体流动特性研究的模型构建

本节建立了纳米流体脉动强化传热特性研究的物理模型和数学模型,并对所选的数学模型进行网格无关性测试和湍流模型验证,以确保数值计算结果的正确性和可信性。

10.2.1　物理模型

热流道的结构参数对流体的流动和传热特性具有重要影响,主要原因是自激振荡腔室的结构会改变流道内涡量形成与演变的规律,影响下游流道中逆向扰流的形成及其脉动频率,进而改变传热性能。

　　本节所研究的自激振荡热流道的二维几何结构示意图如图 10-1 所示,该热流道以 Liu 等人[1]所设计的亥姆霍兹喷嘴为基础,考虑换热实际工况而进行了适当的参数调整。为了保证腔室入口流态的稳定性,所有上游流道的几何结构保持不变,上游流道入口直径 $d_0=13$ mm,收敛角 $\alpha=14°$,上游流道出口直径 $d_1=5.9$ mm。而腔室直径 D、腔室长度 L 和下游流道直径 d_2 则是影响流场的主要结构参数,故也是进行结构参数优化时主要考虑的变量。此外,由 Liu 等人[2]的相关研究可知,腔室碰撞角 $\theta=120°$时,腔室内的涡量分布达到最佳。王乐勤等人[3]通过试验研究获得了低压大流量自激振荡脉冲喷嘴的最佳参数配比范围,为了使纳米流体能够获得足够的脉动激励源以及腔室结构参数最佳,所有腔室结构的参数值均从王乐勤等人的研究结果中选择。

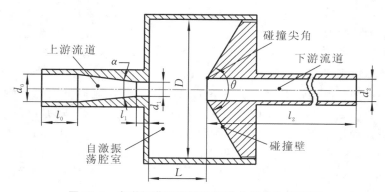

图 10-1　自激振荡热流道的二维几何结构示意图

　　自激振荡热流道的主要结构参数如表 10-1 所示。其中,腔室直径 D、腔室长度 L 和下游流道直径 d_2 对热流道中流体的流动形态及强化传热效率影响较大,因此将这三个参数作为主要结构参数进行相应的分析与研究。为了将结构参数的影响进行相似处理,引入了上游流道入口直径 d_0 和出口直径 d_1,以对主要结构参数进行无量纲分析[4,5]。

表 10-1　自激振荡热流道的主要结构参数

参数名称	取值
上游流道入口直径 d_0/mm	13
上游流道入口长度 l_0/mm	15
上游流道出口直径 d_1/mm	5.9
上游流道出口长度 l_1/mm	10
下游流道直径 d_2/mm	$(1.6,1.8,2.0,2.2)d_1$

参数名称	取值
下游流道长度 l_2/mm	200
腔室直径 D/mm	$12d_1$
腔室长度 L/mm	$6d_1$
收敛角 α/(°)	14
碰撞角 θ/(°)	120

流动与传热问题中,主要应考虑流道入口、出口和壁面的温度设定,以及热流道入口的流速,在进行数值研究时的运行参数如表 10-2 所示。

表 10-2　纳米流体自激振荡脉动强化传热运行参数

参数名称	取值	参数名称	取值
入口雷诺数 Re_{in}	40000	出口温度 T_{out}/K	300
入口温度 T_{in}/K	298.15	壁面温度 T_w/K	343.15

根据紧凑式热交换设备的实际工况,本节研究的边界条件为:入口设置为速度入口边界条件,速度大小由雷诺数确定;出口设置为压力为零的压力边界条件,壁面设置为恒定温度且无滑移边界条件。使用 SIMPLE 算法求解速度-压力耦合方程,采用二阶离散化获得更高精度的数值解,此外,为了在数值求解时间和精度之间取得折中值,最大残差设置为 10^{-5}。

10.2.2　数学模型

1. 湍流模型

由于本节主要研究湍流中逆流涡的演变规律,综合考虑计算成本,选择 LES 湍流模型进行数值模拟,以便能捕获更准确的流场瞬时逆流涡结构。图 10-2 显示了在相同条件下分别使用 RANS 和 LES 计算得出的热流道出口压力曲线。

从图 10-2 中可以看出,当使用 LES 湍流模型进行数值模拟时,热流道出口的平均压力呈现出明显的脉动变化,这表明该湍流模型可用于捕获热流道中的逆流涡。因此,在本节的研究中,选择 LES 湍流模型可以更准确地观察到逆流涡的形成与演变特性。

2. 控制方程

在不可压缩情况下,经过滤波后的连续性方程、动量方程和能量方程表达如下。

连续性方程[6]为

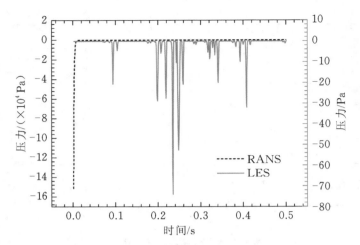

图 10-2　不同湍流模型下热流道出口压力对比

$$\frac{\partial \overline{u_i}}{\partial x_i} = 0 \tag{10.1}$$

动量方程[7]为

$$\frac{\partial \overline{u_i}}{\partial t} + \frac{\partial \overline{u_i}\,\overline{u_j}}{\partial x_j} = \frac{1}{\rho}\left[\frac{\partial}{\partial x_j}\left(\mu\,\frac{\partial \overline{u_i}}{\partial x_j}\right) - \frac{\partial \overline{p}}{\partial x_i}\right] - \frac{\partial \overline{(u_i u_j} - \overline{u_i}\,\overline{u_j})}{\partial x_j} \tag{10.2}$$

能量方程[6]为

$$\frac{\partial \overline{T}}{\partial t} + \frac{\partial (\overline{u_j}\,\overline{T})}{\partial x_j} = \frac{\mu}{\rho Pr}\frac{\partial}{\partial x_j}\left(\frac{\partial \overline{T}}{\partial x_j}\right) - \frac{\partial \overline{(u_j T} - \overline{u_j}\,\overline{T})}{\partial x_j} \tag{10.3}$$

式中：ρ——工作流体的密度，kg/m^3；

　　μ——工作流体的动力黏度，$Pa \cdot s$；

　　Pr——工作流体的普朗特数；

　　$\overline{u}$——经过滤波后的速度，m/s；

　　$\overline{p}$——经过滤波后的压力，Pa；

　　$\overline{T}$——经过滤波后的温度，K。

亚格子尺度模型与 RANS 模型一样，也采用了 Boussinesq 假设，亚格子尺度应力由以下公式给出：

$$\tau_{ij} - \frac{1}{3}\tau_{kk}\delta_{ij} = -2\mu_t\,\overline{S_{ij}} \tag{10.4}$$

而$\overline{S_{ij}}$可定义为

$$\overline{S_{ij}} = \frac{1}{2}\left(\frac{\partial \overline{u_i}}{\partial x_j} + \frac{\partial \overline{u_j}}{\partial x_i}\right) \tag{10.5}$$

本节研究采用 Smagorinsky-Lilly 模型对 μ_t 进行求解，其计算方程为

$$\mu_t = \rho L_s^2 \left| \overline{S} \right| \tag{10.6}$$

其中,L_s 和 $\left| \overline{S} \right|$ 分别定义为

$$L_s = \min(\kappa d, C_S V^{1/3}) \tag{10.7}$$

$$\left| \overline{S} \right| = \sqrt{2 \, \overline{S_{ij}} \, \overline{S_{ij}}} \tag{10.8}$$

3. 流动和传热相关参数

在本节研究中,为了比较不同腔室结构下热流道中纳米流体的流动和传热特性,并对其进行定量分析,给出如下的参数定义。

雷诺数的计算由以下公式获得:

$$Re = \frac{\rho_{nf} U D_h}{\mu_{nf}} \tag{10.9}$$

式中:D_h——热流道的水力直径,m;

　　　U——x 方向的速度,m/s;

　　　ρ_{nf}——纳米流体密度,kg/m³;

　　　μ_{nf}——纳米流体黏度,Pa·s。

平均努塞尔数定义为

$$\overline{Nu} = \frac{\overline{h} D_h}{\kappa} \tag{10.10}$$

式中:κ——纳米流体的热导率,W/(m·K);

　　　$\overline{h}$——平均传热系数,W/(m²·K);

　　　D_h——热流道的水力直径,m。

水力直径 D_h 可由如下公式给出:

$$D_h = \frac{4V}{A} \tag{10.11}$$

式中:V——自激振荡热流道总体积,m³;

　　　A——自激振荡热流道总表面积,m²。

表征流体流动阻力特性的 Darcy-Weisbach 系数 f 定义为

$$f = \frac{2D_h \Delta p}{\rho_{nf} L U_{in}^2} \tag{10.12}$$

式中:Δp——进出口的压差,Pa;

　　　U_{in}——管道中流体平均速度,m/s。

对流传热的平均传热系数 $\overline{h}$ 定义为

$$\overline{h} = \frac{q''}{T_w - T_{bulk}} \tag{10.13}$$

式中:T_w——热流道壁面温度,K;

q''——换热量，J；

T_{bulk}——流体的体平均温度，K。

传热性能指标 HTPI 定义为

$$HTPI = \frac{\overline{Nu_{nf}}/\overline{Nu_{bf}}}{(f_{nf}/f_{bf})1/3} \tag{10.14}$$

式中：$\overline{Nu_{nf}}$，$\overline{Nu_{bf}}$——强化（填充纳米流体的自激振荡热流道）和非强化（填充基液的直流道）的努塞尔数；

f_{nf}，f_{bf}——强化（填充纳米流体的自激振荡热流道）和非强化（填充基液的直流道）的阻力系数。

当 HTPI＞1 时，说明传热增强高于压力损失，因此，HTPI 越大表明其传热性能越好。

10.2.3　纳米流体热物理性质

目前，纳米流体流动的数值模拟方法可分为两类：其一是基于分子动力学的两相模拟方法，其二是基于试验所得经验公式的单相模拟方法。在本章的研究中，着重考虑脉动逆流涡对纳米流体强化传热的影响，故选择基于经验公式的单相法进行数值分析。影响纳米流体单相法数值模拟的重要因素是纳米流体的热物理性质，因此正确规定纳米流体的热物理性质对模拟结果的正确性十分重要。考虑纳米流体热物理性质试验测量的缺乏及理论建模的局限，为了避免模型带来的数值结果误差，本章中纳米流体热物理性质的计算公式来自文献[8]，热物性参数的具体表达式如下。

密度表达式为

$$\rho_{nf} = (1-\phi)\rho_{bf} + \phi\rho_{np} \tag{10.15}$$

比热表达式为

$$(\rho C_p)_{nf} = (1-\phi)(\rho C_p)_{bf} + \phi(\rho C_p)_{np} \tag{10.16}$$

黏度表达式为

$$\mu_{nf} = \frac{\mu_{bf}}{(1-\phi)^{2.5}} \tag{10.17}$$

热导率表达式为

$$\kappa_{nf} = \frac{\kappa_{np} + 2\kappa_{bf} - 2\phi(\kappa_{bf} - \kappa_{np})}{\kappa_{np} + 2\kappa_{bf} + \phi(\kappa_{bf} - \kappa_{np})}\kappa_{bf} \tag{10.18}$$

在本章的研究中，选用粒径为 38 nm 的球形 Al_2O_3 纳米颗粒，在数值模拟时假设纳米颗粒均匀分布在基液（水）中，而基液和 Al_2O_3 纳米颗粒的热物理性质如表 10-3 所示。

表 10-3　Al_2O_3 纳米颗粒和水的热物理性质

材料	$\rho/(kg/m^3)$	$C_p/(J/(kg \cdot K))$	$\mu/(Pa \cdot s)$	$\kappa/(W/(m \cdot K))$
Al_2O_3	3880	773	—	36
基液（水）	998.2	4182	9.98×10^{-4}	0.597

10.2.4　网格无关性测试及模型验证

1. 网格无关性测试

本节的自激振荡热流道结构较为规则,因此选择四边形网格对计算域进行网格划分。考虑流体流动的边界层问题以及较小的热流道尺寸,对整个计算域的网格进行细化,最终网格划分如图 10-3 所示。

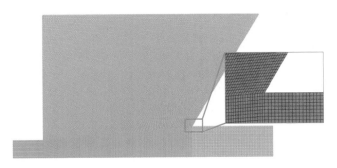

图 10-3　自激振荡热流道的网格划分

为了分析网格尺寸对数值模拟结果的影响,以水作为工作流体,在入口雷诺数 $Re_{in}=40000$ 时,对 $D/d_1=8$、$L/d_1=5.6$ 且 $d_2/d_0=1$ 的自激振荡热流道进行网格无关性检验。采用式(10.19)计算不同网格尺寸下热流道中流体平均温度的相对误差值:

$$e = \left| \frac{M_1 - M_2}{M_1} \right| \times 100\% \tag{10.19}$$

式中:M_1,M_2——前、后两种网格尺寸下平均温度,K。

表 10-4 给出了五种网格尺寸下平均温度的相对误差,由表可知,相对误差随着网格节点数的减少而增大。当节点数为 313400 时,平均温度的相对误差为 0.159%,小于 1%,此时的网格精度对数值模拟结果影响较小,可忽略不计。

表 10-4　五种网格分辨率的平均温度相对误差比较

节点数	平均温度/K	相对误差/(%)
78290	297.2398	—
139243	303.1143	1.976

节点数	平均温度/K	相对误差/(%)
219781	307.3885	1.410
313400	306.8985	0.159
434554	306.6260	0.089

考虑瞬态值可能存在偶然性误差,图 10-4 比较了五种网格尺寸下对称轴上时均速度的变化情况,随着网格节点数的增加,热流道对称轴上的时均速度变化趋于一致,节点数大于 313400 时的变化较小,网格精度已能够满足要求。

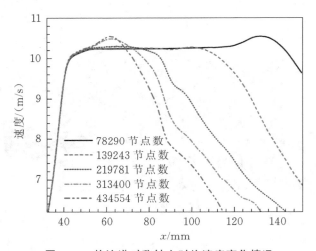

图 10-4　热流道对称轴上时均速度变化情况

如图 10-4 所示,根据不同网格尺寸下流场的平均温度和时均速度的结果,综合分析后,最终采用网格节点数为 313400 的网格尺寸进行数值模拟,以消除网格划分所带来的数值计算误差,确保所有数值模拟结果的准确性及科学性。

2. 湍流模型验证

为了确保数值模拟结果的可信度,对数学模型结果进行验证。本部分采用水基 Al_2O_3 纳米流体作为工作流体,下游流道直径 d_2 分别为 $9.44d_1$、$10.62d_1$、$11.8d_1$ 和 $12.98d_1$,入口雷诺数 $Re_{in}=40000$。在湍流脉动相对稳定后,将数值模拟结果与 Dittus-Boelter 经验公式进行对比,该经验公式如式(3.11)所示。

经验公式的适用范围为:$10^4 < Re < 12 \times 10^4$,$0.7 < Pr < 120$,$L/D > 60$。温差的限制为:对于气体,$\Delta T \leqslant 50$ ℃;对于水,$\Delta T \leqslant 30$ ℃;对于油类,$\Delta T \leqslant 10$ ℃。如图 10-5 所示,数值模拟结果的平均努塞尔数与经验公式的努塞尔数的相对误差最大为 9.857%,相对误差值小于 10%,表明当前数值模拟结果介于经验公式的可接受范围内,由于经验公式中努塞尔数只与雷诺数和普朗特数有关,故数值模拟结果与经验公式的误差可能是脉动不均匀性导致的。

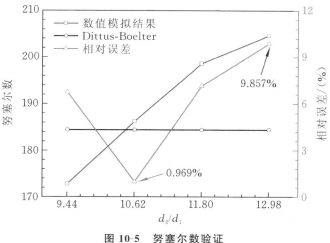

图 10-5 努塞尔数验证

10.3 纳米流体流动特性

基于前文所介绍的理论基础和数学模型,本节对自激振荡脉动水/Al₂O₃纳米流体的流动特性进行数值模拟,并对自激振荡热流道中纳米流体的流场特性进行分析。本节的数值模拟结果将为紧凑式换热器的优化设计提供一定的理论基础和科学依据。

10.3.1 速度场和温度场

在研究腔室结构参数对自激振荡热流道传热特性的影响之前,需要充分了解纳米流体在自激振荡热流道中的流动特性,而速度可以有效地表示减阻和强化传热的效果,自激振荡腔室内的速度分布是影响下游流道脉动强化传热的关键。热流道中的流体流经自激振荡腔室后,初始给定的连续流将转变为具有周期性脉动变化趋势的脉动流,其可为下游流道提供周期性脉动激励,使下游流道近壁面处的流体出现逆向扰流,从而减薄传热边界层。为研究热流道中纳米流体速度以及温度的分布情况,本部分针对 $d_2/d_1 = 1.8$ 的自激振荡热流道进行速度场和温度场的分析与讨论。

在单个脉动循环内,自激振荡热流道中纳米流体的速度分布云图如图 10-6 所示。当纳米流体流入自激振荡腔室后,由于流道直径的增加以及剪切层的非定常性,腔室内出现较大的速度梯度,当纳米流体在碰撞尖角处发生碰撞分离后,一部分流体沿着碰撞壁流入自激振荡腔室,形成大尺度涡旋结构,影响剪切层的形成与演变,进而影响下一脉动循环内涡流的形成和碰撞分离过程;而另一部分流体则在碰撞分离后沿下游流道的壁面流动,该部分流体与下游流道的中心主流区流体形成较大的速度梯度,从而促使逆流涡的形成。此外,逆流涡在下游流道中呈现波浪状流动状态,且上下壁面交替出现低速逆流区和高速挤压区,即两壁面之间的涡流具有互补性,而下游流道中低速逆流区的存在是减阻与强化传热的关键,低速逆流区近壁面处的速度较低,而高速挤压区近壁面处的速度有所增加。速度的起伏波动导致自激振荡下游流道中的流速呈周期性变化趋势,而对于换热直管而言,管内的速度将会保持相对恒定,呈现出层流流动状态,近壁面处也不会出现逆向扰流。

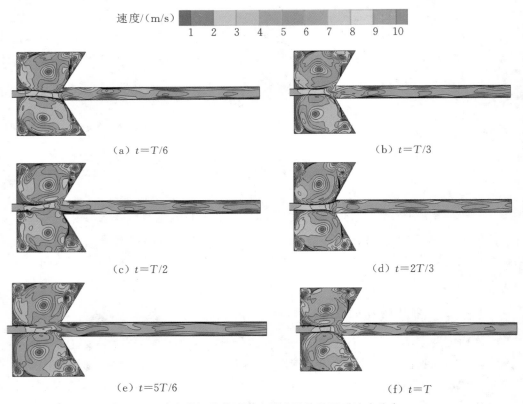

图 10-6　自激振荡热流道中纳米流体的瞬时速度分布

　　流道中的速度分布很大程度上影响温度分布,且温差的高低与强化传热的优劣程度也有密切的联系。图 10-7 显示了一个脉动周期内不同时刻自激振荡热流道中的温度分布情况,对比图 10-6 可知,低速逆流区的流体温度相对较高,而高速挤压区的流体温度相对较低。由图 10-7 的等温线可知,在自激振荡热流道中,下游流道的高温区域位于低速逆流区的两侧,其分布主要取决于逆流的强弱,并且逆流涡近壁面处的温度梯度将能达到最大值。此外,下游流道中的逆流扰动能够促进中心主流区与近壁面流体的充分混合,减小中心主流区面积,从而有效地提高自激振荡热流道中纳米流体的传热效率,而在不具有自激振荡腔室的普通流道中,由于流动边界层相对较厚,热流道近壁面处高温区小,中心主流区增大,此区域内的流体温度较低,中心主流区和过渡区的温度梯度变化小,因此并未产生明显的热量传递。

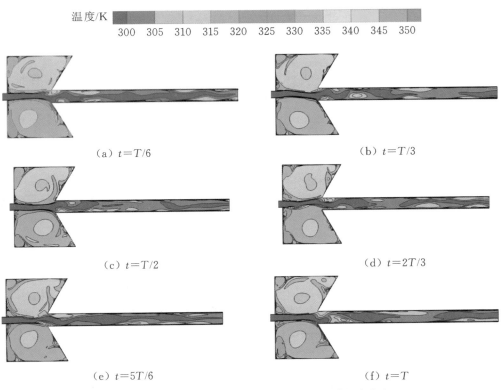

图 10-7 自激振荡热流道中纳米流体的瞬时温度分布

通过热流道中速度场和温度场的分析可知,温度场的分布与流场的流态息息相关,流场中逆流扰动的形成会影响热流道内温度的变化趋势,因此逆流扰动是提高强化传热效率的关键。为了进一步分析下游流道中纳米流体的速度和温度的周期性变化情况,本部分设置了图 10-8 所示的四条参考线和五个参考点。其中四条参考线分别由下游流道的四个横截面简化而来,四条参考线与下游流道入口的距离分别为 0 mm、37.5 mm、75 mm 和 112.5 mm,并依次标记为 L_1、L_2、L_3 和 L_4,而五个参考点则均匀分布在参考线 L_3 上,以分析径向变化情况,并从下游流道的上壁面到下壁面依次标记为 $P_1 \sim P_5$。

上述四条参考线的速度和温度分布情况如图 10-9 所示,由速度变化情况可知,在参考线 L_1 上存在一瞬时涡流,此瞬时涡流位于热流道的对称轴上方且接近中心主流区,而在参考线 L_2 上并没有低速逆流区,参考线 L_3 上也存在一瞬时涡流,此涡

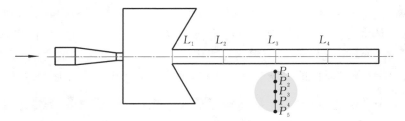

图 10-8　参考点和参考线位置示意图

流位于热流道的对称轴下方,参考线 L_4 上的低速涡流较小且位于热流道对称轴附近。由此可知,在热流道的上下管壁之间,低速逆流区与高速挤压区交替出现,并呈现出互补的变化趋势,而就参考线上的温度分布来看,四条参考线上的温度分布与速度变化情况相似,低速扰流的存在使得该区域的流体温度增加。此外,热流道近壁面处的温度梯度随轴向位置变化而降低,下游流道入口处的温度梯度最大,越接近热流道出口,其温度梯度越小,传热边界层越厚。由于逆流涡的存在,热流道中很大一部分区域的温度明显高于中心主流区的温度,证明了逆流涡对强化传热具有较好的促进作用。

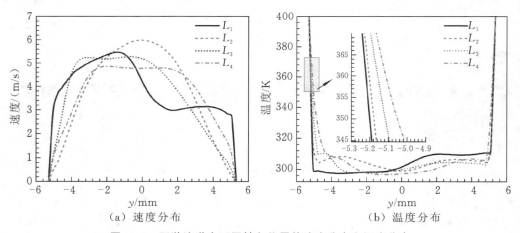

（a）速度分布　　　　　　　　　　　　　　（b）温度分布

图 10-9　下游流道在不同轴向位置的速度分布和温度分布

图 10-10 给出了自激振荡热流道下游流道中四条参考线上平均速度和平均温度随时间的变化情况。通过对比速度曲线可知,所有参考线上的平均速度均出现脉动效应,但各参考线上的脉动周期性存在一定差异,其中,参考线 L_1 上的平均速度波动范围最大,且速度均高于其他参考线,而其余参考线上的速度波动范围较小。这说明自激振荡热流道下游流道入口处的脉动效果最好,而随着涡流向下游迁移,脉动效应逐渐减弱,因此热流道的长度是影响脉动效应的关键因素。各参考线上的平均温度变化趋势相似,从温度变化趋势也能观察到周期性脉动现象,且温度的脉动效应主要是由低速逆流区和高速挤压区相互交替产生的,对比各参考线上的平均速

度与平均温度可知,热流道中的流速过大将使热量传递效率降低。因此,低速逆流区的存在有利于热流道中的热量传递。

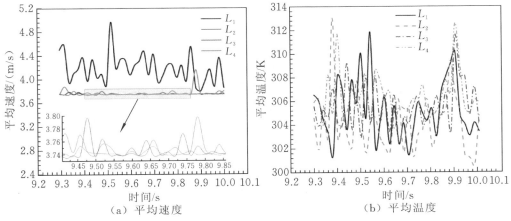

（a）平均速度　　　　　　　　　　　（b）平均温度

图 10-10　不同参考线处的平均速度和平均温度随时间的变化

为了分析下游流道中流体在径向方向上的周期性脉动情况,分别对 L_3 上五个参考点的速度和温度分布进行研究。图 10-11 展示了不同参考点处速度和温度随时间的变化情况。从速度分布可以看出,由于参考点 P_1 和 P_5 位于热流道近壁面处,其速度相对较低,且两点的速度波动在一定程度上呈现出同步性。参考点 P_3 位于热流道对称轴轴线上,因此其速度最高。参考点 P_2 和 P_4 的速度波动也在一定程度上呈现出互补性,验证了热流道上下两壁面之间热量传递的互补性。对各参考点的温度进行分析时发现,参考点 P_1 和 P_5 的温度较高且波动范围较大,而参考点 P_2、P_3 和 P_4 的温度变化基本一致且波动范围较小。这是由于参考点 P_2、P_3 和 P_4 位于热流道的中心主流区,此区域内的流速较大,温度梯度较低,从而降低了热量传递速率。综上可知,为最大化提高强化传热效率,需要提高近壁面处的温度波动幅度。

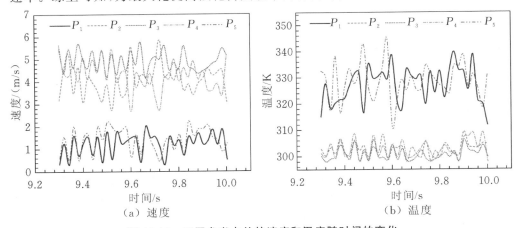

（a）速度　　　　　　　　　　　（b）温度

图 10-11　不同参考点处的速度和温度随时间的变化

10.3.2　壁面剪切应力

壁面剪切应力是流体流过壁面时因流体黏性作用而在接触面产生的滑移力。壁面剪切应力越大,表明近壁面处流体的流速越大且扰动越强,由于逆流涡的存在,下游流道的壁面剪切应力出现周期性波动。图 10-12 对比了不同下游流道直径的自激振荡热流道与光滑直管的壁面剪切应力变化曲线。由图可知,在没有自激振荡腔室结构的光滑直管中,壁面剪切应力沿轴向呈线性递减且变化范围较小,而在自激振荡热流道中,由于剪切流的碰撞分离效应,壁面剪切应力在下游管道的入口附近达到最大值。在图中所显示的下游管道区域,壁面剪切应力呈现周期性脉动变化趋势,说明此区域内的流体流动几乎不受下游流道入口条件的影响。其中,当 $d_2/d_1=$ 1.6 和 2.0 时,下游流道的壁面剪切应力具有较高的脉动幅值,但其波动的稳定性相对较差。而当 $d_2/d_1=1.8$ 和 2.2 时,壁面剪切应力的脉动幅值比前两种情况小,脉动较稳定,在 $d_2/d_1=2.2$ 时取得最好脉动效果。总的来说,自激振荡热流道比光滑直管的壁面剪切应力低,且当 $d_2/d_1=1.8$ 和 2.2 时壁面剪切应力较小且脉动较稳定,因此 $d_2/d_1=1.8$ 和 2.2 的自激振荡热流道在近壁面处的逆流扰动较大。

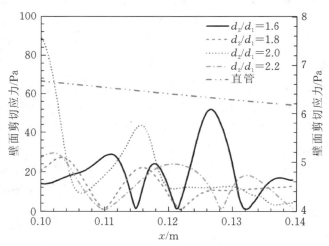

图 10-12　不同下游流道直径的自激振荡热流道和光滑直管的壁面剪切应力

10.3.3　压降和阻力系数

流体在管内流动的过程中会因能量损失而引起压力降低,压降的大小便反映了能量损失的大小。图 10-13 显示了单个脉动周期内自激振荡热流道和光滑直管的压降和阻力系数变化情况,可以看出,在没有自激振荡腔室结构的光滑直管中,压降和阻力系数几乎保持恒定,其值分别约为 961.93 Pa 和 0.0083。自激振荡腔室的存在为下游流道提供了脉动激励,使热流道中的压降和阻力系数呈现脉动变化趋势,但产生脉动的同时也增加了热流道的压降和阻力系数,并且压降和阻力系数具有相似的变化趋势。研究不同下游流道直径对强化传热性能的影响时,当无量纲结构参数 d_2/d_1 在 $1.6\sim2.2$ 范围内变化时,单个脉动周期内的压力损失变化趋势接近,且当 $d_2/d_1=2.0$ 时,压降和阻力系数波动幅值最大,而当 $d_2/d_1=1.6$ 和 1.8 时,压降和阻力系数较小。压降过大表明能量损失较大,因此改善强化传热的同时需保证压降在可接受范围内。

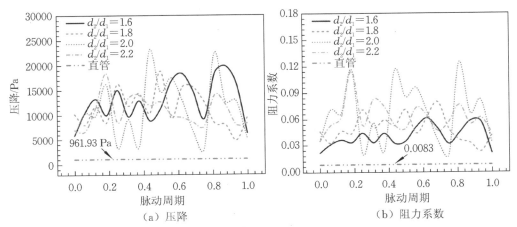

图 10-13 　自激振荡热流道和光滑直管在单个脉动周期内的压降和阻力系数变化

10.4 　纳米流体的传热特性

本节对自激振荡纳米流体的传热特性进行研究,分别讨论不同下游流道直径和不同颗粒浓度对纳米流体传热特性的影响,并对其综合传热性能进行评价。

10.4.1 　努塞尔数

壁面努塞尔数表示壁面上流体的无量纲温度梯度,可用来描述对流换热的强度,努塞尔数越大,强化传热效果越好。图 10-14 显示了不同 d_2/d_1 的自激振荡腔室与光滑直管的壁面努塞尔数变化情况,在没有自激振荡腔室结构的光滑直管中,壁面努塞尔数沿轴向呈线性降低,且变化范围较小。而在自激振荡热流道中,壁面努塞尔数在下游流道呈现周期性变化趋势,且自激振荡热流道的壁面努塞尔数总体上优于光滑直管,这表明自激振荡热流道中纳米流体的强化传热性能相较光滑直管更好。此外还发现,当 $d_2/d_1=2.0$ 时,壁面努塞尔数的波动峰值沿轴向逐渐降低,此时的脉动不具有持续性。当 $d_2/d_1=1.6$、1.8 和 2.2 时,壁面努塞尔数的周期性脉动效果均较好,此时的下游流道直径更有利于实现传热增强。

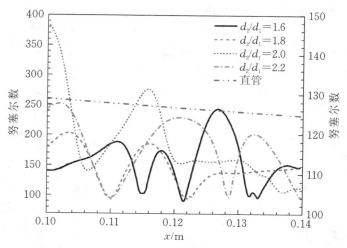

图 10-14 自激振荡热流道和光滑直管的壁面努塞尔数

10.4.2 传热性能综合评价

改善传热性能的同时会在一定程度上增加压降损失,因此采用传热性能指标 HTPI 来表征传热增强和压降损失的大小。HTPI>1 则表明传热增强大于压降损失,反之则说明传热增强小于压降损失。图 10-15 给出了不同下游流道直径的自激振荡热流道在单个脉动周期内 HTPI 的变化情况。HTPI 在所有研究中均大于 1,表明自激振荡腔室结构的存在能有效改善传热性能。其中,当 d_2/d_1=1.6、1.8、2.0 和 2.2 时,HTPI 在单个脉动周期内的最大值分别为 1.86、1.94、2.64 和 3.95。综上所

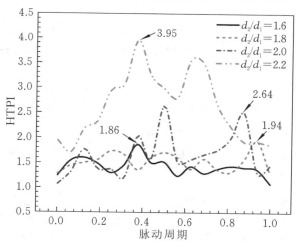

图 10-15 单个脉动周期内不同 d_2/d_1 的 HTPI 对比

述:当 d_2/d_1 = 1.6、1.8 时,HTPI 在单个脉动周期内的波动较稳定;当 d_2/d_1 = 2.0 时,HTPI 的周期性最差,强化传热不稳定;而当 d_2/d_1 = 2.2 时,HTPI 波动周期性相对稳定且取值较高,此时的强化传热效果最佳。

10.4.3　纳米颗粒浓度对传热特性的影响

纳米颗粒浓度对纳米流体的热物理性能影响较大,纳米颗粒的体积分数极大地影响着纳米流体的强化传热性能。图 10-16 给出了入口雷诺数 Re_{in} 分别为 10000 和 50000 时,Al₂O₃ 纳米颗粒体积分数 ϕ 对热流道平均努塞尔数的影响。由图 10-16(a)可知,在较低雷诺数情况下,当 ϕ < 0.04 时,平均努塞尔数随着纳米颗粒体积分数的增加而呈现上升的趋势;而当 ϕ > 0.04 时,随着纳米颗粒体积分数的增加,平均努塞尔数变化不稳定。L/d_1 = 3.2 时获得最低平均努塞尔数,其余热流道结构下的平均努塞尔数变化趋势一致。因此,当 ϕ = 0.04 且 L/d_1 = 4.0 ~ 5.6 时,自激振荡热流道具有最佳强化传热效果。由图 10-16(b)可知,在较高雷诺数情况下,平均努塞尔数随着纳米颗粒体积分数 ϕ 和腔室无量纲结构参数 L/d_1 的增加而增加。

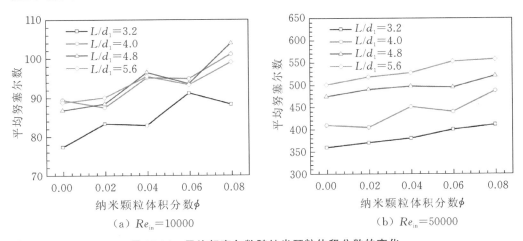

图 10-16　平均努塞尔数随纳米颗粒体积分数的变化

图 10-17 显示了 Re_{in} = 10000 和 50000 时,压降随 Al₂O₃ 纳米颗粒体积分数 ϕ 的变化情况。在 Re_{in} = 10000 时,压降随着无量纲结构参数 L/d_1 的增加而降低,且当 L/d_1 从 4.8 变化到 5.6 时压降的平均降低量最大;在 Re_{in} = 50000 时,压降随着无量纲结构参数 L/d_1 的增加呈现降低的趋势,当 L/d_1 从 3.2 变化到 4.0 时压降的平均降低量最大,而当 L/d_1 从 4.0 变化到 5.6 时压降数值较为接近,当 L/d_1 = 5.6 时,自激振荡热流道的能量损失最小。

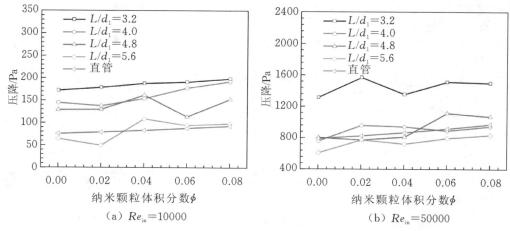

（a）$Re_{in}=10000$　　　　　　　　（b）$Re_{in}=50000$

图 10-17　压降随纳米颗粒体积分数的变化

10.5　自激振荡腔室结构参数优选

基于前两节对热流道中纳米流体的流动和传热特性的分析与研究,本节运用正交试验方法对自激振荡热流道的主要结构参数进行优化研究,利用大涡模拟湍流模型分析热流道的主要结构参数对 Al_2O_3 纳米流体传热特性的影响规律,并获得最优结构参数配比。

10.5.1　结构参数因素水平设计

通过对腔室结构及传热问题的分析并结合先前学者的经验来决定考察因素[9,10],主要包括腔室长度 L、腔室直径 D 及下游流道直径 d_2。基于前面的数值模拟结果,在对自激振荡热流道的主要结构参数进行优选时,对主要结构进行参数设计,所设计热流道主要结构参数的初始尺寸如表 10-5 所示。

表 10-5　自激振荡热流道初始结构参数

结构参数	尺寸
上游流道入口直径 d_0/mm	12
上游流道入口长度 l_0/mm	15
上游流道出口直径 d_1/mm	6
上游流道出口长度 l_1/mm	5
下游流道直径 d_2/mm	d_0

续表

结构参数	尺寸
下游流道长度 l_2/mm	150
腔室直径 D/mm	$10d_1$
腔室长度 L/mm	$6d_1$
收敛角 $\alpha/(°)$	14
碰撞角 $\theta/(°)$	120

由表 10-5 可知,自激振荡热流道的结构参数较多,如要对所有结构参数进行优化研究则需要较大工作量。考虑实际成本和时间的局限性,在进行正交试验时,主要考虑腔室直径 D、腔室长度 L 和下游流道直径 d_2 对热流道中纳米流体的强化传热性能的影响。为了增强正交试验结果的可视化效果,采用无量纲结构参数进行数值模拟结果分析,具体无量纲结构参数为 D/d_1、L/d_1 和 d_2/d_0,将这三个无量纲结构参数作为正交试验时的三个因素,并初步确定各因素的水平数为 4,各因素的取值范围从王乐勤等人[3]的研究结果中获得,其中因素 A(D/d_1)的取值范围为 $10\sim13$、因素 B(L/d_1)的取值范围为 $4\sim7$、因素 C(d_2/d_0)的取值范围为 $0.8\sim1.1$。本试验设计了 3 因素 4 水平的正交试验方案,并根据 $L_{16}(4^5)$ 正交试验表确定表 10-6 所示的无量纲结构参数配比因素水平。

表 10-6 热流道主要结构参数因素-水平表

水平	因素		
	A	B	C
1	10	4	0.8
2	11	5	0.9
3	12	6	1.0
4	13	7	1.1

在相同的运行参数下进行数值模拟,得到了 16 组自激振荡热流道结构的平均努塞尔数,并分别采用基于直观分析的极差分析法和基于统计分析的方差分析法对各因素的正交试验结果进行传热性能研究,以确定各因素对热流道中纳米流体传热性能的影响程度。

10.5.2 基于直观分析的极差分析法

极差分析法是正交试验结果分析中的一种直观、简单的分析方法,本正交试验将平均努塞尔数作为自激振荡热流道中纳米流体传热性能增强的检验指标,正交试验的 16 组模拟结果的直观分析如表 10-7 所示。在表 10-7 中，$k_1 \sim k_4$ 表示各因素水平下的试验结果的均值，R 则表示试验结果极大值与极小值之差。通过分析不同因素下各试验结果极差的大小判断各因素对传热性能影响的主次关系，结果显示各因素对传热性能影响程度为 B>C>A。此外，本正交试验还可根据空列来判断各因素之间的交互影响，试验结果显示空列对应的极差与 C 列接近，故可先忽略各因素间的交互影响。本部分的传热性能评价指标（平均努塞尔数）可用来描述对流换热的强烈程度，平均努塞尔数越大表明传热性能越好。因此，在进行结构参数优选时，对于主要因素 B 和次要因素 C 而言，应选择 k 值较大的水平数，而对于最次因素 A 则需要选择适中 k 值的水平数。由表 10-7 可知，本正交试验的最佳结构参数配比应为 $B_4 C_4 A_2$，即腔室长度 $L = 7d_1$、下游流道直径 $d_2 = 1.1d_0$ 和腔室直径 $D = 11d_1$。

表 10-7　正交试验方案及试验结果表

编号	A	B	空列	C	空列	组合	Nu_{av}
1	10	4	0.8	0.8	0.8	$A_1 B_1 C_1$	340.8789
2	10	5	0.9	0.9	0.9	$A_1 B_2 C_2$	451.6409
3	10	6	1.0	1.0	1.0	$A_1 B_3 C_3$	543.8952
4	10	7	1.1	1.1	1.1	$A_1 B_4 C_4$	592.7202
5	11	4	1.0	0.9	1.1	$A_2 B_1 C_2$	392.9558
6	11	5	1.1	0.8	1.0	$A_2 B_2 C_1$	426.2260
7	11	6	0.8	1.1	0.9	$A_2 B_3 C_4$	596.9104
8	11	7	0.9	1.0	0.8	$A_2 B_4 C_3$	559.9789
9	12	4	1.1	1.0	0.9	$A_3 B_1 C_3$	421.1068
10	12	5	1.0	1.1	0.8	$A_3 B_2 C_4$	505.6841
11	12	6	0.9	0.8	1.1	$A_3 B_3 C_1$	525.4945
12	12	7	0.8	0.9	1.0	$A_3 B_4 C_2$	616.7067
13	13	4	0.9	1.1	1.0	$A_4 B_1 C_4$	432.8087
14	13	5	0.8	1.0	1.1	$A_4 B_2 C_3$	475.6208
15	13	6	1.1	0.9	0.8	$A_4 B_3 C_2$	480.7732
16	13	7	1.0	0.8	0.9	$A_4 B_4 C_1$	633.8898
k_1	482.2838	396.9375	507.5292	481.6223	471.8288		
k_2	494.0178	464.7929	492.4808	485.5191	525.8870		$T_{in} = 293.15$ K
k_3	517.2480	536.7684	519.1062	500.1504	504.9091		$T_w = 343.15$ K
k_4	505.7731	600.8239	480.2066	532.0309	496.6978		$Re_{in} = 40000$
R	34.9642	203.8864	38.8997	50.4086	54.0582		

10.5.3　基于统计分析的方差分析法

由于极差分析法无法区分某因素各水平试验结果的差异产生的原因,因此,对前文的正交试验结果进行方差分析,以消除极差分析法的计算误差。

各参数的显著性检验可通过比较 F_A、F_B、F_C 与临界值 F_a 的大小得出,α 分别取 0.05、0.01、0.1 和 0.2 四个水平,并通过 F 分布表查得临界值分别为 $F_{0.05}(3,6)=4.76$、$F_{0.01}(3,6)=9.78$、$F_{0.1}(3,6)=3.29$ 以及 $F_{0.2}(3,6)=2.1$。表 10-8 给出了本正交试验的方差分析表,各因素对试验指标 Nu_{av} 影响的主次顺序为 B＞C＞A。由此可见,方差检验结果与极差分析法的一致,证明了正交试验结果的科学性与可信性。

表 10-8　方差分析表

方差来源	平方和	自由度	F	显著性
A	2721.43	3	0.574	△
B	93514.66	3	19.741	＊＊＊
C	6293.28	3	1.328	＊
总和	112003.69	15	—	—

注:△表示不显著,＊表示显著,＊＊表示较显著,＊＊＊表示高度显著。

10.6　结构参数优选结果

根据正交试验极差分析结果可知,热流道的最优无量纲结构参数配比为 $B_4C_4A_2$。为了进一步验证该方案的传热性能,按照前文的数值模拟方法新增一组数值试验,即最优无量纲结构参数配比方案,定义为 17# 试验方案,并将 17# 试验方案与 16# 试验方案的数值分析结果进行对比,以验证最优配比方案的准确性及可信性。

10.6.1　涡量分布

涡量云图可以清晰地反映出纳米流体在自激振荡热流道中的流动形态,同时也能间接地反映强化传热的强弱。图 10-18 给出了 17# 试验方案在单个脉动周期内的涡量分布情况。当 $t=T/4$ 时,剪切层附近的剪切流已初步形成,即将因剪切层的不稳定性而使扰动放大,且此时自激振荡腔室内的涡量分布主要集中在管壁附近,对剪切层处涡量的影响较小,有利于剪切涡流的聚集和迁移;当 $t=T/2$ 时,剪切流已完成剪切层不稳定性的放大作用,并即将到达碰撞尖角,下一脉动周期内的离散涡在腔室入口两侧初步形成,并对剪切流的聚集、衍生和迁移造成一定的影响;当 $t=3T/4$ 时,剪切流已在碰撞尖角处完成了碰撞分离过程,其中一部分剪切流沿碰撞壁流入腔室,对下一脉动周期造成反馈效果,而另一部分剪切流则沿下游流道管壁向下游迁移,并在下游流道中形成脉动逆流涡,而此逆流涡是实现强化传热的关键;当 $t=T$ 时,随着两部分热流道中逆向扰流的迁移,腔室碰撞尖角处的流体扰动逐渐减小,腔室入口两侧的离散涡已完全形成,腔内涡流也通过能量释放而逐渐消失,得到能量的自激振荡腔室此时正在为下一脉动周期内剪切涡流的形成做准备。

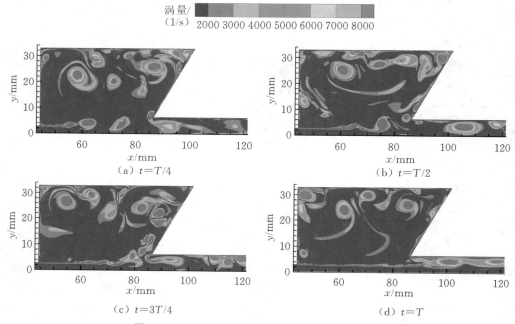

图 10-18　单个脉动周期内热流道中的涡量分布

17# 试验方案的自激振荡热流道结构能够使下游流道产生较强的脉动逆流涡,可有效促进热流道中纳米流体的强化传热效率。

10.6.2　速度和压力分布

热流道中的时均压力分布和时均速度分布可以更清晰地显示涡旋结构的强弱程度。图 10-19 给出了 16# 试验方案和最优 17# 试验方案在单个脉动周期内的时均压力分布和时均速度分布。通过对比时均速度分布云图可知,17# 试验方案的自激振荡腔室内的速度分布更紊乱,热流道内的逆流扰动更强,进而加快流道中流体混合,促进中心主流区流体与近壁面区域流体的热量传递。对比两个试验方案的时均压力分布云图可知,17# 试验方案的压力绝对值明显高于 16# 试验方案,表明最优 17# 试验方案的热流道中具有较大的涡流,使得腔室内大部分区域出现负压,负压的绝对值越大,涡流越明显,其强化传热性能越佳。通过以上分析,证明了 17# 试验方案为最优方案,也证明了极差分析和方差分析结果的合理性和可行性。

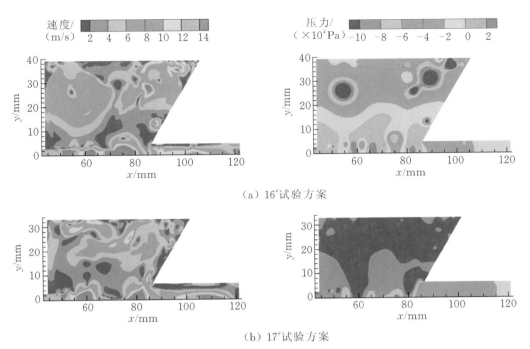

（a）16$^{\#}$试验方案

（b）17$^{\#}$试验方案

图 10-19　单个脉动周期内时均速度分布和时均压力分布对比

10.6.3　壁面温度及努塞尔数

　　自激振荡热流道的下游流道壁面温度直接反映壁面与流体之间的热量传递效率，壁面温度变化越大，壁面与流体之间所传递的热量越多。图 10-20（a）给出了自激振荡热流道的下游流道壁面温度沿轴向的变化情况。新增的 17$^{\#}$试验方案沿轴向的壁面温度明显小于 16$^{\#}$试验方案，17$^{\#}$试验方案的壁面温度沿轴向的递增趋势高于 16$^{\#}$试验方案。这表明最优方案的下游流道壁面与热流道中纳米流体的热量传递效率更高，更有利于实现纳米流体的脉动强化传热，验证了正交试验结果的正确性与可信性。

　　壁面努塞尔数是研究对流传热问题的一个无量纲温度参数，它可用来描述对流传热的强烈程度，努塞尔数越大表明此时的结构越有利于增大强化传热效率。图 10-20（b）显示了下游流道壁面的时均努塞尔数沿轴向的变化情况，最优方案 17$^{\#}$试验方案的壁面努塞尔数明显高于 16$^{\#}$试验方案，进一步验证了正交试验所获得的最优方案的正确性与可靠性。此外，通过对比两种试验方案下努塞尔数变化曲线的波动幅度可知，17$^{\#}$试验方案的下游流道中的流体扰动明显大于 16$^{\#}$试验方案，17$^{\#}$试验方案的腔室结构能够产生较好的涡量脉动，传热性能最佳。

　　通过上述对热流道中涡量、时均速度、时均压力以及下游流道壁面温度和努塞

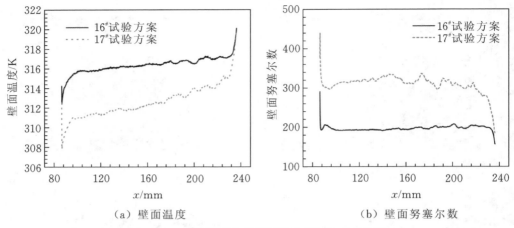

（a）壁面温度　　　　　　　　　　　　　（b）壁面努塞尔数

图 10-20　壁面温度和壁面努塞尔数沿轴向的变化

尔数的验证分析，发现 17# 试验方案均表现出最佳性能，具有最佳传热效果。

10.7　主要因素对传热性能的影响

由正交试验结果可知，腔室长度 L 对传热性能的影响最大，本节将具体分析主要因素（腔室长度 L）对传热增强的影响，而腔室直径 D 和下游流道直径 d_2 分别采用正交试验所得到的最佳取值。此外，考虑自激振荡脉动效应及实际应用空间限制等问题，腔室直径过大不利于降低热交换设备的整体尺寸，因此腔室长度的取值应略小于正交试验得到的最佳腔室长度值。

10.7.1　努塞尔数

努塞尔数可以有效地描述热流道中纳米流体的强化传热效率，图 10-21 比较了 $\phi = 0.04$ 时不同自激振荡热流道结构的平均努塞尔数随入口雷诺数的变化曲线。由图可知，平均努塞尔数随入口雷诺数和腔室长度的增加而增加，原因是雷诺数的增加促进了热流道中逆向扰流的形成，同时也提高了逆流涡的迁移速度，从而加快了近壁面处流体与中心主流区流体之间的热量传递。此外，自激振荡热流道的平均努塞尔数均高于直管的平均努塞尔数，这表明自激振荡腔室结构有利于改善纳米流体的强化传热性能。

10.7.2　压力脉动频率

自激振荡热流道中流体的流动过程是一个脉动过程，其脉动频率可通过脉动压力的频谱分布进行定量描述。为了进一步分析主要因素（腔室长度 L）对热流道中纳

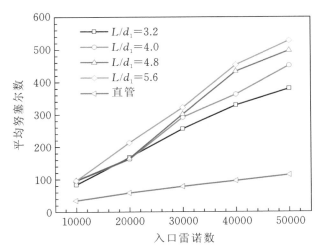

图 10-21　在 $\phi=0.04$ 时平均努塞尔数随入口雷诺数的变化情况

米流体压力脉动频率的影响,在求解域中建立了图 10-22 所示的参考点,检测各参考点在一个脉动周期内的压力变化,并采用傅里叶变换对其进行频谱分析。

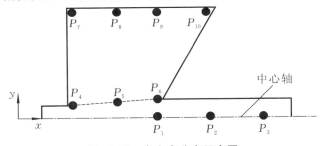

图 10-22　参考点分布示意图

　　本节对前文所述的最优腔室长度($L/d_1=5.6$)进行了压力脉动频率分析,入口雷诺数设为 40000。脉动稳定后,测得各参考点的压力脉动曲线如图 10-23 所示,各参考点均呈现脉动效应,其中参考点 P_1、P_2 和 P_3 在时间上具有相位差,且脉动周期逐渐缩短,这是由剪切层非定常性的扰动放大导致的;而 P_4、P_5 和 P_6 三点的相位差较小,但脉动幅值存在一定差异,且参考点 P_5 的脉动幅值最大,原因是该参考点位于腔室中心,该点所受的逆流扰动最大;参考点 P_7、P_8、P_9 和 P_{10} 位于腔室的近壁面处,它们的压力脉动曲线几乎一致,表明近壁面处的流体在流向上趋于恒定。

　　在一个脉动周期内,对上述各参考点的压力脉动曲线进行傅里叶变换,压力脉动频率分布如图 10-24 所示。对比参考点 P_1、P_2 和 P_3 可知,参考点 P_1 的主要频率(最大脉动幅值所对应的频率)较 P_2 和 P_3 两点高,但参考点 P_2 的脉动幅值最大,参考点 P_1 其次,参考点 P_3 最小。这说明从参考点 P_1 到参考点 P_2 存在一个脉动强化过程,使得其在较小的脉动频率下获得较大的脉动幅值。而从参考点 P_2 到参

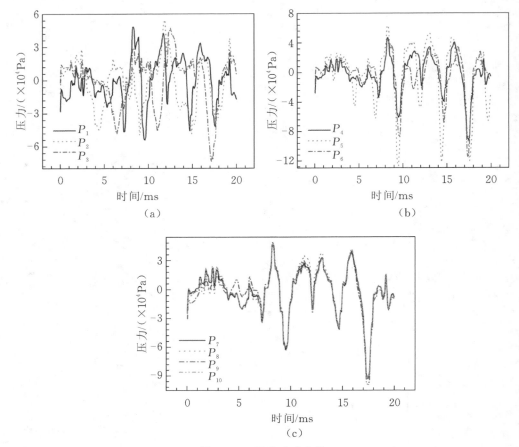

图 10-23　压力脉动曲线

考点 P_3 则存在一个脉动削弱过程,其主要频率几乎一致,但脉动幅值明显降低。因此,在实际应用中,下游流道的长度也是重点考虑的参数之一,流道过短会使脉动无法达到较好的强化效果,而流道过长则会使脉动削弱,导致额外的能量损失。对比参考点 P_4、P_5 和 P_6 可知,三者主要频率几乎一致,但参考点 P_4 的脉动幅值最小,参考点 P_5 的脉动幅值最大,原因是参考点 P_5 位于腔室中间,此时的逆流扰动正经历剪切层不稳定性的放大作用,导致脉动幅值增大。而参考点 P_6 位于腔室碰撞尖角附近,此时的逆流扰动已发生碰撞分离,一部分扰动流流入下游流道,形成了逆流涡,因此参考点 P_6 表示的是返回腔室扰动的脉动幅值,其脉动幅值较 P_5 小,但仍比参考点 P_4 的脉动幅值大,这便是一个放大—反馈的循环过程。通过对比参考点 P_7、P_8、P_9 和 P_{10} 可知,四者的脉动幅值和主要频率几乎没有差异,原因是四者均位于腔室近壁面区域,由于边界层的存在,沿轴向分布的四个参考点脉动效果一致,表现出相同的脉动幅值和脉动频率。

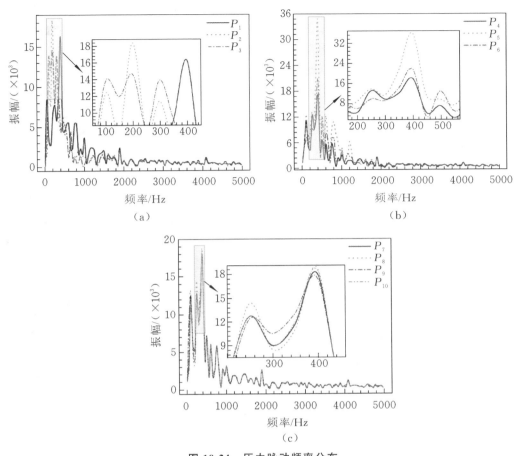

图 10-24 压力脉动频率分布

通过对上述热流道中各参考点压力脉动频率分布的分析,说明剪切层涡流发生碰撞后在碰撞壁和下游流道分别形成分离涡和逆流涡,从而证明研究结果的科学性与可行性。

10.8 本章小结

本章采用正交试验方法对自激振荡热流道的主要结构参数进行优选研究,并对影响传热性能的主要因素进行传热性能评价,主要结论如下。

(1) 不同的结构参数对热流道中纳米流体传热性能影响的程度为腔室长度 L >下游流道直径 d_2 >腔室直径 D,传热性能最好的无量纲结构参数配比方案为:腔室长度 $L=7d_1$、腔室直径 $D=11d_1$、下游流道直径 $d_2=1.1d_0$。

（2）17#试验方案的壁面温度和壁面努塞尔数均高于16#试验方案，在一定程度上说明了17#试验方案的自激振荡热流道具有更好的传热性能，验证了正交试验方法所获得最优方案的合理性和可靠性。

（3）在所研究的腔室长度范围内，腔室长度越大，传热性能越好。可根据实际应用来选择合适的腔室长度，体现了自激振荡热流道脉动强化传热实际应用的灵活性与广泛适用性。

（4）自激振荡腔室结构的存在可以增强流道的逆流扰动，进一步提高纳米流体的强化传热性能。

参考文献

[1] LIU W C,KANG Y,ZHANG M X,et al.Self-sustained oscillation and cavitation characteristics of a jet in a Helmholtz resonator[J].International Journal of Heat and Fluid Flow,2017,68: 158-172.

[2] LIU W C,KANG Y,ZHANG M X,et al.Experimental and theoretical analysis on chamber pressure of a self-resonating cavitation waterjet[J].Ocean Engineering,2018,151:33-45.

[3] 王乐勤,王循明,徐如良,等.自激振荡脉冲喷嘴结构参数配比试验研究[J].工程热物理学报, 2004,25(6):956-958.

[4] 张洪,祝锡晶,赵鞯,等.基于 Fluent 自振脉冲射流腔体结构参数的数值优化[J].中北大学学报（自然科学版）,2017,38(5):556-560,573.

[5] FANG Z L,ZENG F D,XIONG T,et al.Large eddy simulation of self-excited oscillation inside Helmholtz oscillator[J].International Journal of Multiphase Flow,2020,126:103253.

[6] BUREN S V,MIRANDA A C,POLIFKE W.Large eddy simulation of enhanced heat transfer in pulsatile turbulent channel flow[J].International Journal of Heat and Mass Transfer,2019, 144:118585.

[7] NOKHANDAN M M,PIOMELLI U,OMIDYEGANEH M.Large-eddy and wall-modelled simulations of turbulent flow over two-dimensional river dunes[J].Physics and Chemistry of the Earth,2019,113:123-131.

[8] ALI A R I,SALAM B.A review on nanofluid:preparation,stability,thermophysical properties, heat transfer characteristics and application[J].SN Applied Sciences,2020,2(10):1636.

[9] 王乐勤,王循明,徐如良,等.低压大流量自激振荡脉冲射流喷嘴结构参数优化研究[J].流体机械,2004,32(3):7-10,31.

[10] 何为,薛卫东,唐斌.优化试验设计方法及数据分析[M].北京:化学工业出版社,2012.